# 遥感原理与应用

YAOGAN YUANLI YU YINGYONG

主　编　付彩菊
副主编　余颖媛　曾　涛　杨　丹

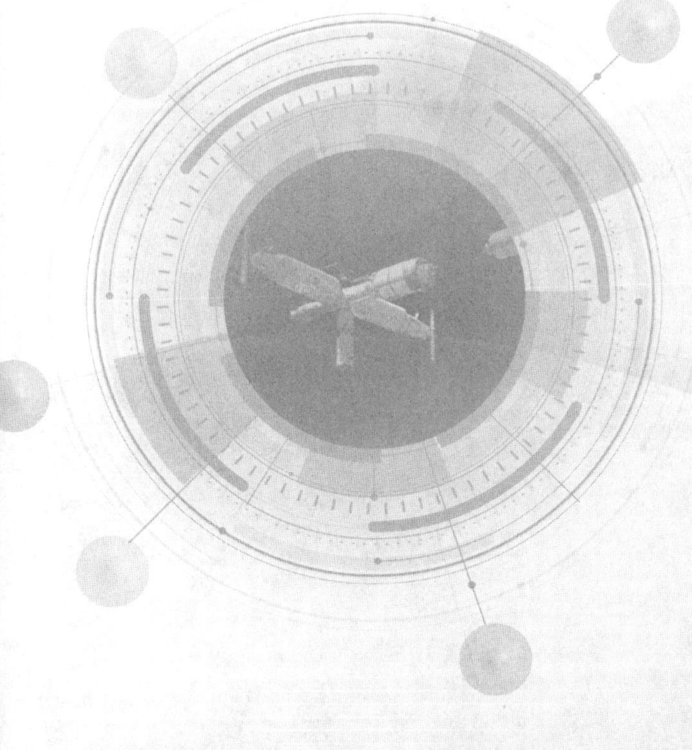

电子科技大学出版社
University of Electronic Science and Technology of China Press
·成都·

**图书在版编目(CIP)数据**

遥感原理与应用 / 付彩菊主编. -- 成都 ：成都电子科大出版社，2025. 6. -- ISBN 978-7-5770-1502-6

Ⅰ. TP7

中国国家版本馆 CIP 数据核字第 2025P47V39 号

**遥感原理与应用**

YAOGAN YUANLI YU YINGYONG

**付彩菊　主编**

策划编辑　于　兰
责任编辑　于　兰
责任校对　兰　凯
责任印制　段晓静

出版发行　电子科技大学出版社
　　　　　成都市一环路东一段 159 号电子信息产业大厦九楼　邮编 610051
主　　页　www. uestcp. com. cn
服务电话　028-83203399
邮购电话　028-83201495

印　　刷　成都市火炬印务有限公司
成品尺寸　185mm×260mm
印　　张　11. 5
字　　数　290 千字
版　　次　2025 年 6 月第 1 版
印　　次　2025 年 6 月第 1 次印刷
书　　号　ISBN 978-7-5770-1502-6
定　　价　56. 00 元

# 前言

遥感是一门综合性探测技术，它是建立在现代物理学（光学、红外线技术、微波技术、激光技术、全息技术等）、空间技术、计算机技术以及数学方法和地学规律基础之上的一门新兴科学技术。遥感技术已广泛应用于农业、林业、地质、地理、海洋、水文、气象、测绘、环境保护和军事侦察等领域，具有明显的社会效益、经济效益和生态效益。它不仅极大地扩展了人类的观测视野及研究领域，还构建起对地球（月球及其他行星）资源和环境立体化的探测监测体系，揭示了地球（月球及其他行星）表面各要素的空间分布特征与时空变化规律，成为信息科学的重要组成部分。

遥感作为一种综合性的远距离探测技术，具有其他技术手段与之无法比拟的优势，主要包括以下方面：空间覆盖范围广阔，有利于同步观测；光谱覆盖范围广，信息量大；时效性强，获取信息速度快，周期短，具备动态和连续监测能力。遥感能反映事物的动态变化，尤其是航天遥感（深空探测），可以在短时间内对同一地区进行重复性、周期性探测，有助于人们通过所获取的遥感数据发现并动态地跟踪目标的周期变化。

综上，本书共分六章对遥感展开介绍。首先，简要介绍遥感的基本概念及发展状况、遥感涉及的物理基础知识理论；其次，对传感器及其成像原理进行阐述；最后，对遥感图像处理、遥感图像自动识别分类、遥感技术的应用展开介绍。目前，大量的遥感应用需求对遥感技术提出了更高的要求：一方面，对遥感信息的精度要求越来越高；另一方面，遥感获取的数据量越来越庞大。因此，遥感科学的发展和应用要实现从定性到定性与定量相结合的方向发展，必须走多学科、多技术交融之路。

由于遥感技术不断更新，加之编者水平有限，本书尚未全面反映最新成果，内容和体系尚存缺点和不完善之处，恳请广大读者批评指正并提出宝贵意见，以便我们不断完善。

编　者

2024 年 12 月

# 目录
CONTENTS

# 第一章　绪　论

遥感是20世纪60年代兴起并迅速发展起来的一门综合性探测技术，它是在航空摄影测量的基础上，随着5G、空间信息技术、计算机技术、人工智能、大数据等现代科技的迅速发展，以及地学、生物学、环境科学等学科的发展需要而形成的一门新兴技术学科。遥感技术在城市规划、资源勘测、环境保护、全球变化、土地监测、农业、林业以及军事等领域的应用显示出显著的优越性，并且其应用的深度和广度仍在不断拓展，产生了十分可观的经济效益和显著的社会效益，受到许多学科和部门的重视。

## 第一节　遥感概述

### 一、遥感的概念

“遥感”（remote sensing，RS）一词首先是美国地理学家伊芙琳·普鲁特（Evelyn Pruitt）等在1960年提出来的，就字面含义可以理解为遥远的感知。遥感在不同的学科有着不同的定义，从定义来看，遥感有广义和狭义之分。

广义的遥感：泛指从远处探测、感知目标或地物的技术，包括对电磁场、力场、机械波（声波、地震波）等的探测。实际工作中，重力、磁力、声波和地震波等的探测被划为物探（物理探测）的范畴。

狭义的遥感：指从空中和地面的不同工作平台上，通过传感器对地球表面地物的电磁波反射或发射信息进行探测，并经传输、处理和判读分析，对地球的资源与环境进行探测和监测的综合性技术。

与广义遥感的定义相比，狭义遥感的定义在概念上强调对地物发射和散射电磁波特性的记录、表达和应用。当前，遥感形成了一个从地面到空中乃至外层空间，从数据采集、信息处理到判读分析和应用的综合体系，能够对全球进行多层次、多视角、多领域的观测，成为获取地球资源与环境信息的重要手段。

遥感技术包括传感器技术，信息传输技术，信息处理、提取和应用技术，目标信息特征的分析与测量技术等。遥感技术系统包括空间信息采集系统（如遥感平台和传感器）、地面接收和预处理系统（如辐射校正和几何校正）、地面实况调查系统（如收集环境和气象数据）和信息分析应用系统。

遥感为什么能进行遥远的感知呢？人类通过大量实践发现，地球上每一物质作为其固有的属性都会反射、吸收、透射及辐射电磁波。例如，植物的叶子看起来是绿色的，是因为叶子中的叶绿素强烈吸收太阳光中蓝紫色和红色波长的光，而绿色光被强烈反射的缘故。物体这种对电磁波固有的波长选择性叫作光谱特性。一切物体，由于其种类及环境条件的不同，而具有反射和辐射不同波长的电磁波的特性。遥感就是根据这一原理来探测目标对象反射（发射）的电磁波，获取目标信息，通过信息处理完成远距离识别物体的技术。应当指出的是，人类生活的自然界非常复杂，加之人类活动与自然环境的影响，会出现“同物异谱”和“同谱异物”现象，这就给我们处理和分析遥感信息带来困难，也是目前研究的重大课题。

## 二、遥感的分类

遥感分类方法较多，一般都是依照其分类标志进行分类，这里介绍几种主要的分类方法，以便了解不同的遥感类型及其含义。

### （一）根据遥感工作平台分类

遥感工作平台是指搭载传感器的工具，主要包括人造地球卫星、航天飞机、无线电遥控飞机、气球、地面观测站等。根据遥感传感器的运载工具和遥感平台的不同，遥感可分为地面遥感（近地遥感）、航空遥感和航天遥感，见表 1-1 所列，这种分类的应用比较广泛。

**表 1-1　根据遥感工作平台的分类**

| 类型 | 运载工具 | 高度 |
|---|---|---|
| 地面遥感 | 三脚架、遥感车、遥感塔等 | 100 m 以下 |
| 航空遥感 | 飞机、气球、汽艇等 | 100 m～80 km |
| 航天遥感 | 人造卫星、航天飞机、火箭等 | 80 km 以上 |

### （二）根据传感器的探测波段分类

根据传感器所接收的电磁波谱不同，遥感可以分为以下几种。

紫外遥感：探测波段在 0.05～0.38 μm，主要集中探测目标地物的紫外辐射能量，目前对其研究较少。

可见光遥感：探测波段在 0.38～0.76 μm，主要收集和记录目标地物反射的可见光辐射能量，常用的传感器有扫描仪、摄影机、摄像仪等。

红外遥感：探测波段在 0.76～1000 μm，主要收集和记录目标地物辐射和反射的红外辐射能量，常见的传感器有扫描仪、摄影机等。

微波遥感：探测波段在 1 mm～1 m，主要收集和记录目标地物辐射和反射的微波能量，常见的传感器有扫描仪、雷达、高度计、微波辐射计等。

### （三）按遥感的应用领域分类

宏观上，按遥感的应用领域可分为外层空间遥感、大气层遥感、陆地遥感和海洋遥感等。

微观上，即从遥感的具体应用领域来分，可分为资源遥感、环境遥感、林业遥感、农业遥感、渔业遥感、水利遥感、地质遥感、军事遥感等。

(四) 按遥感资料的记录方式和传感器的工作方式分类

根据遥感资料的记录方式，遥感可分为成像遥感和非成像遥感；根据传感器的工作方式的不同，遥感可分为主动遥感和被动遥感。其分类见表 1-2 所列。

**表 1-2 遥感（资料）的分类**

<table>
<tr><td rowspan="10">遥感资料分类</td><td rowspan="8">成像方式</td><td rowspan="7">被动式</td><td rowspan="4">光学摄影</td><td rowspan="2">宽频单波段摄影</td><td>黑/白摄影</td></tr>
<tr><td>彩色摄影</td></tr>
<tr><td rowspan="2">多波段摄影</td><td>多镜头相机摄影</td></tr>
<tr><td>单镜头相机摄影</td></tr>
<tr><td rowspan="3">扫描成像</td><td colspan="2">对像扫描（电视摄像）</td></tr>
<tr><td rowspan="2">对物扫描</td><td>机械扫描</td></tr>
<tr><td>推帚式扫描</td></tr>
<tr><td>主动式</td><td colspan="3">雷达、合成孔径雷达（成像）</td></tr>
<tr><td rowspan="2">非成像方式</td><td colspan="4">主动式</td></tr>
<tr><td colspan="4">被动式</td></tr>
</table>

成像方式（或图像方式）就是将所探测到的强弱不同的地物电磁波辐射（反射或发射），转换成深浅不同（黑—白）的色调，构成直观图像的遥感资料形式，如航空像片、卫星图像等。非成像方式（或非图像方式）则是将探测到的电磁辐射（反射或发射）转换成相应的模拟信号（如电压或电流信号），或数字化输出，或记录在磁带上，构成非成像方式的遥感资料，如陆地卫星（Landsat）CCT 数字磁带等。

主动式遥感或被动式遥感则是按传感器工作方式的不同所进行的分类。主动式遥感是指传感器带有能发射信号（电磁波）的辐射源，工作时向目标物发射电磁波，同时接收目标物反射或散射回来的电磁波，以此所进行的探测；被动式遥感则是利用传感器直接接收来自地物反射自然辐射源（如太阳）的电磁辐射或地物自身发出的电磁辐射而进行的探测。

光学摄影亦指通常的摄影，即将探测接收到的地物电磁波依据强度不同而量化记录在感光材料或磁介质上。扫描方式是将所探测的视场（或地物）划分为面积相等、顺序排列的像元，传感器则按顺序以每个像元为探测单元记录其电磁辐射强度，并经转换、传输、处理，或转换成图像显示在屏幕或胶片上，或制成扫描数字产品。

(五) 按波谱性质分类

遥感技术依其遥感仪器所选用的波谱性质可分为电磁波遥感技术、声呐遥感技术、物理场（如重力和磁力场）遥感技术。其中，电磁波遥感技术是利用各种物体反射或发射出不同特性的电磁波进行的遥感探测。

(六) 按遥感应用的空间尺度分类

根据遥感应用的空间尺度大小，遥感可划分为全球遥感、区域遥感和城市遥感等类型。

全球遥感是指利用遥感技术全面系统地研究全球性资源与环境问题，主要关注由于自然和人为因素造成的全球性环境变化以及整个地球系统行为。全球遥感是研究地球系统各组成部分之间相互作用及发生在地球系统内的物理化学和生物过程之间的相互作用的一门新兴学科。

区域遥感是指以区域资源开发利用和保护为目的的遥感信息工程，主要针对区域规划和专题信息提取的遥感行为。一般情况下，通常根据行政区划和自然区划范围进行划分。虽然区域遥感的研究范围相对全球遥感小，但是其应用性与人类的关系更加紧密。

城市遥感是指以城市生态环境作为主要调查对象的遥感工程。城市作为一个地区的物质流、能量流和信息流的枢纽中心，往往需要借助遥感技术来对城市绿地、城市空间形态、城市热岛效应以及大气污染等方面进行动态监测。

## 三、遥感的特点

### （一）宏观性和综合性强

遥感技术侧重于大范围、大尺度获取地面以及一定深度的自然资源和 z 生态环境的信息，它的服务对象是与自然资源、生态环境有关的高层管理和决策部门，而不是单个农户或基层单位。例如，航空像片可提供不同比例尺的地面连续景观像片，并可提供立体观测像对，图像清晰逼真，信息丰富。一张比例尺为 1∶35 000 的 23 cm×23 cm 的航空像片，可展示出地面 60 $km^2$ 的地面景观实况，并且可将连续的像片镶嵌成更大区域的像片图，以便综观全区进行分析和研究。卫星图像的观测范围更大，一幅陆地卫星 TM 图像可反映出 34 225 $km^2$ 的景观实况（即 185 km×185 km），我国全境需要 500 余张这种图像，就可拼接成全国卫星影像图，为宏观研究各种现象及其相互关系，诸如区域地质构造和全球环境等问题，提供了有利条件。又如，过去我国各类土地类型到底有多少，谁也说不清楚。20 世纪 80 年代初应用遥感技术，短时间内从陆地卫星像片、地形图等资料中，提取出全国耕地、林地、草地等地类的信息，经过综合分析计算，获得各类土地面积。从遥远的高空探测地物，可以明显地避免各种障碍物的遮拦与阻隔，其获得的影像比较完整、清晰。特别是使用主动式雷达等探测设备，可以不受云层、植被、积雪等障碍物的阻隔，直接揭示地表或地表以下的若干特征。另外，遥感技术不是单一学科的实用技术，而是一门综合性的科学技术，包含遥感信息的接收、记录、传输和处理等多个技术环节。它的研究内容是多学科的，无论是设计遥感信息采集系统，还是对遥感信息进行加工处理，都涉及多个学科的关键技术，比如电磁学、机电仪器制造学、信息技术、图像识别技术等。所以说，遥感技术具有宏观性和综合性强的特点。

### （二）综合效益高

遥感能使工作进度加快，精度提高。用遥感技术进行土壤、土地资源调查或地形图测制，具有精度高、速度快、费用低的特点。与传统的技术方法相比，遥感技术是一项投入相对小、综合效益大的技术，它的效益体现在社会、经济和生态环境三个方面。例如，青藏高原，特别是喜马拉雅山北坡，是人们难以到达的地方，20 世纪 80 年代初期林业部门运用遥感技术进行调查，获得该地区的森林蓄积量等数据，填补了空白；黄河入海处新增加的滩涂草地，也是人们无法进入之地，80 年代初利用遥感技术，查清了该地区的芦苇、滩涂等地类的面积。同时，遥感技术还能察觉到人眼难以发现的变化，如果树、森林，因受病害而使树木叶片内部组织受到破坏，光谱反射处于不正常状态，卫星图像能够反映其异常信息，据此诊断出病害，及时提出治理措施，而这些病害在初发期导致树木的细微变化，用肉眼往往难以看出。所以说，遥感技术具有综合效益高的特点。

（三）信息量大，技术先进，准确性高

遥感是现代科技的产物，它不仅能获得地物可见光波段的信息，还能获得紫外、红外、微波等波段的信息；它不仅能用摄影方式获得信息，还能用扫描方式获得信息。

遥感所获得的信息量远远超过了用常规传统方法所获得的信息量，这无疑扩大了人们的观测范围和感知领域，加深了对事物和现象的认识。此外，遥感像片能丰富、全面地反映地表各种轮廓、地貌、水文网、植被、农用地、道路及其他实物的信息，这是其他任何底图所不能比拟的。

（四）获取信息快，更新周期短，动态信息丰富

遥感通常为瞬时成像，获得同一瞬间大面积区域的景观实况，现势性好；也亦可通过不同时相取得的资料及像片进行对比、分析和研究地物动态变化情况，为环境监测以及研究分析地物发展演化规律提供了基础。例如，陆地卫星 Landsat 4、5 每 16 天即可对全球陆地表面成像一遍，气象卫星甚至可每天覆盖地球一遍。因此，遥感能够及时地发现病虫害、洪水、污染、火山和地震等自然灾害发生的前兆，为灾情的预报和抗灾救灾工作提供可靠的科学依据和资料。

（五）应用领域广泛

遥感已广泛应用于城市规划、农业估产、资源清查、地质探测、环境保护和灾害评估诸多领域。随着遥感影像的空间、时间、光谱和辐射分辨率的提高，以及与地理信息系统（GIS）和全球导航卫星系统（GNSS）的结合，它的应用领域会更加广泛，对地观测也将随之步入一个更高的发展阶段。

## 第二节 遥感过程与遥感技术系统

### 一、遥感过程

一个完整的遥感过程通常包括信息的搜集、接收、存储、处理和应用等部分，如图 1-1 所示。遥感之所以能够根据收集到的电磁波信息来识别地物目标，是因为有信息源的存在。信息源是遥感探测的依据，任何物体都具有发射、反射和吸收电磁波的特性，目标地物与电磁波之间的相互作用构成物体的电磁波特性。因此，遥感技术主要是建立在物体辐射或反射电磁波的原理之上。目标物体的电磁波特性由传感器来获取，通过返回舱或微波天线传至地面接收站。地面接收站将接收到的信息进行存储和处理，转换成用户可以使用的各种数据格式。用户再按照不同的应用目的对这些信息进行分析处理，以达到遥感应用的目的。

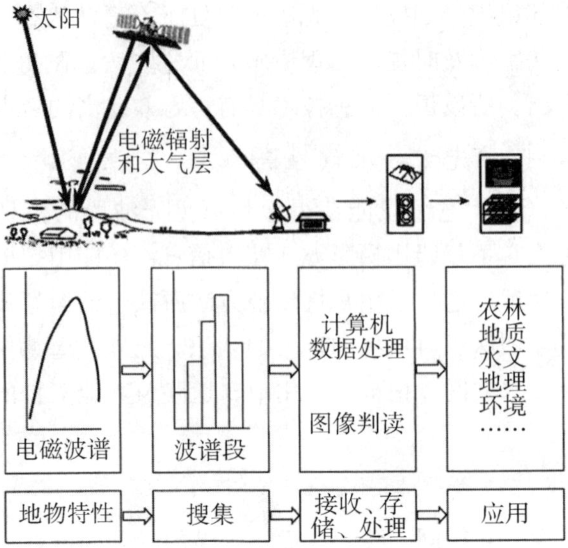


**图 1-1　遥感的基本过程**

（一）信息搜集

信息搜集是指利用遥感技术装备接收、记录地物电磁波特性，并将接收到的地物反射或发射的电磁波转化为电信号的过程。最常用的遥感技术装备包括遥感平台和传感器。常用的遥感平台有地面平台、气球、飞机和人造卫星等；传感器是用来探测目标物电磁波特性的仪器设备，常用的有照相机、扫描仪和成像雷达等。

（二）信息接收和存储

传感器将接收到的地物电磁波信息记录在数字磁介质或胶片上。其中，胶片由人或返回舱送回地球，而数字磁介质上记录的信息可以通过传感器上携带的微波天线传输到地面接收站。卫星遥感影像的接收、储存在卫星地面接收站完成。搜集的数据通过数/模转换变成数字数据。目前，遥感影像数据均以数字形式保存，且随着计算机技术的快速发展，数据保存格式也趋于标准化和规范化。

（三）信息处理

信息处理是指运用光学仪器和计算机设备对卫星地面接收站接收的遥感数字信息进行信息恢复、辐射和卫星姿态校正、投影变换以及解译处理的全过程。其目的是通过对遥感信息的恢复、校正和解译处理，降低或消除遥感信息的误差，并依据用户需求从中识别并提取出所需的感兴趣的信息。目前，遥感影像的处理都是基于数字的，因此还产生了一门新兴的遥感数字图像处理技术，其主要依靠计算机硬/软件和数字图像处理技术发展而来。

（四）信息应用

信息应用是指专业人员按不同目的将从遥感影像数据中提取的专题信息应用于各个领域的过程。目前，遥感技术已经广泛地应用于军事、地图测绘、地质矿产勘探、自然资源调查、环境监测以及城市规划和管理等领域。此外，不同的行业由于应用背景和需求不同，如农业部门获取农作物的信息，测绘部门主要制作地形图和 4D 产品，林业部门获取林业的分布、蓄积量等信息，都有着各自领域独特的应用规范。但是在一般情况下，遥感应用的最基本方法就是将遥感信息作为地理信息系统的数据源，方便人们对其进行查询、统计和分析等。

## 二、遥感技术系统

遥感是一项复杂的系统工程，既需要完整的技术设备，又需要多学科交叉。遥感技术系统主要包括遥感平台系统、传感器系统、数据的接收记录和处理系统及基础研究和应用系统等。

### （一）遥感平台系统

遥感平台包括卫星、飞机、气球、高塔、高架车等，种类繁多。在不同高度的遥感平台上，可以分别获得不同的面积、分辨率、特点和用途等遥感信息，见表 1-3 所列。在实际的遥感应用中，不同高度的遥感平台既可以单独使用，又可以相互配合使用，组成立体的遥感探测网。

**表 1-3　遥感平台系统**

| 类型 | | | 高度 | 特性 |
|---|---|---|---|---|
| 地面平台 | 地面平台 | | 距地面 2 m 左右 | 进行地物的波谱特性测试 |
| | 遥感塔 | | 距地面 6 m 左右 | 进行单元景观波谱测试 |
| | 遥感车（船） | | 距地面 10 m 左右 | — |
| 航空平台 | 飞机 | 低空 | 一般在 2 km 以下 | — |
| | | 中空 | 2～6 km | 用于获取 1∶50 000 的影像 |
| | | 高空 | 12～30 km | — |
| | 气球 | 低空 | 12 km 以下 | 定位遥感监测地面动态变化，覆盖面积 500～1 000 $km^2$ |
| | | 高空 | 12～40 km | |
| 航天平台 | 卫星 | 低轨 | 150～300 km | 大比例尺、高分辨率影像，主要用于侦察 |
| | | 中轨 | 350～1 800 km | 主要用于环境监测，如 Landsat、SPOT、ZY-3 等 |
| | | 高轨 | 36 000 km | 随地球运转，周期为 23 h 56 min 4 s，如 FY-4 等 |
| | 火箭 | | 300～400 km | — |
| | 航天飞机 | | 可垂直起飞，有航空航天的能力，可重复使用 | |
| 航宇平台 | 星际飞船 | | 从外太空对地一月系统之外的目标进行遥感探测 | |
| 立体遥感 | | | 地面、航空、航天和航宇综合构成遥感系统 | |

### （二）传感器系统

遥感传感器是指收集、探测并记录地物电磁波辐射信息特性的仪器，是整个遥感技术系统的重要组成部分。目前，常见的传感器有雷达、摄影机、扫描仪、摄像机、光谱辐射计等。同时，传感器还是遥感技术系统的核心部分，其性能直接制约着遥感数据质量和应用精度。

### （三）数据的接收记录和处理系统

数据的接收记录和处理系统接收来自地面上各种地物的电磁波信号，同时搜集各地面数据收集站发送的信息，系统将这两种信息发回地面数据接收站，并对接收到的数据进行加工处理，以提供给不同的用户。经过多年的努力，我国目前已经建成了5个国家级遥感卫星数据接收和服务系统，分别是气象卫星、海洋卫星、资源卫星、北京一号卫星和国外卫星地面接收、处理与分发系统。在遥感技术系统中，数据的接收记录和处理系统主要包括地面接收站和地面处理站两部分，此外还包括地面遥测数据收集站、跟踪站、控制中心、数据中继卫星和培训中心等子系统。下面重点介绍地面接收站和地面处理站。

1. 地面接收站

对于卫星遥感而言，地面接收站主要以视频传输的方式接收遥感信息。接收记录的数据通常通过若干磁带机记录在高密度数字磁带（high density digital tape，HDDT）上，随后送往地面处理站处理成可供用户使用的数字磁带和胶片等。地面接收站由大型抛物面的主、副反射面天线和磁带机组成，主要任务是搜索、跟踪卫星，接收并记录卫星遥感数据、遥测数据及卫星姿态数据。为了获取这个范围以外的遥感图像信息，研究人员早期在卫星上装载宽频磁带机，以便将记录接收站视场以外的地表信息延时发送回来，即在卫星飞越接收站接收覆盖范围内时，将范围内和范围外的遥感图像信息一起发送到接收站。例如，美国陆地卫星最初就安装了两台宽频磁带机，但是磁带机有时会丢失信息。目前，常采用中继卫星以实时发送的方式向地面接收站发送遥感信息。

地面接收站可以建立在卫星发射国，也可以建立在其他国家。其中，建立在卫星发射国的地面接收站，功能更加全面，责任也更加重大。地面接收站在处理接收遥感信息之外，还需要发送控制中心的指令，以指挥星体的运行和星上设备的工作，同时接收卫星发回的有关星上设备工作状态的遥测数据和地面遥测数据收集站发送给卫星的数据。而建立在其他国家的地面接收站则只负责接收遥感图像信息。

目前，中国、美国、俄罗斯、欧洲、加拿大、日本等国家和地区建有卫星地面接收站。

中国遥感卫星地面站于1986年年底在北京建成并投入使用，是为全国提供遥感卫星数据及空间遥感信息服务的非营利性社会公益型机构，也是我国对地观测领域的国家级核心基础设施。中国遥感卫星地面站作为国际资源卫星地面站网成员，是世界上接收与处理卫星数量最多的地面站之一，规模体量和卫星接收量居世界民用卫星地面站前列，目前，该地面站保存了自1986年以来的各类对地观测卫星数据资料，是我国最大的对地观测卫星数据历史档案库。目前，我国遥感卫星地面站主要包括北京密云卫星数据接收站、喀什卫星数据接收站、三亚卫星数据接收站和昆明卫星数据接收站、北极卫星数据接收站，具有覆盖我国全部领土和亚洲70%陆地区域的卫星数据实时、无缝接收能力，以及全球卫星数据的快速获取能力。北京卫星数据密云接收站覆盖了以北京为中心、半径约2 400 km的地区（新疆、西藏、云南的部分地区除外），可接收覆盖我国80%地区的美国Landsat、加拿大Radarsat、欧洲空间局ERS、日本JERS和法国SPOT等遥感图像信息。喀什卫星数据接收站位于我国新疆喀什。喀什接收站建成所带来的最根本的改变是：提供西部和周边国家地区的遥感数据，填补我国民用遥感数据接收的空白。三亚卫星数据接收站是国家统筹规划建设的我国地理空间信息基础设施陆地观测卫星数据全国接收站网的重要组成部分，承担着我国环境与灾害监测卫星、中巴地球资源卫星、资源三号卫星、国外重要陆地卫星等的数据接收运行任务。三亚卫星数据接收站的建成使我国陆地观测卫星数据直接获取能力首次伸展到南部海疆，实现了该区域的完全覆盖，解决了我国南海和周边区域长期缺乏遥感卫星数据的状况，填补了我国民用对地观测接收空白。昆明卫星数据接收站是国家遥感卫星数据接收网络的核心组成部分，于 2016 年 5 月建成并投入运行，目前拥有 1 套 7.3 m数据接收天线系统，采用远程控制自动化运行模式（无人值守），接收范围覆盖我国西南以及周边地区。北极卫星数据接收站位于瑞典基律纳航天中心，于 2016 年 12 月建成并投入运行，目前拥有 1 套 12 m S/X/Ka 三频数据接收天线系统，采用远程控制自动化运行模式（无人值守），具备对全球陆地观测卫星数据的接收能力。我国地面接收站已形成了完整的卫星数据接收、传输、存档、处理和分发体系，具备对环境与灾害监测预报小卫星星座、中巴地球资源卫星后续星及国际重要陆地观测卫星的运行性数据接收能力，并形成与之配套的站网运行管理和数据传输能力，实现高效的运行与服务，使系统整体框架可满足未来国内外陆地观测卫星数据接收、处理与分发服务的需要，为我国经济建设、社会发展和国家安全提供较全面的空间遥感数据支撑。

美国陆地卫星地面接收站主要有格林贝尔地面站、戈德斯通地面站和费尔班克斯地面站。为了进行全球范围的研究，美国在全世界设置了覆盖大陆的陆地卫星地面接收站。在 1982—1983 年已经有 16 个地面接收站在运行中，目前地面接收站已经达 21 个，全球陆地仅剩南极洲、中亚、西伯利亚等少数空白区。各国的地面接收站每接收一幅图像，都要在当天用微波回送到美国地球资源观测与科学（Earth Resources Observation and Science, EROS）中心，故美国掌握着全球性的地球资源信息资料。覆盖全球的卫星系统，遍布全世界的地面站，使美国可优先获得全球性的地球资源信息资料，为其全球研究提供了可能。在遥感应用研究方面，美国一直侧重于全球范围问题的研究，与之相比，对本国的研究相对较弱，这是为其全球战略目标服务的。美国选择了 276 个地面实况观测点，建立了地面实验站网，包括沙漠、盐湖、沼泽、海滩等地区，并设置了 35 个地面辐射校准站，为发射资源卫星积累了多年的数据。在美国近 2 000 个经纬点上，加设反光镜为影像定位、座位控制点和精加工几何校正提供依据。

2. 地面处理站

卫星遥感地面处理站除了主要进行遥感数据加工处理和生产外，同时还是卫星遥感数据管理和分发中心，它必须将数据和资料进行编目、制卡，把高密度磁带存入数据库。采用计算机进行管理和检索，使巨量的图像资料得到很好的管理，为用户查询、购买提供方便。此外，卫星遥感地面处理站还面向用户提供服务，其中主要的用户就是各政府部门所属的遥感应用中心，它们负责将遥感图像直接用于本部门的工作。这些部门利用遥感图像进行土地资源调查、林业资源调查、生态环境调查以及重点城市扩展情况监测、荒漠化监测、农作物估产、灾害监测与评估、地质与资源勘探、地形图测绘等，使遥感在国民经济中发挥巨大的作用。

我国卫星图像的地面处理站设在北京市。遥感数据地面处理站主要由计算机图像处理系统和光学图像处理系统组成。计算机处理系统以两台 VAX-11/780 计算机和 AP180 阵列机为核心，配有独立的胶片成像计算机系统，完成数据输入、分幅、快视、辐射校正和几何校正。照相处理系统将上述胶片做进一步处理，生产多种类型的正负胶片、像片等产品。计算机图像处理系统的主要功能是对地面接收站接收记录的数据进行转换，生产可供用户使用的计算机兼容磁带（computer compatible tape，CCT）和 70 mm 的图像产品，并由高密度数字磁带上提供的星历参数、辐射校准参数等对图像进行几何校正和辐射校正。几何校正的主要任务是改正地球曲率、地球自转、扫描角速度不均匀等造成的图像几何变形；辐射校正的任务是根据传感器内部校准参数和地面遥感测试资料进行辐射亮度值的改正。光学图像处理系统的主要功能是对数据处理后生成的潜影胶片进行冲洗、放大、合成、分割，从而产生各种类型和规格的正负胶片和像片等产品。

（四）基础研究和应用系统

遥感应用通过对遥感图像所反映的地物电磁波信息进行分析、研究，以完成地球资源调查、环境分析和预测预报工作，为农林、地质、矿产、水电、军事、测绘和国防建设等部门服务。因此，遥感应用必须以切实的基础研究作保证。目前，除了传感器、测控和通信等方面的基础研究外，还应加强卫星和航空遥感的模拟试验、遥感仪器设备的性能试验、地物的波谱特性、遥感图像解译理论和应用理论等研究，这些也是遥感基础研究的重要组成部分。

为了更好地检验各种遥感传感器和设备的性能，还需要建立一定数量且具有代表性的遥感试验区，以便测试传感器等仪器是否能满足探测地物的要求，通过研究试验区各类地物的波谱特性，为解译和识别提供依据，并为图像的处理提供参量。其中，遥感试验区有大小、类型之分。仅为了满足某一方面需要而设立的试验区，面积一般较小，只有数十平方千米；而为了满足多学科、多专业和多要素试验而设立的综合遥感试验区，面积则通常较大可达到数万平方千米。例如，美国洛杉矶试验区就是一个典型的遥感综合试验区，其面积达 60 000 $km^2$，陆地卫星上的多光谱扫描仪（multi-spectrum scanner，MSS）中的四个波段正是在该试验区进行大量深入的研究和观测的基础上，通过掌握各种气候环境条件下各种地物的波谱特性和大量的模拟试验才确定的。

此外，为了验证某一试验精度，有必要建立相当数量的观测站或点。例如，在美国已建立的数千个观测站、点中，有 35 个是地面辐射校准站，因为这些校准站点具有单一的地面目标地物，反映在卫星图像上信号也比较一致，所以常用来作为遥感图像亮度的校准参照物；还有 276 个位于荒芜的沙漠、沼泽、盐湖、海滩的地面遥测数据收集站，这些遥测站能够自动观测温度、湿度、雨量、风速等环境数据，并发送给卫星，通过卫星把信息转发至接收站，为遥感图像的校正和分析提供参考。

在我国，一方面，国家遥感中心自从 1985 年在唐山建立综合试验基地开始，逐渐建成了长春净月潭、山东禹城、山西宁武、广东珠海及新疆阜康等多个不同类型的遥感试验场；另一方面，许多政府部门和研究院所都分别成立了专门的遥感应用中心或遥感研究所，这些机构是各个部门开展遥感应用的核心。众多试验场和遥感应用中心的建成及分布表明，我国地大物博，建立和发展各类遥感试验区和遥感研究单位是一项基础工作，具有重要的战略意义。

# 第三节 遥感发展简史

## 一、国外遥感发展简史

近代遥感是伴随着传感器技术、通信技术、宇航技术以及电子计算机技术的发展而形成的。20世纪50年代以来，人类对电磁辐射能力的认识从可见光扩展到了紫外线、红外线微波等，遥感平台也从汽车、飞机发展到了卫星、火箭等，应用领域也从军事领域扩展到了几乎所有的社会领域。1960年，美国海军研究局的 Evelyn Pruitt 提出了“遥感”这一专业术语，并在1962年美国密歇根大学的“国际环境科学遥感讨论会”上被正式通过，标志着遥感学科的正式形成。此后，在全球范围内，遥感作为一门新兴的独立学科，获得了飞速发展。

但是，遥感学科的形成和发展却经历了几百年的技术积累，发展至今，大体经过了无记录的地面遥感阶段、有记录的地面遥感阶段、常规航空摄影阶段、航空遥感阶段和航天遥感阶段。

### （一）无记录的地面遥感阶段

无记录的地面遥感阶段大约从1608年开始，持续到1838年。1608年，荷兰的眼镜制造商汉斯·李波尔塞制造出了世界上第一架望远镜，1609年意大利科学家伽利略成功研制了科学望远镜，从而开辟了远距离观测目标的先河。但是，望远镜不能够把所观测到的事物用图像的方式记录下来。

### （二）有记录的地面遥感阶段

有记录的地面遥感阶段大概从1839年开始，持续到1857年。对探测目标的记录与成像开始于摄影技术的发明，并与望远镜相结合发展成了远距离摄影。1839年，法国人达盖尔发表了他和涅普斯拍摄的照片，第一次成功地把他拍摄到的事物记录在胶片上。1849年，法国人洛塞达特制定了摄影测量计划，成为有目的、有记录的地面遥感发展阶段的标志。这个阶段主要是进行地面摄影。

### （三）常规航空摄影阶段

1858年，法国摄影师纳达尔用系留气球拍摄了巴黎的鸟瞰像片。1859年，美国摄影师詹姆斯·布莱克和热气球驾驶员塞缪尔·金乘气球在空中拍摄了美国波士顿的像片。1903年，德国人尤里乌斯·诺伊布隆纳设计了一种捆绑在鸽子身上的微型相机。1906年，摄影师乔治·劳伦斯通过风筝成功地拍摄到了旧金山大地震后的像片。这段时期所用的平台主要为气球、风筝、鸽子等，影像质量较差。

1903年，莱特兄弟发明了飞机，为航空遥感的发展创造了条件。20世纪20年代以来许多摄影测量仪相继出现，1924年产生了彩色胶片，航空摄影正式问世。初期，航空摄影主要用于摄影测量和军事，后来资料应用逐渐向民用部门发展，像片判读技术开始出现并得到了迅速的发展。

### （四）航空遥感阶段

从20世纪30年代开始，航空像片除用于军事外，还被广泛地应用于包括地理环境监测和各种专题地图编制等地学领域。1930年美国开始进行全国航测，编制中小比例尺地形图和为农业服务的大比例尺专题地图。随后，西欧和苏联也相继大力发展航空遥感技术。第二次世界大战期间，雷达和红外探测技术开始得到应用。到了50年代，非摄影成像的扫描技术和侧视雷达技术开始产生并应用，打破了用胶片所能响应的波段范围限制，使遥感技术发展到了航空遥感阶段。第二次世界大战以后，一些遥感领域的著作，如《摄影测量工程》等的出版，在理论上为遥感发展成为独立的学科奠定了坚实的基础。

自从问世以来，航空遥感技术在国民经济的各个领域，尤其是在环境科学、地质学、地理学、农学以及军事侦察等方面的应用，取得了显著成绩。但是，这个阶段的航空遥感传感器覆盖范围较小，获取资料速度慢且数量少。

#### （五）航天遥感阶段

1957年10月4日，苏联的第一颗人造地球卫星成功发射，从此，遥感平台从飞机时代发展到了卫星、航天飞机和宇宙飞船时代。1959年9月，美国发射的“先驱者4号”探测器拍摄到了地球云图。20世纪60年代初，美国从TIROS-1和NOAA-1太阳同步气象卫星和阿波罗飞船上拍摄了地面影像。这一时期遥感的发展主要表现为：航空遥感逐步业务化，航天遥感平台已成系列。在传感器方面，探测的波段范围不断延伸，波段的分割越来越精细，从单一谱段向多谱段发展；在遥感信息处理方面，大容量、高速度的计算机与功能强大的图像处理软件相结合，大大促进了信息处理的速度和效率。在遥感应用方面，遥感技术已广泛渗透到国民经济的各个领域，有力地推动了经济建设、社会进步和国防建设。

现有的卫星系统大体上可以分为气象卫星、资源卫星和测图卫星三类。至此，航天遥感已取得了瞩目的成绩，从试验到应用，从单学科到多学科综合，从静态到动态，从区域到全球，从地表到太空，无不表明航天遥感已经发展到了相当成熟的阶段。

### 二、我国遥感事业的发展

我国真正意义上的遥感技术大约是从20世纪70年代起步的，经过几十年的艰苦努力，逐渐具备了为国民经济建设服务的实用化能力和全方位地开展国际合作以及走向世界的国际化能力，目前已经发展到遥感的实用化和国际化阶段。总体来看，我国遥感事业的发展大概可以分为以下几个阶段。

#### （一）近现代遥感的萌芽和形成阶段

新中国成立以前，我国只在极少数城市进行过航空摄影，如20世纪30年代曾在北京、上海等地进行过城市的航空摄影测量。系统的遥感技术发展则开始于50年代初期，当时国家专门组建了专业的航空摄影飞行队伍，通过引进常规航空摄影技术积极开展大面积航空摄影研究，并尝试综合利用航测图和航空像片进行自然资源勘测和地形图的制作、更新等。60年代，我国形成一套较为完整的综合航空摄影与航空像片的应用体系。

#### （二）20世纪70年代至80年代中期的起步阶段

20世纪70年代以来，我国遥感事业取得了长足的发展。我国第一颗人造地球卫星“东方红一号”于1970年4月24日成功发射，自此，我国逐渐开始研究和利用现代遥感技术。1975年，我国成功回收了第一颗返回式遥感卫星“尖兵一号”，这标志着中国成为世界上第三个掌握卫星回收技术的国家。一方面，随着国际遥感技术的飞速发展，我国开始从国外购进一批陆地卫星影像和少量仪器设备，尝试开展遥感图像解译和专题信息提取研究；另一方面，积极开展我国自己的遥感研究工作。其间，我国还连续发射了几十颗不同类型的对地观测卫星（科学探测与技术试验卫星、气象卫星、地球资源卫星和海洋卫星等），开展了不同自然地理区域的航空遥感试验和地物波谱测试工作，成功研制了多光谱相机、微波辐射计、多光谱扫描仪、红外扫描仪和合成孔径侧视雷达等多个类型的遥感传感器，建立了卫星遥感处理系统，初步形成了接收和处理遥感数据的能力。

与此同时，在遥感理论研究和人才培养方面，中国科学院、一些高等院校和应用部门陆续成立了遥感研究、教育机构，从事遥感基础理论研究和应用工作，设置了专门培养遥感技术人才的遥感专业，在许多交叉学科还开设了遥感课程，并积极开展与国外的技术和人才交流。此外，国家也成立了遥感中心，负责领导、组织和协调全国的遥感工作。

（三）20 世纪 80 年代后期至 90 年代前期的试验应用阶段

进入 20 世纪 80 年代，我国遥感技术空前活跃。从“六五”计划到“九五”计划，遥感技术一直被列入国家重点科技攻关项目和国家优先项目，由此可见国家对遥感事业的重视。其间，我国也开始尝试利用遥感技术在不同领域进行试验应用研究。

从 1980 年开始，我国曾利用美国陆地卫星 MSS 数据实现了全国范围的土地资源调查，并按 1∶50 万比例尺成图。从 1984 年开始，采用航摄像片和地面实地测量相结合的方法开展了全国范围土地资源详查工作，并对不同土地覆盖类型按照不同应用需要和所处不同区域分别采用不同的比例尺成图。在 20 世纪 80 年代中后期，还开展了一系列重大的国家级遥感工程，其中包括黄土高原水土流失遥感调查、三北防护林带综合遥感调查和遥感技术在西藏自治区土地利用现状调查中的应用，以及北方多省份冬小麦遥感估产和试验工作等。但是，受限于当时的遥感技术水平，再加上重大遥感工程研究区域通常面积巨大，此类大型遥感应用工程的监测能力较弱。

（四）20 世纪 90 年代后期进入实用化和产业化阶段

从 20 世纪 90 年代后期开始，随着新型传感器和遥感平台的成功研制以及遥感理论和应用研究的稳步推进，我国遥感事业逐渐进入了实用化和产业化阶段，在各个方面都取得了举世瞩目的成绩。1986 年，我国建成了遥感卫星地面接收站，能够接收 Landsat、SPOT、Radarsat 和 CBERS 等多颗卫星数据。1994 年 2 月 22 日，中国第一座海事卫星地面站通过验收；同时，还建成了多个分布于全国各地的气象卫星接收站，能够接收地球同步和太阳同步气象卫星数据。

在遥感平台方面，大量新型的遥感平台不断出现。1988 年 9 月 7 日，我国成功发射第一颗“风云 1 号”气象卫星。1999 年 10 月 14 日成功发射我国和巴西联合研制的中巴地球资源卫星（“资源一号”卫星）。1999 年 11 月 20—21 日，我国成功地发射并回收了第一艘“神舟”号无人试验飞船，标志着我国已突破了载人飞船的基本技术，在载人航天领域迈出了重要的一步。

在遥感图像处理方面，我国已经从最初全部采用国际先进的商品化软件开始逐步向国产化转变。在科技部及工业和信息化部的倡导下，我国也逐渐开始研制国产遥感软件，如

Photo Mapper 和 Tiantu Image 等。目前，各大高校师生和研究院所从业人员在熟练掌握 ERDAS、PCI、ENVI 和 Intergraph 等国际著名遥感软件的同时，还大量采用国产软件进行遥感应用工作。此外，随着遥感图像处理软件的国产化和新型遥感传感器的出现，我国还提出了一些新的遥感图像处理方法［如专门针对 SAR（合成孔径雷达）图像的软件和处理方法等］，并结合不同的应用领域，扩展了遥感应用范围，提升了遥感应用精度。

在遥感应用方面，1992—1995 年，我国利用最新的陆地卫星 TM 图像完成了全国资源环境调查，并建立了完整的资源环境数据库；同时，还使用多颗国产卫星的高分辨率图像，在大兴安岭、秦岭、横断山脉一线以东和以西地区分别采用 1∶25 万和 1∶50 万比例尺进行图像解译、制图和数据库建库工作。此外，在“八五”计划期间，我国还逐步建立了重大自然灾害遥感监测评估系统。自 1987 年以来，我国先后在黄河、长江、淮河等流域先后开展了大规模的防汛遥感综合试验，其技术已达到实用化水平。1987 年 5 月，利用 NOAA 气象卫星图像对我国东北大兴安岭的特大森林火灾进行了及时的早期预警、灾中动态监测和灾后损失评估以及后期的生态恢复调查观测，产生了重大的经济效益和社会效益。1992—1995 年，利用遥感技术对黄淮海地区冬小麦进行估产试验，结果表明其对大面积农作物估产的精度达到 95%以上，能够满足实际需要。1995 年，中国科学院遥感应用研究所编制出版了《中国农业状况图集》；1999 年，建成网络型国家级信息服务体系，能够为各项重大工程提供必要的资源环境信息和辅助决策支持。

此外，在不同的应用领域，我国还广泛开展了各种遥感应用试验研究。例如，云南腾冲遥感综合试验研究、山西太原盆地农业遥感试验研究、长江下游地物光谱试验研究以及专门用于地震灾害预测监测的地震试验场研究等。这些不同类型的遥感试验场为特定的遥感研究和新型遥感传感器的成功运用提供了保障。

### （五）进入 21 世纪之后的蓬勃发展阶段

进入 21 世纪，我国的遥感事业蓬勃发展，卫星、载人航天、探月工程等技术成果已硕果累累。我国遥感已跨入“白银时代”，受高分辨率对地观测系统重大专项（简称“高分专项”）等重大项目的推动，我国的遥感事业正迎来“黄金时代”。

在卫星和运载火箭方面，我国主要的卫星类型包括科学探测与技术试验、气象、对地观测、通信广播、定位和中继卫星等，已基本形成了比较完备的卫星体系。2000 年 9 月，我国自行研制的资源二号 01 星发射成功，此后，又分别成功发射 02 星和 03 星，形成了三星联网，表明我国卫星研制技术实现了历史性跨越。2007 年 4 月至 2012 年 10 月成功发射了 16 颗导航卫星，建成覆盖亚太区域的北斗导航定位系统。从 2006 年 4 月成功发射我国首颗微波遥感卫星——遥感卫星一号以来，到 2024 年 12 月，已经连续发射到了遥感卫星四十三号。2010 年 8 月 24 日，成功发射我国首颗传输型立体测绘卫星“天绘一号 01 星”，2012 年 5 月 6 日成功发射 02 星，首次实现测绘卫星的组网运行。

在空间探测器方面，我国当前主要开展的是利用嫦娥工程系列卫星进行的月球探测。2007 年 10 月 24 日，成功发射“嫦娥一号”，标志着我国探月工程迈出了第一步。2010 年 10 月 1 日，成功发射“嫦娥二号”。2013 年 12 月 2 日，成功发射“嫦娥三号”卫星，它携带了我国的第一艘月球车，并实现了我国首次月球面软着陆。2018 年 12 月 8 日，成功发射“嫦娥四号”，实现人类首次月球背面软着陆和巡视勘察。2020 年 11 月 24 日，成功发射“嫦娥五号”，实现了我国首次月球采样。

在载人航天和空间站方面，2003 年 10 月 15 日，中国成功发射第一艘载人飞船“神舟五号”，标志着中国已成为世界上第三个能够独立开展载人航天活动的国家。截至 2024 年 10 月，我国成功发射了神舟一号至十九号飞船。此外，2011 年 9 月 29 日成功将我国第一个目标飞行器和空间实验室——天宫一号送入太空，并分别于 2011 年 11 月 3 日、2012 年 6 月 18 日、2013 年 6 月 13 日和神舟八号、九号和十号飞船实现成功对接。2016 年 10 月 17 日，我国神舟计划的载人航天飞行神舟十一号在酒泉卫星发射中心发射，这是我国第六次载人航天任务。发射两天后，神舟十一号与 2016 年 9 月 15 日发射的天宫二号空间实验室成功实施自动交会对接，形成组合体，组合体在轨飞行 30 天。航天员按计划开展有关科学实验。

随着我国遥感平台类型的不断丰富，其所携带的传感器类型不断增多，性能也不断增强。在无人机方面，近年来，由于其体积小、重量轻、使用机动灵活、回收方便、信息获取及时、探测精度高等优点，无人机迅速成为新兴的遥感手段。随着航空、微电子、计算机、导航、通信、传感器等技术的迅速发展，无人机技术从研究开发阶段迅速发展到实用化阶段，并在各个领域得到了广泛应用。此外，无人机续航时间可以从一小时到几十个小时，任务载荷也从几千克到几百千克，这为长时间、大范围的遥感监测提供了保障，同时也为搭载多种传感器和执行多种任务创造了有利条件。

我国的无人机遥感监测技术研究和开发已有几十年历史。中国测绘科学研究院于 1999 年完成了无人机海监遥感系统关键技术研究与验证试验项目，研制出以遥控方式为主的 UAVRS-Ⅰ型无人机遥感监测系统，并通过后续改进实现了无人机遥控、半自主、自主三种控制方式以及通过车载方式起飞。从 2003 年开始，中国测绘科学研究院还自行研制开发了适合城市地区应用、可低空低速飞行、能获取优于高分辨率遥感影像的 UAVRS-F 型无人飞艇低空遥感系统。2006 年，青岛天骄无人机遥感技术有限公司研制了我国首个 50 kg级 TJ-1 型无人机遥感快速监测系统，该系统也是我国首套用于民用遥感监测的专业级小型无人机系统。随着无人机起飞重量的降低和传感器监测效果的改善，无人机的控制精度和飞行性能能够满足实际遥感监测要求。无人机已成为未来航空器的重要发展方向之一。

## 三、微波遥感的发展

### （一）国外微波遥感的发展

自从赫兹在 1886 年采用频率为 200 MHz 的谐振器在实验室验证了麦克斯韦的电磁理论后，德国工程师侯斯美尔第一个证实了雷达可以探测舰船。其后，美国海军研究实验室研究人员泰勒等于 20 世纪 20 年代研制了雷达和脉冲雷达，并尝试用脉冲雷达检测目标。雷达最初主要用于军事，第二次世界大战期间，美国利用雷达图像搜索以发现目标或进行导航等工作。雷达用于地球科学领域则是 20 世纪 60 年代的事情。如今，微波遥感在理论和技术上有了一定的积累，基本上形成了较完整的技术科学体系。在气象研究、海洋研究、陆地探测及国家安全应用中，微波遥感已经成为重要手段。在已发射的各种地球轨道卫星和深空探测器中，近一半的平台上载有微波遥感探测设备。

自1967年美国第一次用双频道微波辐射计测量金星表面温度以来，微波传感器开始用于空间遥感。美国、苏联等国在发射的许多宇宙飞行器和气象卫星上，不断地进行微波传感器的尝试。1968年苏联发射“宇宙-243”卫星，第一次用微波辐射计进行对地球的微波遥感。1972年开始，美国相继发射“雨云”气象卫星系列、“天空试验室”和“Seasat-A”等，进行了一系列空间微波遥感试验。特别是1978年，美国国家航空航天局喷气推进实验室（NASA JPL）发射的“Seasat-A”是一颗综合性微波遥感卫星，装载了多波段微波扫描辐射计、微波高度计、微波散射计和合成孔径侧视雷达，获得了大量有价值的数据，其中，微波高度计测量大洋水准面的精度已达到7 cm，超过了10 cm的设计指标，标志着微波遥感技术进入了一个新的阶段。

在国际微波遥感技术的发展中，发展最为迅速和最有成效的微波传感器之一就是SAR。1981年11月，美国在哥伦比亚航天飞机第二次飞行时装载了成像雷达SIR-A，1984年利用航天飞机又将SIR-B载入太空。这些微波遥感成像系统提供了大量的地面数据，甚至从撒哈拉沙漠的图像中解译出古尼罗河道，取得了举世瞩目的成果，为推动微波遥感的进一步发展奠定了基础。

20世纪90年代，微波遥感发展到了新的重要阶段。欧洲空间局于1991年发射的ERS-1卫星、苏联于1991年发射的Almaz-1卫星与日本于1993年发射的JERS-1标志着微波遥感广泛应用阶段的到来。1993年，法国和欧洲空间局利用ERS-1卫星获取的SAR数据，进行差分干涉处理获得加州兰德斯地震同震位移，其成果发表在《自然》（*Nature*）杂志上，引起了国际地震学界的关注。1995年，欧洲空间局发射了ERS-2，加拿大发射了Radarsat-1，这表明到20世纪末，微波遥感已与可见光、红外遥感并驾齐驱，成为遥感中非常重要的一部分。

进入21世纪，随着SAR数据的广泛应用和InSAR（干涉合成孔径雷达）技术的发展，越来越多的国家开始研制和发射SAR传感器。2000年2月11日，美国发射的“奋进”号航天飞机上搭载了航天飞机雷达地形测绘飞行任务（shuttle radar topography mission，SRTM）系统，共计进行了222 h 23 min的数据采集工作，获取了60°N至60°S总面积超过1.19亿$km^2$的雷达影像数据，覆盖地球80%以上的陆地表面，并用其生成了地球80%以上陆地表面的数字高程模型（digital elevation model，DEM），再一次展现了微波遥感的能力。随后，欧洲空间局于2002年发射了ENVISAT-ASAR，日本于2003年发射了ALOS/PALSAR，加拿大于2007年发射了Radarsat-2，德国先后于2007年和2010年发射了TerraSAR-X和TanDEM-X，意大利在2007—2008年先后发射了4颗COSMO-SkyMed卫星并组成了雷达卫星星座，印度于2012年发射了RISAT-1，欧洲空间局于2014年4月3日发射了Sentinel小卫星星座中第一颗搭载C波段SAR的卫星Sentinel-1A，日本于2014年5月24日发射了ALOS-2卫星。

（二）我国微波遥感的发展

我国的微波遥感技术工作起步于20世纪70年代。在国家科技攻关计划中，一直将微波遥感列为重点研究领域，特别是经过“七五”国家攻关计划后，国内科学家们在硬件方面已成功研制了微波散射计、真实孔径雷达和 SAR 等主动式微波遥感器和多种频率的微波辐射计。在“八五”计划期间又研制出了机载微波高度计。从 20 世纪 80 年代起，进行了合成孔径高度计的预研，于 20 世纪 90 年代初进行了工程样机研制。

除此之外，我国还抓紧进行星载 SAR 和星载微波成像仪的研制工作。20 世纪 70 年代中期，中国科学院电子学研究所率先开展了 SAR 技术的研究，1979 年成功研制了机载 SAR 原理样机。干涉式合成孔径成像技术的研究工作起步于 20 世纪 90 年代中期。1999—2001 年，中国科学院空间科学与应用研究中心成功研制了 C 波段合成孔径微波辐射计样机，并于 2001 年 4 月机载校飞成功。

2002 年 12 月，我国第一个多模态微波遥感器（multiple model microwave remote sensor，$M^3RS$）由神舟四号送入太空，包括了多频段微波辐射计、雷达高度计、雷达散射计和 SAR，实现了我国星载微波遥感器的突破。2007 年，我国发射的“嫦娥一号”月球探测卫星上搭载的微波探测仪分系统由 4 个频段的微波辐射计组成，主要用于对月球土壤的厚度进行估计和评测，这也是国际上首次采用被动微波遥感手段对月球表面进行探测。2012 年 11 月 19 日，环境一号卫星 C 星（HJ 1C）成功入轨，其工作频率为 S 波段，这是我国发射的第一颗星载 SAR 卫星。2016 年 8 月 10 日成功发射了 GF-3 卫星，是中国首颗分辨率达到 1 m 的 C 频段多极化 SAR 成像卫星，它包括 12 种成像模式，是世界上成像模式最多的 SAR 卫星。2023 年 8 月 8 日，环境减灾二号 F 星（HJ 2F）成功发射。2023 年 5 月 2 日，珞咖二号（光音二号）01 星成功发射。它是全球首颗 Ka 频段高分辨 SAR 科学实验卫星。

## 四、遥感技术发展趋势

遥感技术的应用已经相当广泛，在地球科学、农业、林业、城乡规划、国土空间规划、地理国情监测、考古、生态环境监测、地质灾害监测、资源调查与评价等领域正在不断深化应用。GIS 技术、全球导航卫星定位技术、虚拟现实技术、计算机技术等的快速发展，为遥感技术的更广、更深层次的应用提供了技术支持。遥感技术的快速发展，将人类带入了立体化、多层次、多角度、全方位和全天候的对地观测新时代。

### （一）遥感卫星及其载荷的传感器向高分辨率、多模式、多角度的方向发展

随着遥感卫星对地观测技术的进步以及人们对地球资源和环境认识的不断深化，用户对高分辨率遥感数据的质量、数量和时效性要求不断提高。随着更多数量、更高分辨率的卫星发射，可以利用的高分辨率卫星影像资源也将更加丰富，卫星影像应用市场也将日益成熟，极大地促进其应用技术的不断发展。有关专家预测在未来几年内，在 1∶5000 甚至更大比例尺地图的测绘方面，高分辨率遥感卫星将取代传统的航空摄影测量，同时新的应用领域也将不断出现。

高空间分辨率卫星影像产品的空间分辨率已基本可以取代航空遥感摄影测量的功能，但因为价格较高，重访周期较长等一些不足，所以难以得到广泛应用。因此，未来高空间分辨率卫星的发展在不断提高空间分辨率的同时，将更加注重降低成本、提高时间分辨率和加强功能多样化等方面。高光谱分辨率卫星的光谱分辨率已经达到了比较理想的情况，但其空间分辨率相对较低，不容易与其他数据融合，且存在价格较高、周期较长等不足。

因此，高光谱分辨率卫星的发展也将朝着低成本、短周期方向发展。高时间分辨率卫星主要是气象卫星，其时间分辨率已经从几天缩小到几十分钟。我国从2014年发射第一代风云二号C星到2018年第二代风云四号A星正式投入业务运行，实现了我国高时间分辨率气象卫星从“并跑”到“领跑”的转变。2019年3月21日，我国高分辨率对地观测系统的高分五号卫星正式投入使用。这标志着高分专项打造的高空间分辨率、高时间分辨率、高光谱分辨率的天基对地观测能力中最有应用特色的高光谱能力已形成。在体量庞大的同时，我国遥感卫星技术也节节突破，如今分辨率已经提高到0.5 m以上，并形成了由陆地卫星、气象卫星和海洋卫星组成的强大对地观测体系，在数量和质量上都达到了世界先进水平。地球同步轨道静止气象卫星具有很高的时间分辨率，可以观测到大气中生命周期为几个小时的中小尺度天气系统及其演变过程，对中小尺度天气系统所造成的灾害性天气的动态监测具有独特的优势。

传感器的模式、角度等方面也将有新的发展。传感器的功能将从过去单一的成像模式或采集功能向数据采集、处理、监测和传输等功能综合发展。传感器的模式，尤其是微波遥感传感器的模式将从过去单一的观测模式，发展至现在可相互切换的多模式观测方式。如微波遥感从过去的单一极化方式（垂直极化或水平极化）向多极化方式发展，而且可以相互切换，但不影响原来的极化方式，进一步扩大了传感器的应用范围。传感器的观测角度从正射单一角度观测向多角度全方位观测发展，并综合运用SAR、微波遥感、光学遥感和红外遥感等技术手段，实现对陆地、海洋和大气环境的综合观测。不同空间分辨率和时间分辨率的观测配合，以及空间水平和垂直观测的综合，保证了遥感卫星科学探测任务的实现。

（二）遥感卫星向小型化、星座化、系统化的方向发展

小卫星具有功能性强、技术含量高、研制和发射成本低、体积小、质量轻、研制周期短、发射手段灵活和易于组网等特点，特别是小卫星星座化和系统化可以使遥感卫星集成使用，使其功能更加强大，从而满足用户更高的需求，因此各国对小卫星技术及小卫星产业的发展极为重视。自20世纪80年代后半期以来，小卫星逐渐活跃起来。特别是随着微电子和微机械技术的快速发展，全球掀起了一股“小卫星热”，很多国家开始研制小卫星。

小卫星是指质量小于500 kg的小型近地轨道卫星，其地面分辨率可优于1 m。小卫星的数字图像具有多谱段、大范围、高精度、准实时、高频率重复成像等多种优势，吸引了广大的商业用户，在未来的发展中具有较强的竞争力。为协调时间分辨率和空间分辨率这对矛盾，小卫星群将成为现代遥感的另一发展趋势。例如，可用6颗小卫星在2～3天完成一次对地重复观测，可获得优于1 m的高分辨率成像数据。各国都以发射高分辨率小卫星作为推动本国遥感卫星的机遇和起点，未来遥感卫星的发展趋势将是大、小卫星并存，多星组网，协作发展。未来，小卫星发射量将迅猛增长，其中低轨商业微小卫星的比例将迅速上升。

任何一颗卫星都不可能满足用户的所有需求，所以需要多星组合成星座网络的形式来共同发挥作用。遥感卫星技术的快速发展，将形成多层次、立体、多角度、全方位和全天候的由高、中、低轨道相结合，大、中、小卫星相协同，高、中、低分辨率相弥补的方式

组成的全新的全球遥感卫星星座系统，可以为全球用户提供准确有效、快速及时的多分辨率遥感数据。

全球小卫星行业有几个发展趋势：①卫星小型化、微型化趋势明显，星座规模不断扩大，低成本、批量化、快速制造是未来发展方向。②卫星星座的设计理念、应用模式和运行管理全面创新。采用天地一体化全链路设计理念，简化星上功能，强化地面处理。③注重与信息技术深度融合，面向更广泛的非专业用户。④卫星星座应用能力进一步实用化，轨道立体化，应用领域进一步全面化，从局部应用向全体系扩展已成为必然趋势。⑤应用轨道进一步立体化，立足低轨、迈向中高轨发展格局已露端倪。

（三）轻小型无人机遥感载荷正朝着小型、多样、多功能、多组合方向发展

无人机是未来网络环境下一种数据驱动的空中移动智能体，而无人机遥感则是无人机应用最重要的引领性产业。无人机遥感系统是在无人机等相关技术发展成熟之后形成的一种新型的航空遥感系统。它利用无人机作为遥感平台，集成小型高性能的遥感传感器和其他辅助设备，形成灵活机动、续航时间长、全天候作业的遥感数据获取和处理系统。无人机所能搭载的传感器也是多样的，澳大利亚利用美国研制出的“全球鹰”无人机搭载的光电（EO）红外（IR）/SAR一体化集成载荷可应用于海洋监测等。美国国家航空航天局也将多种无人机应用于海洋遥感（包括监测飓风和龙卷风）等研究项目。进入21世纪，无人机逐步进入民用领域并形成产业，美国能源部在大气辐射测量（ARM）计划中应用Altus无人机对大气对流层中的云层进行辐射和散射测量，以研究云层与来源于太阳和大地的辐射的相互作用，为准确预测二氧化碳引起的地表温室效应研究服务。从2012年开始，国内消费级无人机市场出现了爆炸性增长，深圳市大疆创新科技有限公司将多旋翼的无人机飞行平台推向消费市场，将航拍变成了普通大众的一种爱好。

伴随着轻小型无人机平台的发展，大量的轻小型无人机遥感载荷涌现出来，如光学载荷、红外谱段载荷、激光雷达载荷、成像光谱及合成孔径雷达载荷、偏振载荷等，在抗震救灾、环境治理、农业植保等领域得到很好的应用。因为小型无人机复杂程度降低，开发成本较低，所以有较大的应用需求。

自“十一五”计划实施以来，基于我国无人机遥感的技术突破，遥感技术产业在我国军事应用、国土安全方面实现重大突破，在国防、地理与海洋监测、国土测绘与海洋岛礁测绘上具有巨大应用效益。在民生安全、社会发展上也带来技术变革，在地质灾害监测、应急救援及各行业普及层面具备不可替代的作用。

未来无人机遥感技术的发展趋势主要为：融合5G低空通信技术的低空覆盖与网络切片的组网智能控制，智能感知、智能认知、智能行动一体化，云计算、物联网、移动通信、人工智能（AI）相结合的一体化；实现由单机向组网的跨越，由人为控制向实时化、智能化的跨越，由区域局部观测向全球多层次观测的跨越。

对于高分辨率对地观测体系而言，未来无人机遥感的跨越发展需要面向两个重大需求：一是建立起满足区域和全国的生态环境资源监测、灾害应急响应监测以及国土安全突发事件监测的无人航空器组网技术，二是在能开展上述监测的遥感应用业务网的基础上实现系统集成和有效验证。

（四）遥感卫星向商业化、市场化、产业化方向发展

遥感卫星商业化可以把遥感卫星真正转换为一种产业，为其实现良性循环提供必要条件，并可刺激遥感卫星技术的进一步创新和广泛应用。遥感技术的商业化驱动力主要是市场需求和商业利益，一方面，随着市场经济的快速发展，各行业用户已经注意到空间信息的重要性，进而涌现出大批新用户和潜在市场；另一方面，遥感图像进入市场将会应用于交通、新闻、娱乐、地籍管理、保险业等众多新领域，这将会给遥感卫星商业化发展注入新契机。可以预知，随着遥感卫星商业化程度的不断提高，遥感卫星技术的工程实际应用水平也将会大幅度提高，应用范围将越来越广泛，全球将又一次掀起遥感应用的高潮。

近十年来，在国家对地观测系统工程、国家空间基础设施工程的实施带动下，我国遥感卫星产业快速发展，目前已经初步形成遥感卫星产业应用体系。目前我国的非军用遥感卫星主要有民用和商用两类用途，其中民用遥感卫星主要指不以营利为目的，主要服务于国家政府部门、公众业务等的遥感卫星，以国家投资为主；商业遥感卫星主要指以营利为目的，广泛应用于商业市场的遥感卫星，以市场公司投资为主。

遥感卫星的用户群体从以政府为主转向政府、企业和大众并重，规模不断扩大，为商业遥感卫星行业奠定了广阔的市场空间。例如，“天空地一体化”的卫星综合应用解决方案逐渐成为行业卫星应用的主流模式，对我国重点研究卫星技术在网络通信、智慧城市、交通物流等现代化基础建设及国家经济增长方面的不断创新应用起到了积极的推动作用。

（五）遥感技术的应用功能向综合应用和协作应用发展

卫星遥感技术在它的最初应用领域，如基础测绘、土地、资源等方面仍有坚实的用户群，得到了充分的应用。随着遥感技术的不断提升，一些新的应用领域也崭露头角，如交通、公安、电力、电信、铁路、石油、房地产等。

遥感卫星的应用能力不再是单一的针对某个观测领域，而是向着各个领域的综合应用方向发展。因为单颗卫星无法发现相互关联的诸多整体因素，所以，对于快速变化的情况，单颗卫星只能观测到现象，而缺乏分析原因的资料。通常，为了预测变化趋势，需要有连续的观测数据，对某些观测对象需要进行快速、重复观测。这就需要把各种轨道、各种遥感器结合起来，同时观测具有相关性的诸多要素，从而使获得的数据可以非常方便地进行融合、集成、外推，使“信息”的形成周期大大缩短。遥感卫星与数据中继、通信、导航定位等卫星功能融合，不仅可以快速重访，大大提高观测频度，还可以实现快速定性、定量和定位。例如，遥感、GIS、GNSS 密切结合及一体化的发展将使高精度遥感数据的需求成倍增加，今后拥有高分辨率遥感卫星的国家和地区将日益增多。这些对地观测卫星夜以继日、源源不断地向人们提供丰富的高质量遥感数据和动态信息。从这一点上来说，遥感卫星的应用功能将不再仅仅局限于对地观测这一方向，而是协助其他各类卫星对更大范围的领域进行综合研究。

人们对于地球系统的认知还很不全面。当前观测和认识地球系统的活动需要从现在的单独的遥感卫星计划，发展成为综合的、同步的、实时的、高质量的、长期的、全球的遥感卫星观测系统；同时，要采取一致的标准，作为将来决策和行动的基础。所以，加快遥感卫星的综合应用和协作应用功能的发展是当前遥感卫星功能发展的重要方向之一。

# 第二章　遥感物理基础

## 第一节　电磁波谱与电磁辐射

电磁辐射是遥感传感器与远距离目标联系的纽带。不同类型的地物具有不同的电磁辐射，遥感技术正是利用地物的不同辐射特征，将其转变成数据或影像，达到探测地面目标的目的。因此，要应用遥感技术，必须了解电磁辐射的基本性质及地物的波谱特征。

电磁波是遥感技术的重要物理理论基础。自然界的任何物体本身都具有发射、吸收、反射以及折射电磁波的能力，其区别在于不同物体对于不同的电磁波存在着不同的特性。

### 一、电磁波及其性质

#### （一）电磁波

根据麦克斯韦电磁场理论，假定在空间中某个区域有变化的电场，那么在邻近区域内会产生变化的磁场；这一变化的磁场又会在较远区域内引起新的变化电场，并进一步在更远的区域引起新的变化磁场。变化的电场与磁场交替产生，并以有限的速度在空间内传播。这种由同相振荡且相互垂直的电场与磁场在空间中以波的形式传递能量与动量的过程称为电磁波，也称“电磁辐射”。光波、热辐射、微波、无线电波等均属于电磁波。在电磁波里，电场强度矢量 $\boldsymbol{E}$ 和磁场强度矢量 $\boldsymbol{B}$ 相互垂直，并且都垂直于电磁波的传播方向 $K$，故电磁波是一种横波，如图 2-1 所示。

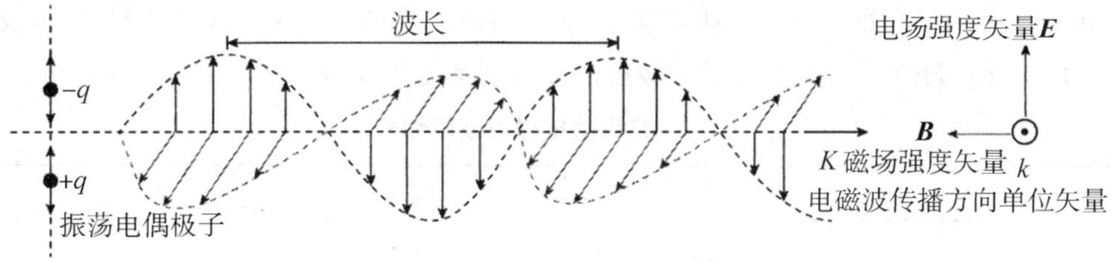


图 2-1　电磁波传播示意图

#### （二）电磁波的性质

电磁波不同于水波、地震波等由震源发出的震动在介质中进行传播，电磁波的传播不需要任何介质。在量子方式的描述中，电磁波又以光子（photon）的方式传播。事实上，电磁波的载体为光子，在真空中的传播速度为光速，其值被定义为：$c$=299 792 458 m/s。

电磁波表现出波动性与粒子性两种性质。在传播过程中主要表现为波动性，与物质相互作用时又表现出粒子性，这称为电磁波的波粒二象性。连续的波动性与不连续的粒子性是相互排斥、相互对立的，然而两者又相互联系，在一定的条件下可以相互转化。波是粒子流的统计平均，而粒子是波的量子化。

不同波长的电磁波波动性与粒子性所表现出的程度也不同。一般而言，波长越长的电磁波，其波动性特征就越明显；波长越短的电磁波，其粒子特征就越明显。

电磁波的波长、传播方向、振幅等性质与实际物体的结构密切相关，且具有一定的对应关系。遥感技术正是利用这些对应关系，来探测并获取目标物的电磁辐射特性。

## 二、电磁波谱

### （一）电磁波谱的概念与划分

电磁波通常以频率 $f$、波长 $\lambda$ 来进行描述，它们的关系可以表示为

$$c=f\cdot\lambda \tag{2-1}$$

将不同波长的电磁波，按照其在真空中传播波长的长短或频率的大小递增或递减的顺序依次排列得到的图表称为电磁波谱，如图 2-2 所示。

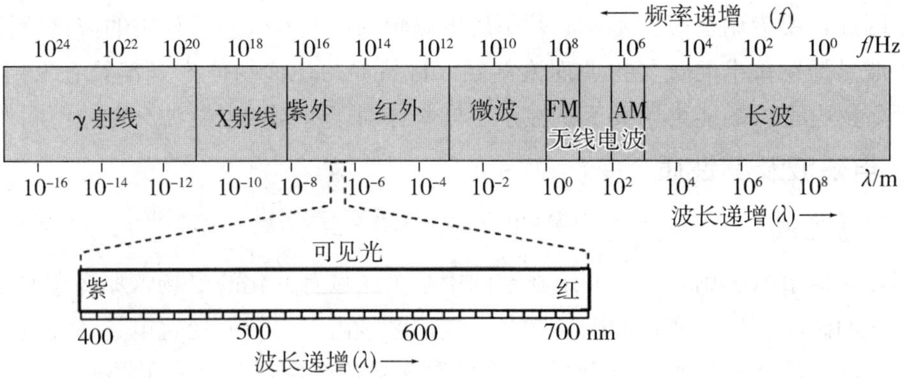


图 2-2　电磁波谱

电磁波是连续的，一般按照电磁波波长与频率的不同，可以将电磁波划分为 γ 射线、X 射线、紫外线、可见光、红外线、微波、无线电波以及长波等类型。不同类型的电磁波的单位也存在差异，一般波长 $\lambda$ 的单位取千米（km）、米（m）、微米（μm，$10^{-6}$ m）或纳米（nm，$10^{-9}$ m），而频率 $f$ 的单位取赫兹（Hz）、兆赫兹（MHz，$10^{3}$ Hz）以及千兆赫兹（GHz，$10^{9}$ Hz）。习惯上电磁波波段的划分见表 2-1 所列。

表 2-1　常见的电磁波波段划分

| 波段 | 波长 | |
|---|---|---|
| 长波 | >3 000 m | |
| 无线电波 | 1～3 000 m | |
| 微波 | 1 mm～1 m | |
| 红外线（0.76～1 000 μm） | 超远红外 | 15～1 000 μm |
| | 远红外 | 6.0～15 μm |
| | 中红外 | 3.0～6.0 μm |
| | 近红外 | 0.76～3.0 μm |

续表

| 波段 | 波长 | |
|---|---|---|
| 可见光<br>(0.38～0.76 μm) | 红 | 0.62～0.76 μm |
| | 橙 | 0.59～0.62 μm |
| | 黄 | 0.56～0.59 μm |
| | 绿 | 0.50～0.56 μm |
| | 青 | 0.47～0.50 μm |
| | 蓝 | 0.43～0.47 μm |
| | 紫 | 0.38～0.43 μm |
| 紫外线<br>(0.01～0.38 μm) | 近紫外 | 0.31～0.38 μm |
| | 中紫外 | 0.20～0.31 μm |
| | 远紫外 | 0.01～0.20 μm |
| X 射线 | 0.01～10 nm | |
| γ 射线 | <0.01 nm | |

注：因波长范围与相应谱的划分没有统一标准，此处仅采用一般划分。

### （二）遥感技术常用电磁波谱的主要特性

目前，遥感使用的电磁波谱范围主要包括紫外线、可见光、红外线和微波，各波段的主要特性如下。

1. 紫外线

紫外线是电磁波谱中波长从 0.01～0.38 μm 辐射的总称，主要源于太阳辐射。太阳辐射通过大气层时被吸收，只有 0.31～0.38 μm 波长的光能穿过大气层到达地面，且散射严重。由于大气层中臭氧对紫外线的强烈吸收与散射作用，紫外遥感通常在 2 000 m 高度以下的范围进行。因为大多数地物在该波段的反射率较小，所以目前主要用于测定碳酸盐岩的分布以及对油污的检测。

2. 可见光

可见光波长范围为 0.38～0.76 μm，主要源于太阳辐射。尽管大气对它有一定的吸收和散射作用，但它仍然是遥感成像所使用的主要波段之一。在该波段，大部分地物具有良好的亮度反差特性，不同地物的图像易于区分。为进一步探测地物间的细微差别，可将此波段细分为红（0.62～0.76 μm）、绿（0.50～0.56 μm）、蓝（0.43～0.47 μm），以及仅有几纳米波长差的百余个不同波段并分别对地物进行探测，这种分波段成像的方法一般称为多光谱遥感。利用可见光成像有摄影（黑白摄影、红外摄影、彩色摄影、彩色红外摄影、多波段摄影）和扫描两种方式，其探测能力得到了极大的提高。

3. 红外线

红外线的波长范围为 0.76～1 000 μm，根据性质可分为近红外、中红外、远红外和超远红外。近红外主要源于太阳辐射，中红外主要源于太阳辐射及地物热辐射，而远红外和超远红外主要源于地物热辐射。红外波段较宽，在此波段地物间不同的反射特性和发射特性均可较好地表现出来，因此，该波段在遥感成像中有重要的作用。在整个红外线波段内进行的遥感称为红外遥感，按其内部波段的详细划分可将红外遥感分为近红外遥感和热红外遥感。中红外、远红外和超远红外是产生热感的原因，因此统称为“热红外”。热红外遥感是通过红外敏感元件，探测物体的热辐射能量，显示目标的辐射温度或热场图像的遥感技术的总称。遥感中应用的热红外主要指 8～14 μm 波段范围。地物在常温（约 300 K）下热辐射的绝大部分能量位于此波段，在此波段地物的热辐射能量大于太阳的反射能量。热红外遥感最大的特点是具有昼夜工作的能力。由于摄影胶片感光范围的限制，除近红外波段可用于摄影成像外，其他波段不能用于摄影成像，而整个红外波段均可用于扫描成像。红外线波段可用于航空遥感和航天遥感。

4. 微波

微波的波长范围为 1 mm～1 m，其波长比可见光和红外线长，受大气层中云、雾的散射影响小，穿透性好，因此能全天候进行遥感。使用微波的遥感称为微波遥感，它通过接收地面物体发射的微波辐射能量，或接收遥感仪器本身发出的电磁波束的回波信号，对物体进行探测、识别和分析。由于微波遥感采用主动方式进行，其特点是对云层、地表植被、松散沙层和干燥冰雪具有一定的穿透能力，且不受光照等条件限制，白天、晚上均可进行地物微波成像，因此微波遥感是一种全天候、全天时的遥感技术。微波波段在航空、航天遥感中均能应用。

## 三、电磁辐射的度量

电磁波的传播过程是电磁波能量的传递。在遥感探测过程中，需要测量从目标地物反射或辐射的电磁波能量。为了定量描述电磁辐射，一般需要了解电磁辐射度量的基本术语及其含义。

（1）辐射能量（radiant energy）。电磁辐射能量的度量，记作 $W$，单位为 J。

（2）辐射通量（radiant flux）。单位时间内通过的辐射能量，记作 $\Phi=\mathrm{d}W/\mathrm{d}t$，单位为 W。辐射通量也称“辐射功率（radiant power）”，强调单位时间内的能量大小，它是一个关于波长 $\lambda$ 的函数，即不同波长的电磁波具有不同的辐射通量。如果是对应某一波长的辐射通量，则记作 $\Phi$（$\lambda$）。总辐射通量是所有波长电磁波的辐射通量之和或辐射通量积分。

（3）辐射通量密度（radiant flux density）。单位时间内通过单位面积的辐射能量，或描述为通过某单位面积的辐射通量，记作 $E=\mathrm{d}\Phi/\mathrm{d}S$，单位为 $\mathrm{W/m^2}$，$S$ 为面积。

（4）辐照度（irradiance）。被辐射物体表面的辐射通量密度，即被辐射物体表面单位面积上的辐射通量，记作 $I=\mathrm{d}\Phi/\mathrm{d}S$，单位为 $\mathrm{W/m^2}$，$S$ 为面积。

（5）辐射出射度（radiant exitance）。向外发出辐射的辐射源物体表面的辐射通量密度，记作 $M=\mathrm{d}\Phi/\mathrm{d}S$，单位为 $\mathrm{W/m^2}$，$S$ 为面积。

辐照度与辐射出射度均表达为辐射通量密度，其中，辐照度描述物体接收到的辐射，辐射出射度描述物体向外发出的辐射，它们都与波长 $\lambda$ 有关。

（6）辐射亮度（radiance）。对于某一向外发出辐射的辐射源物体，向外辐射的强度随方向存在不同。辐射亮度定义为辐射源在某一特定方向 $\theta$，单位投影面积、单位立体角内的辐射通量密度，记作 $L$，单位为 W/（sr・m²）：

$$L=\frac{\mathrm{d}^2\Phi}{\mathrm{d}A\cdot\mathrm{d}\Omega\cdot\cos\theta}\approx\frac{\Phi}{\Omega\cdot A\cdot\cos\theta} \tag{2-2}$$

式中，$\Omega$ 为立体角；$\theta$ 为方向角度。

辐射源向外辐射电磁波时，辐射亮度 $L$ 往往随着 $\theta$ 角的变化而变化，而与距离无关。辐射亮度 $L$ 与 $\theta$ 角无关的辐射源称为朗伯源。

## 四、电磁辐射源

### （一）太阳辐射与太阳光谱

1. 太阳辐射

太阳是被动遥感中最重要的辐射源，也是遥感中最主要的辐射源之一。太阳辐射是维持地球表面温度，促进地球上水、大气以及生物活动的能源基础。太阳与地球之间的距离被定义为 149 597 870 700 m（2012 年国际天文学联合会大会标准），太阳辐射到达地球约需要 500 s。

地球表面不同区域接收到的太阳辐射大小是不相等的。不受地球大气的影响，在垂直于太阳辐射的方向，单位时间内单位面积的黑体接收到的太阳辐射辐照度总量的大小 $I_{\odot}=1.36\times10^{3}\ \mathrm{W/m^{2}}$。这个数值被称为太阳常数，是地球大气层顶端接收到的辐射能量，不受地球大气的影响。由于太阳表面存在黑子活动等影响，太阳常数并不是固定不变的。以日地距离作为半径，计算出该距离上的太阳辐射球面积，再乘以太阳常数，可以计算出太阳的总辐射通量约为 $3.86\times10^{26}$ W。

2. 太阳光谱

太阳发出的辐射不仅包含最常见的可见光，还包含紫外线、红外线等所有形式的电磁波。经过测量，太阳辐射与温度为 5 777 K 的黑体辐射十分相似，如图 2-3 所示。

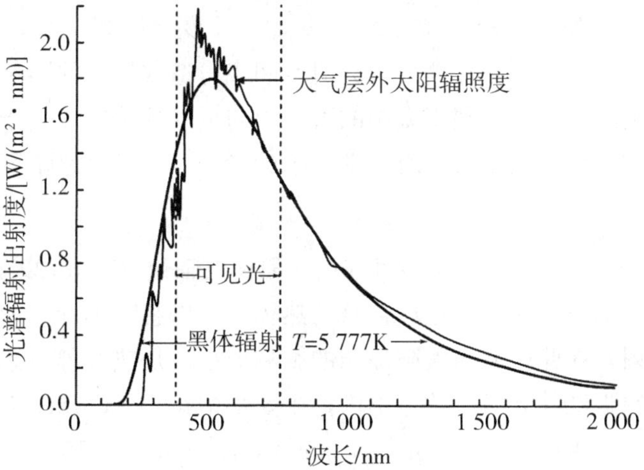


**图 2-3 平均日地距离大气层外垂直入射太阳辐射度**

从图 2-3 可以看出，太阳辐射的光谱是连续的，且辐射特性与黑体辐射特征基本一致，包含所有形式的电磁波，大部分能量都集中在可见光波段，最强辐射对应的电磁波波长约为 0.47 μm。同时，太阳辐射出射曲线不光滑，存在着许多吸收带，这是由太阳表面及大气中所存在的已经探测到的 69 种元素作用形成的。这些离散的暗谱线被称为夫琅禾费吸收谱线（Fraunhofer lines），目前已经测量得到超过 25 000 条太阳光谱中的夫琅禾费吸收谱线。

太阳辐射中各波段所占能量比例见表 2-2 所列。

**表 2-2　太阳辐射能量中各波段所占比例**

<table>
<tr><th>波段</th><th>波长</th><th>波段能量比例/%</th></tr>
<tr><td>长波</td><td>>3 000 m</td><td rowspan="5">0.41</td></tr>
<tr><td>无线电波</td><td>1～3 000 m</td></tr>
<tr><td>微波</td><td>1 mm～1 m</td></tr>
<tr><td>超远红外</td><td>15～1 000 μm</td></tr>
<tr><td>远红外</td><td>6～15 μm</td></tr>
<tr><td>中红外</td><td>3～6 μm</td><td>12.00</td></tr>
<tr><td>近红外</td><td>0.76～3 μm</td><td>36.80</td></tr>
<tr><td>可见光</td><td>0.38～0.76 μm</td><td>43.50</td></tr>
<tr><td>近紫外</td><td>0.31～0.38 μm</td><td>5.32</td></tr>
<tr><td>中紫外</td><td>0.20～0.31 μm</td><td>1.95</td></tr>
<tr><td>远紫外</td><td>0.01～0.20 μm</td><td rowspan="3">0.02</td></tr>
<tr><td>X 射线</td><td>0.01～10 nm</td></tr>
<tr><td>γ 射线</td><td><0.01 nm</td></tr>
</table>

可以看出，从近紫外到中红外的范围内，太阳辐射能量相对集中（太阳辐射能量主要集中在 0.3～3 μm 波段范围），而且相对稳定，变化幅度较小。在其他波段，如 γ 射线、X 射线、远紫外以及微波等，虽然其在太阳辐射中能量占比不足 1%，但存在很大的变化。在太阳活动剧烈时期，如太阳黑子或耀斑爆发，其强度会剧烈增长，进而影响地球的磁场，中断或干扰地球的无线电波传播，也会对空间飞行造成较大的影响。

在遥感中，被动遥感主要是利用太阳的可见光与近红外波段，处于太阳辐射中能量集中且相对稳定的区间，因此太阳活动对被动遥感的影响一般可以忽略不计。

### （二）地球辐射

地球辐射可分为短波辐射（0.3～2.5 μm）和长波辐射（6 μm 以上）。地球的短波辐射以地球表面对太阳的反射为主，地球自身的热辐射可以忽略不计。地球的长波辐射主要指地球自身的热辐射，在此区域内太阳辐照的影响极小，是热红外遥感的主要辐射源。地球辐射的能量分布在近红外到微波的范围内，主要集中在 6～30 μm。各波段所占能量的比例大约为：0～3 μm 占 0.2%，3～5 μm 占 0.6%，5～8 μm 占 10%，8～14 μm 占 50%，14～30 μm 占 30%，30～1 000 μm 占 9%，1 mm 以上微波占 0.2%。地球辐射与地球表面的热状态密切相关，因此也称“热红外遥感”，被广泛应用于地表地热异常的探测、城市热岛效应以及水体的热污染研究等。

### （三）太阳辐射与地球辐射的关系

地球除了接收太阳辐射以外，自身也同时向外不断发出辐射。太阳辐射近似于温度为 6 000 K 的黑体辐射，而地球辐射则是接近 300 K 的黑体辐射，太阳辐射出射曲线最大值对应的波长为 0.47 μm，而地球辐射出射曲线最大值对应的波长为 9.66 μm，属于远红外波段。

地表物体反射的太阳辐射与自身向外发出的辐射共同被遥感传感器接收，在实际应用中需要对太阳辐射与地球自身辐射加以区分。表 2-3 给出了太阳辐射与地球辐射的分段特性。

**表 2-3 太阳辐射与地球辐射的分段特性**

| 波长/μm | 波段 | 辐射特性 |
| --- | --- | --- |
| 0.3～2.5 | 紫外线可见光与近红外 | 以反射太阳辐射为主 |
| 2.5～6 | 中红外 | 反射太阳辐射与地球自身热辐射共同作用 |
| >6 | 远红外 | 以地表物体自身热辐射为主 |

太阳辐射能量主要集中在 0.3～2.5 μm，属于紫外线、可见光与近红外的范围。遥感传感器在这些波段接收到的辐射能量以地表物体反射太阳辐射为主，此时来自地球自身的辐射可以忽略不计。

在 2.5～6 μm 的中红外波段，遥感传感器接收到的辐射能量同时包含反射的太阳辐射以及地球自身发出的热辐射，两者均不能忽略。在该波段的应用中，一般采用夜间成像，以排除太阳辐射的影响。

地球自身发出的辐射集中在>6 μm 的远红外波段，此时太阳辐射的能量几乎可以忽略不计，遥感传感器接收到的辐射能量全部为地球自身的辐射。远红外波段被广泛用于地表的地热状态探测。

（四）人工辐射源

人工辐射源是指人为发射的具有一定波长（或一定频率）的波束，主动式遥感采用人工辐射源。工作时根据接收地物散射该光束返回的后向反射信号强弱从而探测地物或测距的过程称为雷达探测。雷达可分为微波雷达和激光雷达。

微波辐射源在微波遥感中常用的波段为 0.8～30 cm。由于微波波长比可见光、红外光波长要长，受大气散射影响小，微波遥感具有全天候、全天时的探测能力，在海洋遥感及多云多雨地区得到广泛应用。

激光辐射源在遥感技术中逐渐得到应用，其中应用较为广泛的是激光雷达。激光雷达使用脉冲激光器，可精确测量卫星的位置、高度、速度等，也可测量地形、绘制地图、记录海面波浪情况，还可利用物体的散射性及荧光、吸收等性能进行污染监测和资源勘查等。

## 第二节 物体的发射辐射特征

### 一、黑体辐射

所有的物体都是辐射源，在向外发出辐射的同时，也在不断接收其他物体的辐射。当电磁波入射到一个不透明的物体上时，该物体对接收到的电磁波具有吸收与反射的作用。吸收作用表现为物体的吸收系数$\alpha(\lambda, T)$，反射作用表现为物体的反射系数$\rho(\lambda, T)$，且两者之和恒等于 1，即$\alpha(\lambda, T)+\rho(\lambda, T)=1$。同时，吸收系数与反射系数均为电磁波波长 $\lambda$ 与物体温度 $T$ 的函数，即不同波长的电磁波在不同温度下，吸收系数与反射系数存在差异。

(一) 绝对黑体

如果一个物体在任何温度对任何波长的电磁辐射都全部吸收，而没有任何反射，则这个物体是绝对黑体，简称“黑体”。黑体的吸收系数$\alpha$ ($\lambda$，$T$) =1，反射系数$\rho$ ($\lambda$，$T$) =0，与物体的温度以及电磁波波长无关。

自然界中最接近黑体的物体是黑色的烟煤，其吸收系数接近 0.99。太阳以及恒星也被认为是接近黑体的辐射源。理想的绝对黑体在实验中是一个带有小孔的空腔，空腔壁由不透明的材料制成，对于辐射只有吸收与反射作用。从小孔进入的辐射照射到空腔壁时，大部分被吸收，少于 5%的辐射能量被反射。经过多次反射后，假设仍有辐射通过小孔射出腔外，其能量为 $(5/100)^n$，当 $n=10$ 时，可以认为物体已经吸收了几乎所有的能量。

(二) 黑体的辐射规律

黑体的辐射特性是由其温度唯一决定的，且向外发出的辐射光谱连续。同时，黑体是典型的朗伯源，向外发出的辐射亮度 $L$ 与 $\theta$ 角无关。

1. 普朗克定律 (Planck's law)

黑体的辐射出射度 $M$ 由普朗克公式描述：

$$M_\lambda(\lambda, T)=\frac{2\pi hc^2}{\lambda^5}\cdot\frac{1}{e^{hc/\lambda kT}-1} \tag{2-3}$$

式中，$c$ 为光速，$c=299\,792\,458$ m/s；$h$ 为普朗克常量，$h=6.625\times10^{-34}$ J · s；$k$ 为玻尔兹曼常量，$k=1.38\times10^{-23}$ J/K；$T$ 为物体的温度。

黑体的辐射出射度是波长 $\lambda$ 与温度 $T$ 的函数，即不同温度的黑体，在不同波长电磁波处发出的辐射能量是不相等的，如图 2-4 所示。

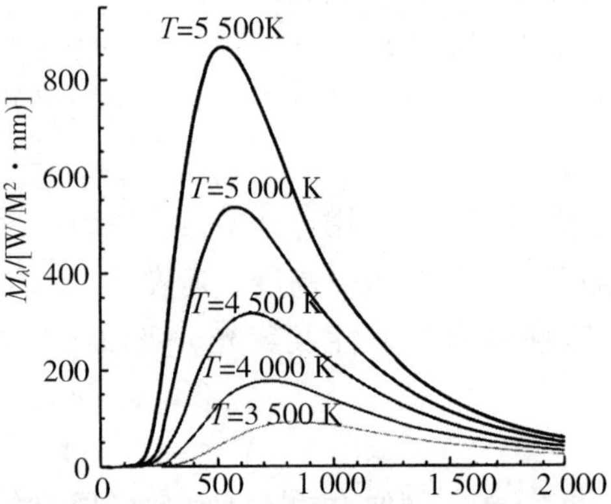


**图 2-4 不同温度黑体的辐射出射度曲线**

可以看出，某一温度的黑体在不同波长的辐射出射度并不相等，将所有波长的辐射出射度连成一条光滑的曲线，即得到黑体的辐射出射度曲线。对于某一温度黑体而言，存在着一个最大的辐射出射度。

从图 2-4 可以看出黑体辐射具有以下特性。

第一，辐射通量密度随波长连续变化，每条曲线只有一个最大值。

第二，温度越高，辐射通量密度越大，不同温度的曲线不同。

第三，随着温度的升高，辐射最大值所对应的波长向短波方向移动。

普朗克定律的重要意义在于可以通过它得到以下重要且被实验证明过的黑体辐射规律。

2. 斯特藩-玻尔兹曼定律（Stefan-Boltzmann law）

某一温度 $T_0$ 的黑体在波长 $\lambda_0$ 电磁波处，存在一个辐射出射度 $M(\lambda_0, T_0)$，则黑体在整个电磁波谱上的总辐射出射度 $M_\lambda$ 是各个波长辐射出射度的总和，即对波长 $\lambda$ 从 0 到无穷大的积分：

$$M=\int_0^\infty M_\lambda \mathrm{d}\lambda \tag{2-4}$$

用普朗克公式对波长积分，可以得到斯特藩-玻尔兹曼定律，即

$$M=\sigma \cdot T^4 \tag{2-5}$$

式中，$\sigma$ 为斯特藩-玻尔兹曼常量，$\sigma=5.670\ 32\times10^{-8}$ [W/（$m^2 \cdot K^4$）]。

黑体的总辐射出射度与黑体温度的四次方成正比。由图 2-4 可以看出，每条曲线所围成的图形面积，即为该温度时黑体的总辐射出射度 $M_\lambda$。黑体的温度越高，则总辐射出射度也就越大。

3. 维恩位移定律（Wien's displacement law）

由普朗克定律可知，某一温度下黑体存在一个辐射出射度的最大值，该最大值对应一个波长。不同温度的黑体，其辐射出射度最大值对应的波长与黑体的温度成反比，即黑体温度越高，最大值对应的波长越短，这被称为维恩位移定律：

$$\lambda_{max} \cdot T=b \tag{2-6}$$

式中，$b$ 为常数，$b=2.898\ 3\times10^{-3}$（m·K）。

从图 2-4 也可以看出，黑体的温度越高，则辐射出射曲线的峰值越往短波方向（左边）偏移。表 2-4 给出了不同温度黑体最大辐射出射度对应的波长。如果辐射最大值落在可见光波段物体的颜色就会随着温度升高而变化，波长逐渐变短，颜色由红外到红色再逐渐变蓝变紫。

**表 2-4　黑体温度与最大辐射出射度对应波长**

| $T$/K | 300 | 500 | 1 000 | 2 000 | 3 000 | 4 000 | 5 000 | 6 000 | 7 000 |
|---|---|---|---|---|---|---|---|---|---|
| $\lambda_{max}$/$\mu$m | 9.66 | 5.80 | 2.90 | 1.45 | 0.97 | 0.72 | 0.58 | 0.48 | 0.41 |

一般情况下，认为太阳与地球以及其他恒星都是绝对黑体，则可以用与这些天体同样大小以及同样辐射出射度的黑体温度作为其有效温度。如经过测量得到太阳最强辐射对应的波长 $\lambda_{max}$ 为 0.47 $\mu$m，则可以用维恩位移定律推算出太阳表面的有效温度为 6 150 K。

与之类似，地球在温暖季节的白天最强辐射对应的波长 $\lambda_{max}$ 为 9.66 $\mu$m，可以推算出地球表面温度约为 300 K，所以地球的辐射以红外热辐射为主，人眼难以看见。这一定律在红外遥感中有重要作用。

## 二、实际物体的发射辐射

### （一）实际物体的辐射

普朗克定律、玻尔兹曼定律以及维恩位移定律仅适用于黑体，然而自然界中黑体并不

存在，因此需要研究实际物体的辐射特性。任何物体都是辐射源，然而实际物体的辐射性质与黑体辐射存在区别。黑体的吸收系数$\alpha$（$\lambda$，$T$）=1，反射系数$\rho$（$\lambda$，$T$）=0，而实际物体的吸收系数则<1，反射系数>0，可以用基尔霍夫定律（Kirchhoff's law）来描述。

物体在向外发出辐射的同时，也在接收来自周围物体的辐射。在一个给定的温度下，任何物体对某一波长电磁波的发射能力与它的吸收能力成正比，这个比值与物体的性质无关，仅与物体的温度以及电磁波的波长有关，可以表示为

$$\alpha=\frac{M}{I} \tag{2-7}$$

式中，$\alpha$ 为物体的吸收系数；$M$ 为辐射出射度；$I$ 为物体的辐照度。

对于黑体而言，吸收系数=1，即黑体的辐照度与辐射出射度相等，吸收的辐射能量与发射的辐射能量相等。

实际物体吸收辐射能量的能力不如黑体，根据基尔霍夫定律，其发出的电磁辐射能量也不如黑体，即对于实际物体的吸收系数 $\alpha_i$ 而言，$0<\alpha_i<1$。有时，吸收系数也称“比辐射率”或“发射率”，记作 $\varepsilon$，表示实际物体与黑体辐射出射度之比：

$$\varepsilon=\frac{M}{M_0} \tag{2-8}$$

式中，$M$ 为实际物体的辐射出射度；$M_0$ 为黑体的辐射出射度。

可以看出，$\varepsilon$ 越大，该实际物体的性质越接近黑体。好的辐射吸收体同时也是好的辐射发射体。

需要注意的是，对于实际物体而言，不同波长的比辐射率 $\varepsilon$ 也存在差异。图 2-5 给出了石英岩在不同波长的辐射出射度 $M_\lambda$，此时石英岩的温度为 250 K，图中的实线代表 250 K温度的黑体辐射出射曲线以及石英岩的辐射出射曲线。虚线是石英岩的光谱辐射出射度，其线下面积是石英岩在整个电磁波谱的总辐射出射度。可以看出，石英岩的辐射出射度显然弱于相同温度下的黑体，且该辐射出射度随着波长的变化而存在较大的差异。

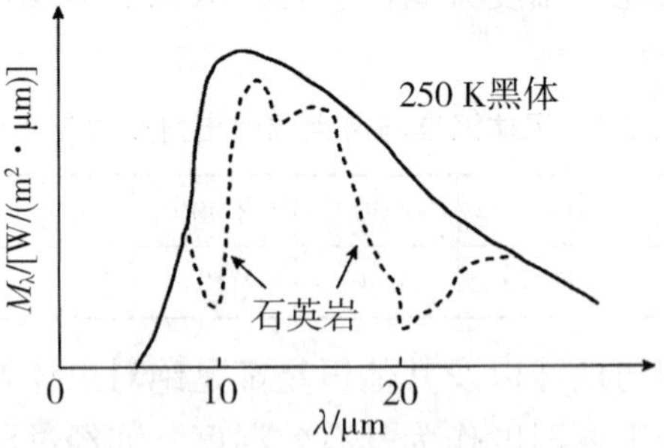


图 2-5　石英岩的辐射出射度曲线

自然界中的物体辐射出射度与石英岩类似，弱于相同温度的黑体辐射出射度，且存在着较大的差异。黑体的吸收能力最强，其发射能力也最强。当温度一定时，物体对某一波长的电磁波吸收能力越强，则发出这一波长的电磁辐射能力也就越强。表 2-5 给出了常温下一些自然物体在 8～14 μm 处的比辐射率。

表 2-5 常温下自然物体 8～14 μm 处的比辐射率

| 物体 | 温度 | 比辐射率 | 物体 | 温度 | 比辐射率 |
|---|---|---|---|---|---|
| 橡木平板 | 常温 | 0.90 | 石英岩 | 常温 | 0.627 |
| 蒸馏水 | 常温 | 0.96 | 长石 | 常温 | 0.819 |
| 光滑的冰 | −10℃ | 0.96 | 花岗岩 | 常温 | 0.780 |
| 雪 | −10℃ | 0.85 | 玄武岩 | 常温 | 0.906 |
| 沙 | 常温 | 0.90 | 大理石 | 常温 | 0.942 |
| 柏油路 | 常温 | 0.93 | 麦地 | 常温 | 0.93 |
| 土路 | 常温 | 0.83 | 稻田 | 常温 | 0.89 |
| 混凝土 | 常温 | 0.90 | 黑土 | 常温 | 0.87 |
| 粗钢板 | 常温 | 0.82 | 黄黏土 | 常温 | 0.85 |
| 碳 | 常温 | 0.81 | 草地 | 常温 | 0.84 |
| 铸铁 | 常温 | 0.21 | 腐殖土 | 常温 | 0.64 |
| 铝（光面） | 常温 | 0.01 | 灌木 | 常温 | 0.98 |

地物的比辐射率与地物自身的性质以及表面状况（如粗糙度、颜色等）有关，且是温度与波长的函数。同一地物，其表面粗糙或颜色较深时，比辐射率往往较高，这也是部分散热器需要进行表面发黑处理的原因。

地面物体比辐射率的差异也是应用遥感技术进行探测的重要基础与出发点。

### （二）地物的发射波谱特征

自然界中的一切物体都在不断向外发出电磁辐射，且比辐射率随着波长的变化而变化。将所有波长的比辐射率连接起来形成一条曲线（横坐标为电磁波波长，纵坐标为比辐射率），则该曲线称为地物发射波谱曲线。

表 2-6 显示了各种岩浆岩的发射波谱曲线。可以看出，岩浆岩中造岩硅酸盐矿物的吸收峰值主要出现在 9～11 μm 波段。岩石中二氧化硅（$SiO_2$）的含量对发射光谱具有重要影响，随着 $SiO_2$ 含量的减少，比辐射率的低值向长波方向移动。不同的岩石发射波谱特征不同，是热红外遥感探测波段选择的重要依据，也是识别地物的重要方法。

表 2-6　各类岩浆岩的比辐射率

| 岩石名称 | $SiO_2$含量/% | 发射波谱曲线 |
|---|---|---|
| 英安岩 | 68.72 | 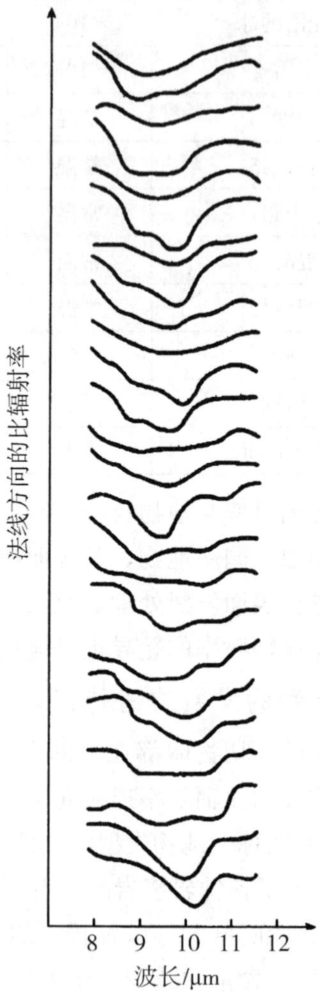 |
| 辉石细晶岩 | 68.00 | |
| 细纹浮岩 | 67.30 | |
| 花岗片麻岩 | 68.14 | |
| 粗面岩 | 68.60 | |
| 石英正长岩 | 65.20 | |
| 安山岩 | 62.31 | |
| 霞石正长岩 | 50.39 | |
| 石英玄武岩 | 57.25 | |
| 紫苏安山岩 | 56.19 | |
| 石英闪长岩 | 54.64 | |
| 辉石闪长岩 | 55.80 | |
| 石榴石辉长岩 | 52.31 | |
| 辉长岩 | 52.05 | |
| 片岩 | 51.88 | |
| 辉绿岩 | 51.78 | |
| 玄武岩 | 51.36 | |
| 斜长石玄武岩 | 49.69 | |
| 方沸碱辉岩 | 47.82 | |
| 角闪辉长岩 | 46.85 | |
| 橄榄岩 | 41.00 | |
| 橄榄辉长岩 | 40.42 | |
| 霞石玄武岩 | 40.32 | |
| 蛇纹岩 | 39.14 | |
| 超基橄榄岩 | 36.80 | |

## 第三节　物体的反射辐射特征

### 一、地物的反射率与反射波谱

太阳辐射经过大气层到达地球表面，与地表物体的相互作用主要分为三部分：一部分入射能量被地物反射，一部分入射能量被地物吸收，还有一部分入射能量被地物透射，即

$$P_0 = P_\rho + P_\alpha + P_\tau \tag{2-9}$$

式中，$P_0$为入射总能量；$P_\rho$为反射能量；$P_\alpha$为吸收能量；$P_\tau$为透射能量。

一般而言，绝大多数的物体都不具备透射能力，透射能量几乎为0。在遥感科学中，使用最普遍的是地物的反射性质。

（一）反射率

物体反射的辐射能量$P_\rho$占入射总能量$P_0$的比率称为反射率$\rho$，公式为

$$\rho=\frac{P_\rho}{P_0}\times 100\% \tag{2-10}$$

反射率的值域范围是［0，1］，不同物体对不同电磁波的反射率不同。相同物体对不同的电磁波，其反射率同样存在差异。一般而言，反射率越大的物体，遥感传感器接收到的能量也越大，呈现在遥感影像上的色调越浅；反之，反射率越小的物体，在影像上呈现出的色调越深。正是这些色调的不同，体现出地面物体的差异。

物体表面的粗糙程度不同，产生的反射效果也不相同。一般来说，根据物体表面的粗糙程度，将反射分为三种类型。

1. 镜面反射（specular reflection）

物体反射太阳辐射时，满足反射定律，即入射电磁波与反射电磁波在同一平面内，且入射角与反射角相等。当发生镜面反射时，如果入射波为平行入射，那么只有在反射方向上才能探测到电磁波，而在其他方向上探测不到。对于可见光而言，其他方向上都是黑色的。自然界中极少有真正的镜面反射，某些非常平静的水面可以近似认为是镜面反射。

2. 漫反射（diffuse reflection）

表面粗糙的物体，对电磁波的反射不遵从反射定律，在物体表面的各个方向上都有反射，将入射能量分散到各个方向。当入射的强度一定时，任何角度的反射率$\rho$为常数，即与方向角、高度角的变化无关。这种发生漫反射的表面称为朗伯面。

自然界中同样极少存在真正的朗伯面，新鲜的氧化镁（MgO）、硫酸钡（$BaSO_4$）以及碳酸镁（$MgCO_3$）等表面可以近似看作朗伯面，并用于地面光谱测量时的标准板。

3. 实际物体反射

地球表面的物体既非镜面，也非朗伯面，而是介于两者之间。一般而言，实际物体表面在各个方向上均存在反射能量，但不同的方向其反射能量大小不一定相同。反射辐射能量的大小与入射辐射的方位角、天顶角，以及反射方向的方位角、天顶角均存在相关关系，其关系相当复杂。

（二）反射波谱

不同地物的反射率各不相同，相同地物对不同波长的电磁波的反射率同样存在差异，如植物的叶片在可见光绿光波段的反射率较高，对其他波长的可见光反射率相对较低，因此叶片一般情况下看起来是绿色的。

地物的反射率随入射波长变化而变化的规律称为反射波谱。以波长为横坐标，以反射率为纵坐标，将所有测量得到的地物在每一个波长处的反射率连接起来，可以得到一条曲线，该曲线称为地物的反射波谱曲线。

不同地物的反射波谱曲线不同，相同地物在不同状态下的反射波谱曲线同样存在差异。同一地物的反射波谱曲线反映出不同波段的反射率，与遥感传感器的对应波段接收的辐射数据对照，可以得到遥感数据与对应地物的识别规律。一般来说，地物的反射波谱曲

线有规律可循，从而为遥感影像的判读提供依据。图 2-6 给出了四种不同地物的反射波谱特征曲线。

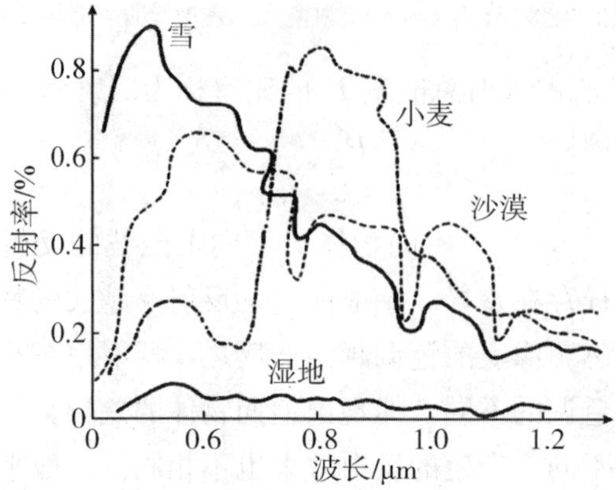


**图 2-6　雪、沙漠、湿地以及小麦的反射波谱曲线**

从图 2-6 中可以看出：不同的地物其反射波谱特征并不相同。雪在 0.4～0.6 μm 处存在一个很强的反射峰，其反射率接近 100%，在蓝绿波段上看上去近乎白色。随着波长的增加，反射率逐渐降低。沙漠在 0.6 μm 附近，即黄橙色波段存在反射峰，因此沙漠看起来呈现出黄橙色。沙漠在波长超过 0.8 μm 的红外波段，其反射率仍然较强。小麦的反射光谱特征表现为典型的植被光谱特征，在 0.5 μm 附近有一个小的反射峰，因此小麦呈现绿色。在近红外波段，小麦存在较大的反射峰。湿地的反射率在整个波段范围内都小于 10%，在遥感影像上表现为暗色调。

不同的波谱特征是地物分类的基础。可以看出，利用蓝绿波段，可以非常明显地区分出雪与其他三种地物。同样的道理，利用遥感的近红外波段，可以将小麦与其他三种地物进行区分。因此，在利用遥感数据区分不同地物时，必须根据不同的地物，选择合适波段的遥感影像。同时，利用遥感数据时，必须有地面监测的地物波谱数据进行对比。

由于各种物体的结构和组成成分不同，反射光谱特性是不同的，即各种物体的反射特征曲线的形状不一样，即使是在某些波段相似，甚至相同，但在另外的波段仍会存在较大差别。如图 2-7 所示的不同地物的反射光谱曲线，在 0.6～0.7 μm 很相似，而其他波长（如 0.8～1.2 μm 波段）的光谱反射曲线差别较大。不同波段地物的反射率不同，这也是利用多波段数据进行地物探测的理论基础。

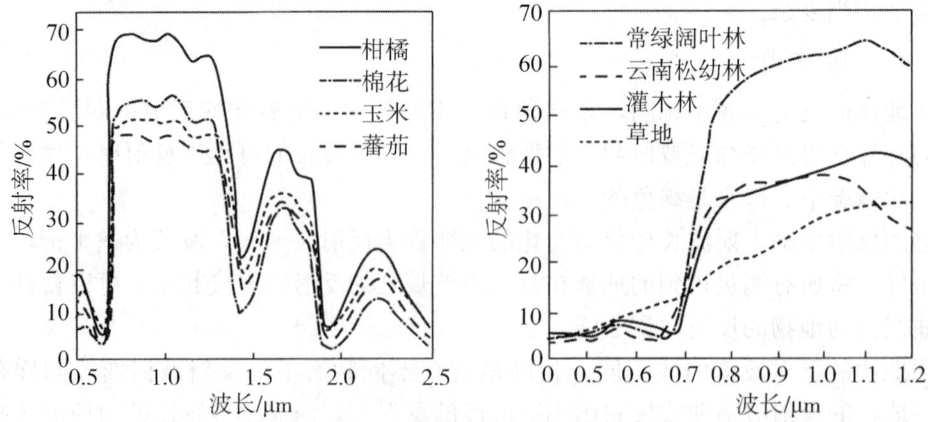


**图 2-7　不同地物的反射光谱曲线比较**

正是因为不同地物在不同波段具有不同的反射特性，地物的反射光谱曲线才可作为判断和分类的基础，并广泛应用于遥感影像的分析和评价。

## 二、典型地物的反射波谱特性

### （一）植被的反射波谱特征

植被是生长在地球表层的各种植物类型的总称，在地球系统中扮演着重要的角色。与其他地物相比，植被具有非常明显而独特的反射波谱特征，如图 2-8 所示。

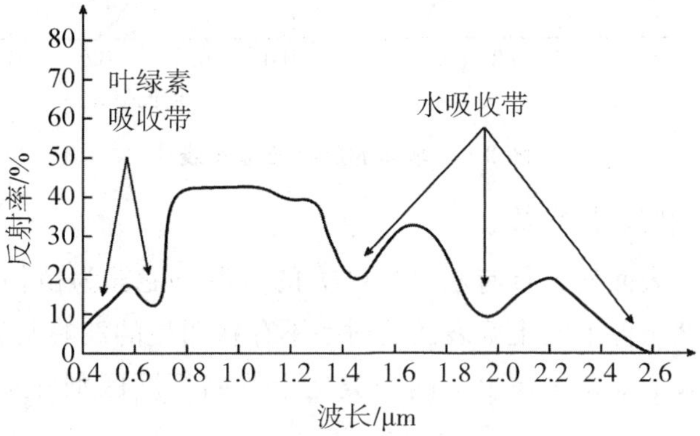


**图 2-8 典型植被的波谱反射曲线**

植被在可见光的 0.55 μm，即绿光处有一个小的反射峰，反射率为 10%～20%，因此植被从视觉上看起来是绿色的。在可见光的 0.45 μm（蓝光）以及 0.65 μm（红光）处有两个明显的吸收谷，这是由于植被叶片中的叶绿素的影响，叶绿素将蓝、红光波段以及部分绿光波段吸收以进行光合作用。从近红外开始，植被的反射率急剧升高，植被中的多孔薄壁细胞组织对近红外波段有较强的反射作用。这个反射峰一般介于 0.8～1.3 μm（近红外），反射率能够达到 40%或者更高。在 1.45 μm、1.95 μm 以及 2.6～2.7 μm 处，植被的反射波谱曲线存在着三个波谷，主要由水分的吸收带造成。

### （二）水体的反射波谱特征

水体构成地球表层的水圈，包括一定时间内水的数量、分布以及物理化学性质。水体反射率较低，小于 10%，远低于大多数的其他地物，水体在蓝绿波段有较强的反射，在其他可见光波段吸收都很强。纯净水在蓝光波段反射率最高，随波长增加反射率降低，在近红外波段反射率近似为 0，因此在近红外影像上水体一般呈现出黑色或深色调，与周围的植被和土壤形成明显的反差，很容易识别和判读。但当水体中含有其他物质时，反射光谱曲线会发生变化。含泥沙时，由于泥沙的散射作用，可见光波段反射率会增加，峰值出现在黄红波段区域。如图 2-9 所示，浑浊水、泥沙水反射率高于清澈水体，峰值出现在黄红区。含叶绿素的清水反射率峰值在绿光波段，水中叶绿素越多时，近红外波段反射率抬升越明显，这一特征可监测和估算水藻浓度。

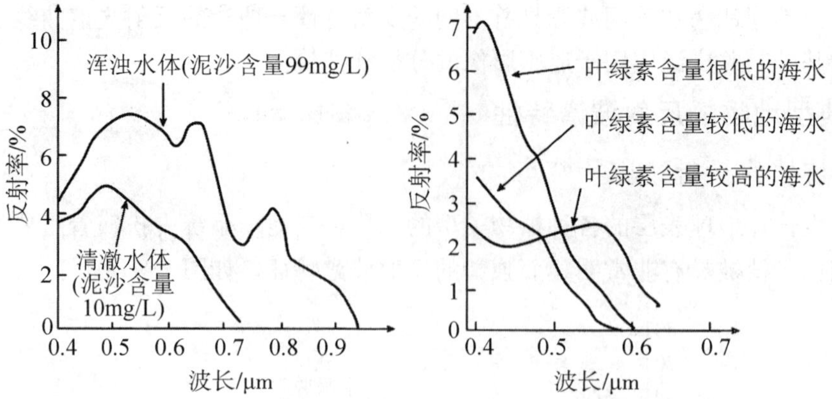


图 2-9　水体的反射波谱曲线

（三）土壤的反射波谱特征

土壤是覆盖在地球表面的、具有农业生产力的资源，能够为植物生长提供营养成分、水和自然支撑。在自然条件下的土壤表面反射率不存在明显的波峰与波谷，曲线一般比较平滑。因此，不同波段的遥感影像上，同一类型土壤的亮度区别并不明显。图 2-10 为三种土壤的反射波谱曲线。

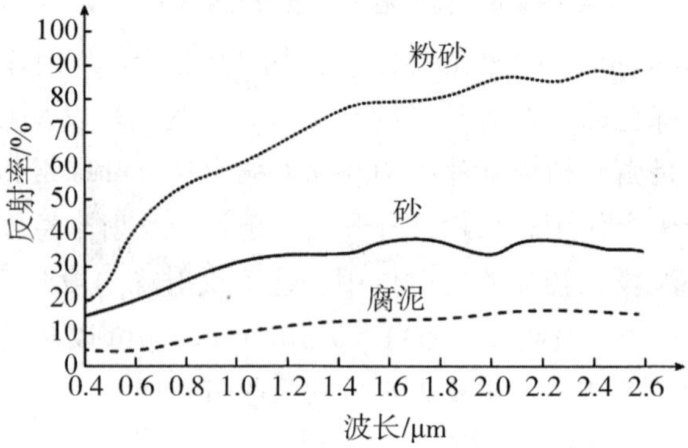


图 2-10　三种土壤的反射波谱曲线

影响土壤反射率的内在、外在因素有很多，包括水分含量、土壤结构（砂、粉砂、黏土的比例）、有机质含量、氧化铁的存在以及表面粗糙度等。这些因素是复杂的、变化的和相关的。

土壤水分含量与土壤结构密切相关。一般情况下，粗砂质土壤因易于排水，水分含量较低，反射率相对较高；而排水能力相对较差的细结构土壤，则反射率较低。但是，在水分缺乏的情况下，土壤本身则显示相反的趋势，即粗结构土壤比细结构土壤色调更暗。

土壤有机质含量也是影响土壤光谱特性的一个重要参数。一般来说，有机质含量增加会导致土壤反射率下降。但有研究表明，有机质含量和整个可见光波段的土壤反射率呈非线性关系。不同的气候环境，以及有机质分解程度等均对反射率有影响。氧化铁含量也会导致土壤反射率明显下降，特别是在可见光波段比较明显。土壤表面粗糙度的减少会导致反射率上升，土壤颗粒细会使土壤表面更趋于平滑，其结果是反射率增高。

（四）岩石的反射波谱特征

图 2-11 为几种典型岩石的反射波谱曲线。不同岩性反射光谱的差异性决定了它们具有各自特定的影像色调特征，这也是遥感影像识别的基础。岩石反射曲线无统一特征，矿物成分、矿物含量、风化程度、含水状况、颗粒大小、表面光滑度、色泽都对其有影响。例如，浅色矿物与暗色矿物对其影响较大，浅色矿物反射率高，暗色矿物反射率低。

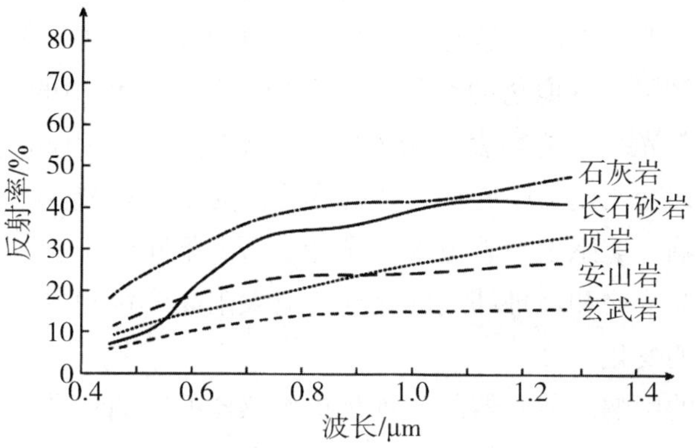


**图 2-11　几种典型岩石的反射波谱曲线**

自然界岩石多被植被、土壤覆盖，所以岩石反射波谱特征与其覆盖物也有较大关系。

（五）人工地物目标的反射波谱特征

人工地物目标主要包括各种建筑、道路、广场、人工林、人工河等。人工林和人工河的反射光谱特征与自然状态下的植被和水体的光谱特征相同。各种建筑、广场、道路等人工地物目标的反射光谱曲线总体相似，但由于建筑材料的不同而存在一定的差异。如道路类型中水泥路反射率最高，土路次之，沥青路最低，如图 2-12 所示。在城市遥感影像中，通常只能看到建筑物的顶部或部分墙面，不同建筑材料构成的屋顶的光谱特性不同，如图 2-13 所示。铁皮屋顶表面呈灰色，反射率较低且起伏较小，光谱曲线较平缓。石棉瓦顶反射率最高，色调最浅。因为沥青黏砂屋顶表面铺着反射率较高的砂石，所以其反射率高于灰色的水泥屋顶。绿色塑料棚顶的光谱曲线在绿光波段有一反射峰值，与植被类似，但它在近红外波段没有反射峰值，有别于植被的反射光谱特征。

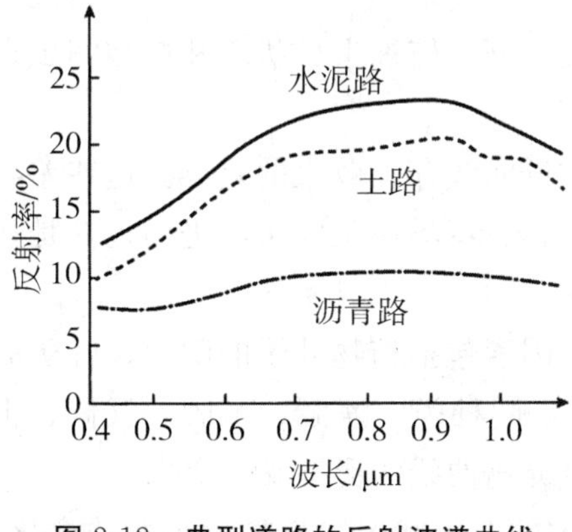


**图 2-12　典型道路的反射波谱曲线**

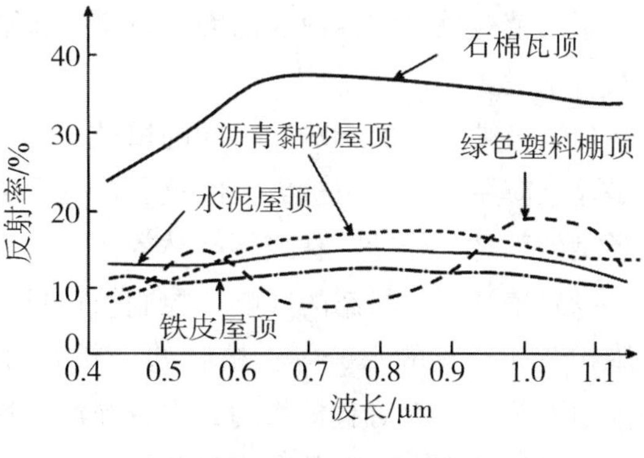


**图 2-13　典型建筑物屋顶的反射波谱曲线**

## 三、影响地物反射率变化的主要因素

### （一）主要影响因素

地物反射光谱特性非常复杂，它与地物入射通量和地物本身性质有关，而很多因素会引起入射通量及地物性质的变化，如太阳位置、传感器位置、地理位置、地形、季节、气候变化、地面湿度变化、地物本身的差异、大气状况等。

（1）太阳位置的影响。太阳位置是由太阳高度角和方位角决定的。如果太阳高度角不同，太阳辐射穿过大气层到达地物的路径就不同，而传递过程中的能量损失与路径有关。太阳方位角不同，太阳光线在地物表面的入射角就不同，也会引起地物反射能量的变化。入射能量和反射能量的变化则会引起反射率的变化。为了尽量减少太阳高度角和方位角对地物反射率变化的影响，遥感卫星轨道大多设计成与太阳同步，在每天的同一地方时通过同一地方上空。但季节变化和地理纬度的差异造成太阳高度角和方位角的变化是不可避免的，从而引起反射率的变化。

（2）传感器位置的影响。传感器的位置是指传感器的观测角和方位角，通常传感器多设计成垂直指向地面以减小影响，但卫星姿态变化会引起传感器指向偏离垂直方向，仍会造成反射率的变化。

（3）不同的地理位置，太阳高度角和方位角也不同。地理景观不同也会引起反射率的差异。此外，海拔、大气透明度等因素也会造成反射率的变化。

（4）地物本身的差异也会使其反射率有较大的变化。如植物的病虫害会造成反射率发生较大的变化；土壤含水量也直接影响着土壤的反射率，含水量越高，红外波段的吸收就更严重。

（5）时间、生长周期的影响。随着时间的推移、季节的变化，同一种地物反射波谱曲线也会发生变化。例如，植物在不同的生长期其反射率会有明显的变化。即使是在很短的时间内，由于各种随机因素的影响（包括外界的随机因素和仪器的响应偏差）也会引起反射率的变化，使得同一幅影像中相同地物的光谱反射率在某一区间发生变化。

### （二）典型地物反射率变化影响因素

1. 影响植被反射波谱曲线的因素

影响植被反射波谱曲线的因素较多，主要包括植被类型、植被生长状态和植被病虫害以及含水量。

（1）植被类型的影响。不同的植被类型，其反射波谱曲线存在较大的差异。这些差异也是遥感应用中区分植被类型的重要依据，如区分是森林、草场还是农田，进而包括是什么类型的森林，如针叶林或阔叶林等。

（2）植被生长状态的影响。控制植被反射率的主要因素包括植物叶子的颜色、叶子的细胞构造和植物的水分等。植物的生长发育、植物的不同种类、灌溉、施肥、气候、土壤、地形等因素都对有机物的光谱特征产生影响，使其光谱曲线的形态发生变化。

（3）植被病虫害以及含水量的影响。主要包括植被的健康状况、植物含水量的变化、植株营养物质的缺乏与否等。

2. 影响水体反射波谱曲线的因素

水体是一个开放环境，当水中含有其他物质时，水体的反射波谱曲线会发生变化。影响水体反射率的主要因素是水的浑浊度、水中叶绿素的含量以及水中有机物质的含量等。同时，波浪的起伏以及水面的污染同样对水体的反射波谱曲线存在着极大的影响，可以利用水体反射波谱曲线的变化监测水体的污染状况以及清澈程度等。

3. 影响土壤反射波谱曲线的因素

土壤是岩矿的风化产物，其主要物质组成与岩矿一脉相承。一般而言，土质越细密，其反射率越高。有机质含量与水分含量越高，则反射率越低。可以利用土壤的波谱特性定量分析土壤的含水量与养分状况。

4. 影响岩石反射波谱曲线的因素

影响岩石反射波谱曲线的主要因素是矿物化学成分、矿物晶体结构和矿物粒度等，其中，矿物化学成分是最重要的因素。总体而言，岩石的反射波谱曲线没有统一的规律可循，岩石的矿物成分、含量、含水量、表面粗糙度等都会对岩石的反射波谱曲线产生影响。

## 第四节 太阳辐射及大气对辐射的影响

太阳是被动遥感最主要的辐射源。太阳辐射有时习惯称作太阳光，太阳光通过地球大气照射到地面，由地面物体反射返回，再经过大气到达传感器（遥感器）。这时传感器探测到的辐射强度与太阳辐射到达地球大气上空时的辐射强度相比，已有了很大的减弱，主要是太阳辐射在入射与反射后两次受到大气影响和地物本身反射的影响。本节主要讨论大气对辐射的影响。

### 一、太阳辐射

（一）太阳常数

太阳是太阳系的中心天体，受太阳影响的范围是直径大约 120 亿 km 的广阔空间。在太阳系空间，除了地球及其卫星在内的行星系统、彗星、流星等天体外，还布满了从太阳发射的电磁波的全波辐射及粒子流。地球上的能源主要来自太阳。

太阳常数是指不受大气影响，在距太阳一个天文单位内，垂直于太阳光辐射方向上，单位面积单位时间内黑体所接收的太阳辐射能量。

$$I_0 = 1.360 \times 10^3\ \mathrm{W/m^2} \tag{2-11}$$

可以认为太阳常数是在大气顶端接受的太阳能量。长期观测表明，太阳常数的变化不会超过 1%。由太阳常数的测量和已知的日地距离很容易计算太阳的总辐射通量 $\Phi_0 = 3.826 \times 10^{26}$ W。反过来，由太阳的总辐射通量和太阳线半径又可以计算太阳的辐射出射度 $M_0$。

（二）太阳光谱

太阳光谱通常指光球产生的光谱，光球发射的能量大部分集中于可见光波段，如图 2-14所示。图中清楚地描绘了黑体在 6 000 K 时的辐射曲线，在大气层外接收到的太阳辐照度曲线及太阳辐射穿过大气层后在海平面接收到的太阳辐照度曲线。从大气层外太阳辐照度曲线可以看出，太阳辐射的光谱是连续光谱，且辐射特性与绝对黑体辐射特性基本一致。但是，用高分辨率光谱仪观察太阳光谱时，会发现连续光谱的明亮背景上有许多离散的暗谱线，这些暗谱线叫作夫琅禾费吸收线，大约有 26 000 条。根据这些吸收线已认证出太阳光球中存在的 69 种元素及它们在太阳大气中所占的比例，如 H 占 78.4%，He 占 9.8%，O 占 0.8%等。太阳辐射能量各个波段通常情况所占比例见表 2-7 所列。太阳辐射从近紫到中红外这一波段区间能量最集中而且相对来说最稳定，太阳强度变化最小。在其他波段如 X 射线、γ 射线、远紫外及微波波段，尽管它们的能量加起来不到 1%，但变化却很大。一旦太阳活动剧烈，如黑子和耀斑爆发，其强度也会有剧烈增长，最大时可相差千倍甚至更多。因此，剧烈活动会影响地球磁场，中断或干扰无线电通信，也会影响宇航员或飞行员的飞行。就遥感而言，被动遥感主要利用可见光、红外等稳定辐射，使太阳活动对遥感的影响减至最小。

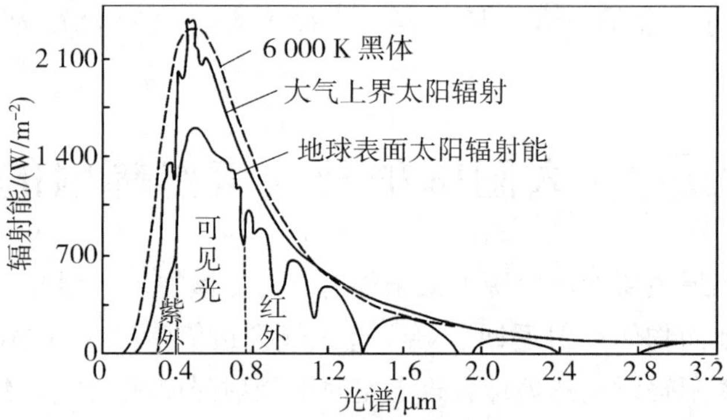


**图 2-14　太阳辐射能曲线**

**表 2-7　太阳辐射各波段的百分比**

| 波长/μm | 波段名称 | 能量比例/% |
|---|---|---|
| 小于 $10^{-3}$ | X，γ 射线 | 0.02 |
| $10^{-3}$～0.2 | 远紫外 | 1.95 |
| 0.2～0.31 | 中紫外 | 5.32 |
| 0.31～0.38 | 近紫外 | 43.50 |
| 0.38～0.76 | 可见光 | 36.80 |
| 0.76～1.5 | 近红外 | 12.00 |
| 1.5～5.6 | 中红外 | 0.41 |
| 5.6～1 000 | 远红外 | |
| 大于 1 000 | 微波 | |

图 2-14 中，海平面处的太阳辐照度曲线与大气层外的曲线有很大不同，其差异主要是地球大气引起的。由于大气中的水、氧、臭氧、二氧化碳等分子对太阳辐射的吸收作用，加之大气的散射，使太阳辐射产生很大的衰减，图中那些衰减最大的区间便是大气分子吸收的最强波段。

图 2-14 中所示的辐照度是太阳垂直投射到被测平面上的测量值。如果太阳倾斜入射，

则辐照度必然产生变化并与太阳入射光线及地平面产生夹角，即与太阳高度角有关。如图 2-15 所示，表示太阳光线射入地平面的一个剖面，$h$ 为高度角，$I$ 为垂直于太阳入射方向的辐照度，$I'$为斜入射到地面上时的辐照度，辐射通量 $\Phi$ 不变，则 $AB$ 间面积为 $S$，$BC$ 间面积为 $S \cdot \sin h$。

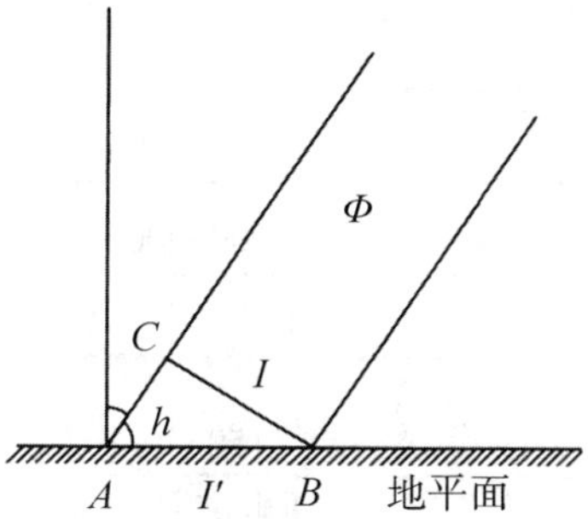


**图 2-15 太阳光入射角**

$$\Phi = I' \cdot S = I \cdot S \cdot \sin h$$

$$I' = I \cdot \sin h \tag{2-12}$$

如果用太阳常数 $I_0$ 计算，设 $D$ 为日地之间的距离，则 $I' = \frac{I_0 \sin h}{D^2}$。

由于太阳高度角的年内变化，同一观测点太阳辐照度经常变化。如果取太阳入射光线与地平面垂线的夹角为 $\theta$（即天顶距或天顶角），由 $h + \theta = 90°$，则式（2-12）变成

$$I' = \frac{I_0 \cos \theta}{D^2} \tag{2-13}$$

## 二、大气成分

大气的主要成分是分子和其他微粒。分子主要有 $N_2$ 和 $O_2$，约占 99%，其余 1%是 $O_3$、$CO_2$、$H_2O$ 及其他（如 NO，$CH_4$ 等）；其他微粒主要有烟、尘埃、雾霾、小水滴及气溶胶。气溶胶是一种固液混合的悬浮物，其核心是固体，如尘埃、花粉、微生物、海水盐粒等，在核心外包有液体。气溶胶直径为 0.01～30 μm，多分布在高度 5 km 以下。

地球被大气圈所包围，大气圈上界无明显界线，离地面越远大气越稀薄，逐步过渡到太阳系空间。一般认为大气厚度约 1 000 km，且在垂直方向自下而上分为对流层、平流层、中间层、热层（增温层），热层再往上就是接近大气层外的顶部空间，也称“散逸层”。近年来，也常把平流层和中间层统称为平流层，热层和散逸层统称为电离层，电离层再向上为外大气层空间，如图 2-16 所示。

对流层中空气做垂直运动而形成对流，热量的传递产生天气现象。其高度在 7～12 km，并随纬度降低而增加。对流层空气的温度随高度的增加而降低。

平流层中空气没有明显的对流，几乎没有天气现象，温度由下部的等温层逐渐向上升高，是因为存在臭氧层吸收紫外线而升温。平流层的上部又称“中间层”，中间层内的温度随高度增加而递减。

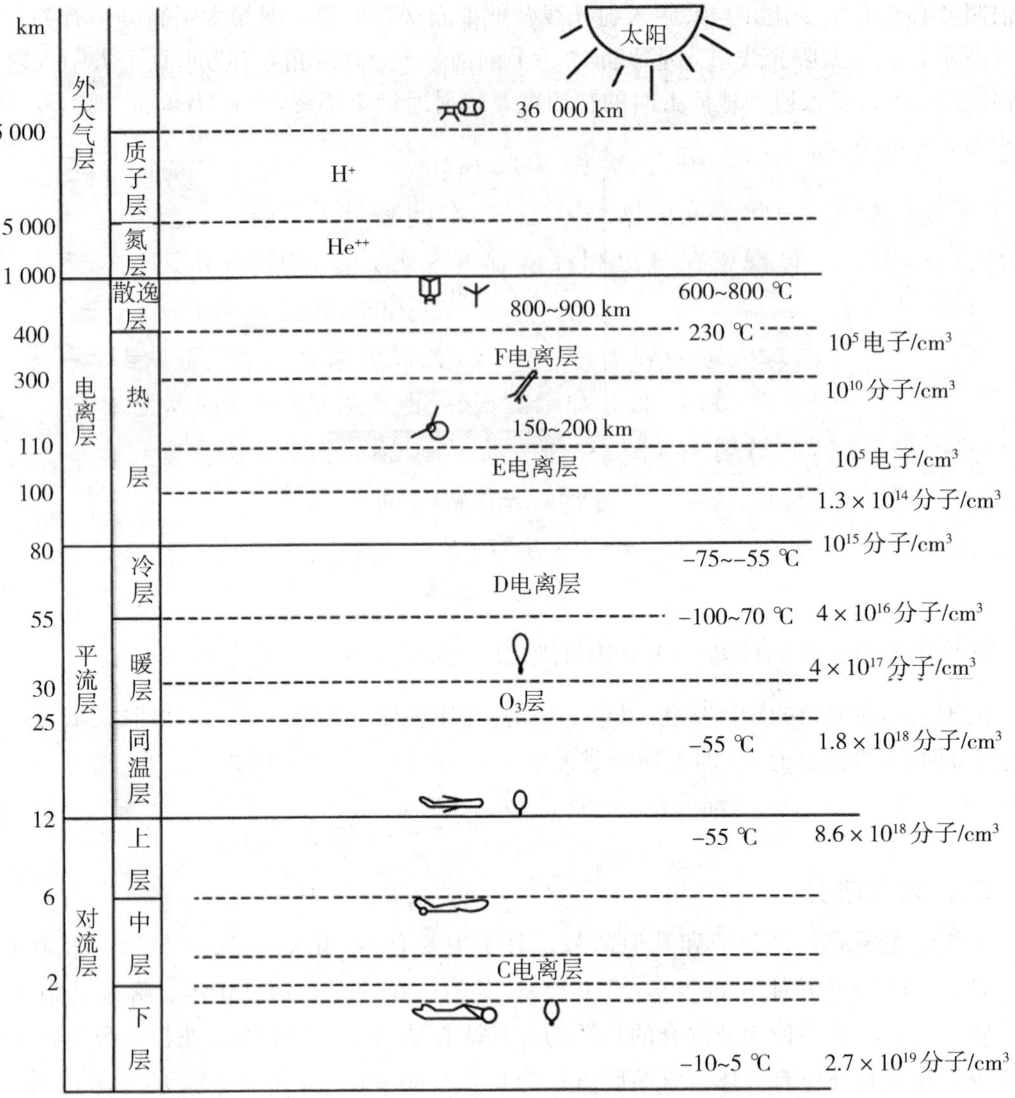


图 2-16 **大气垂直分层**

电离层的下部又称“热层”，上部称散逸层。从热层向上温度激增，且热层是人造地球卫星运行所在的位置，热层和中间层由于空气稀薄，大气中 $O_2$、$N_2$ 等分子受太阳辐射的紫外线、X 射线影响，处于电离状态，形成了 D 层、E 层、F 层三个电离层。随着高度的增加，电离层的电子浓度增大。一般来说，在中纬度地区，D 层白天出现，夜间消失；E 层白天强，晚上弱；F 层有时又分为 $F_1$、$F_2$ 层，$F_1$层主要在夏季白天存在，而 $F_2$ 层则经常存在。在极区冬季，D、E、$F_1$层消失。这些电离层的主要作用是反射地面发射的无线电波，D 层和 E 层主要反射长波和中波，短波则穿过 D 层和 E 层从 F 层反射，超短波可以穿过 F 层。遥感所用波段都比无线电波短得多，因此可以穿过电离层，辐射强度不受影响。800 km 以上的散逸层，空气极为稀薄，已对遥感产生不了影响，因此，真正对太阳辐射影响最大的是对流层和平流层。

## 三、大气散射

太阳辐射在传播过程中遇到小微粒而使传播方向改变，并向各个方向散开的现象叫作

成都市火炬印务有限公司成品封签

| | | | |
|---|---|---|---|
| 出版单位 | 电子科技大学出版社 | | |
| 名　　称 | **遥感原理与应用** | | |
| 书　　号 | ISBN 978-7-5770-1502-6 | | |
| 定　　价 | 56.00元 | 数　量 | 13册/封 |
| | | | 52册/件 |
| 印刷单位 | 成都市火炬印务有限公司 | | |

散射。散射使原传播方向的辐射强度减弱，而增加向其他各方向的辐射。尽管强度不大，但从遥感数据角度分析，太阳辐射在照到地面又反射到传感器的过程中，会二次通过大气。在照射地面时，由于散射增加了漫入射的成分，使反射的辐射成分有所改变。返回传感器时，除反射光外还增加了散射光进入传感器。大气散射现象通过二次影响增加了信号中的噪声成分，造成遥感图像的质量下降。

散射现象的实质是电磁波在传输中遇到大气微粒而产生的一种衍射现象。因此，这种现象只有当大气中的分子或其他微粒的直径小于或相当于辐射波长时才发生。大气散射有以下三种情况。

（一）瑞利散射

当大气中粒子的直径比波长小得多时发生的散射叫作瑞利散射。这种散射主要由大气中的原子和分子（如氮、二氧化碳、臭氧和氧分子等）引起。对于可见光，瑞利散射现象非常明显，因为这种散射的特点是散射强度与波长的四次方（$\lambda^4$）成反比，即 $I \propto \lambda^{-4}$。故波长越长，散射越弱。当向四面八方的散射光线较弱时，原传播方向上的透过率便越强。当太阳辐射垂直穿过大气层时，可见光波段损失的能量可达 10%。

瑞利散射对可见光的影响很大，如图 2-17 所示。无云的晴空呈现蓝色，就是因为蓝光波长短，散射强度较大，因此蓝光向四面八方散射，使整个天空蔚蓝，也使太阳辐射传播方向的蓝光被大大削弱。这种现象在日出和日落时更为明显，因为这时太阳高度角小，阳光斜射向地面，通过的大气层比阳光直射时要厚得多。在过长的传播过程中，蓝光波长最短，几乎被散射殆尽；波长次短的绿光散射强度也居其次，大部分被散射掉了；只剩下波长最长的红光，散射最弱，因此透过大气最多；加上剩余的极少量橙光，最后合成呈现橘红色，所以朝霞和晚霞都偏橘红色。瑞利散射对于红外和微波，由于波长更长，散射强度更弱，可以认为几乎不受影响。

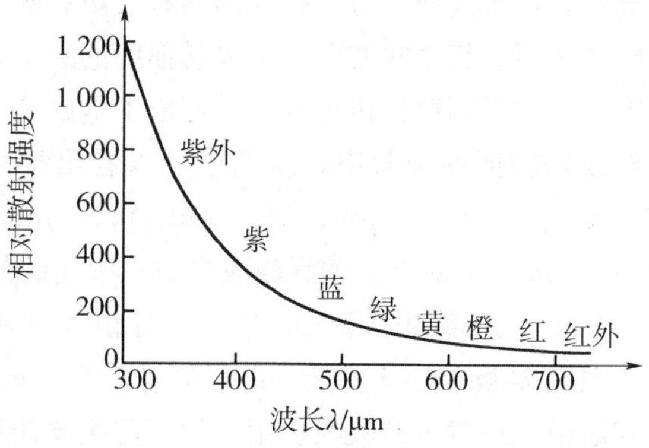


图 2-17 **瑞利散射与波长的关系**

（二）米氏散射

当大气中粒子的直径与辐射的波长相当时发生的散射叫作米氏散射。这种散射主要由大气中的微粒（如烟、尘埃、小水滴及气溶胶等）引起。米氏散射的散射强度与波长的二次方（$\lambda^2$）成反比，即 $I \propto \lambda^{-2}$，并且散射强度在光线向前方向比向后方向更强，如图 2-18 所示，方向性比较明显。如云雾的粒子大小与红外线的波长（0.76～15 μm）接近，所以云雾对红外线的散射主要是米氏散射。因此，潮湿天气米氏散射影响较大。

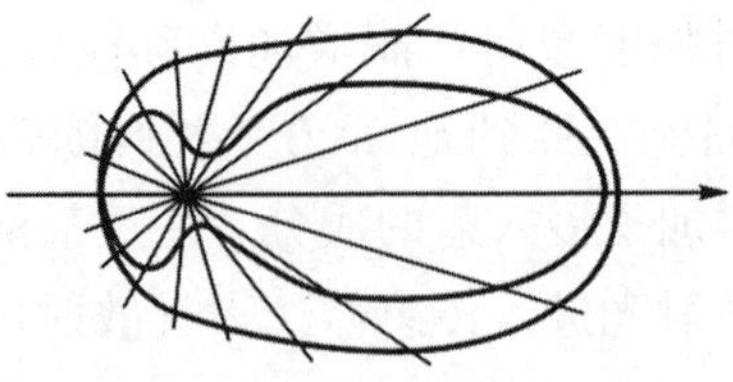


图 2-18　米氏散射

（三）无选择性散射

当大气中粒子的直径比波长大得多时发生的散射叫作无选择性散射。这种散射的特点是散射强度与波长无关，也就是说，在符合无选择性散射条件的波段中，任何波长的散射强度相同。例如，云、雾粒子直径虽然与红外线波长接近，但相比可见光波段，云雾中水滴的粒子直径就比其波长大很多，因而对可见光中各个波长的光散射强度相同，故人们看到云雾呈白色，并且无论从云下还是乘飞机从云层上面看，都是白色。

由以上分析可知，散射会造成太阳辐射的衰减，但是散射强度遵循的规律与太阳辐射的波长密切相关，而太阳的电磁波辐射几乎包括电磁辐射的各个波段，因此在大气状况相同时，会同时出现各种类型的散射。大气分子、原子引起的瑞利散射主要发生在可见光和近红外波段。大气微粒引起的米氏散射从近紫外到红外波段都有影响，当波长进入红外波段后，米氏散射的影响超过瑞利散射。大气云层中，小雨滴的直径相对其他微粒最大，对可见光只有无选择性散射，云层越厚，散射越强。而对微波来说，微波波长比粒子的直径大得多，则又属于瑞利散射的类型，散射强度与波长四次方成反比，波长越长，散射强度越小，所以微波才可能有最小散射、最大透射，因而被称为具有穿云透雾的能力。

## 四、大气吸收

在太阳辐射穿过大气层时，大气分子对电磁波的某些波段有吸收作用。吸收作用使辐射能量转变为分子的内能，从而引起这些波段太阳辐射强度的衰减，甚至某些波段的电磁波完全不能通过大气。因此，太阳辐射到达地面时，形成了电磁波的某些缺失带。图 2-19 为大气中几种主要分子对太阳辐射的吸收率，从图中可以看出每种分子形成吸收带的位置。其中，水的吸收带主要有 2.5～3.0 μm、5～7 μm、0.94 μm、1.13 μm、1.38 μm、1.86 μm、3.24 μm 以及 24 μm 以上对微波的强吸收带；二氧化碳的吸收峰主要是 2.8 μm 和 4.3 μm；臭氧在 10～40 km 高度对 0.2～0.32 μm 有很强的吸收带，在 0.6 μm 和 9.6 μm的吸收也很强；氧气主要吸收小于 0.2 μm 的辐射，0.6 μm 和 0.76 μm 也有窄带吸收。此外，大气中的其他微粒虽然也有吸收作用，但不起主导作用。

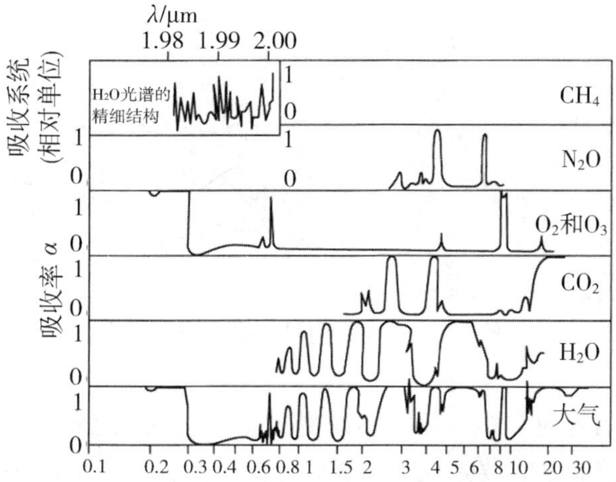


**图 2-19　大气中几种主要分子对太阳辐射的吸收率**

图 2-19 中最下面一条曲线综合了大气几种主要分子的吸收作用，反映出大气吸收带的分布规律。对比图 2-14 中最下一条曲线，即海平面上太阳辐照度曲线，可发现该曲线与图 2-19 的曲线形态相反，再与大气层外太阳辐照度曲线对比，会发现海平面上辐照度减小的部分正是吸收率高的光谱段。

## 五、大气反射

### （一）大气的反射

在电磁波传播过程中，电磁波若通过两种介质的交界面，还会出现反射现象。气体、尘埃的反射作用很小，反射现象主要发生在云层顶部（取决于云量），而且各波段会受到不同程度的影响，反射会削弱到达地面的电磁波的强度。因此，应尽量选择无云的天气接收遥感信号。

### （二）折射现象

电磁波穿过大气层时，除发生吸收和散射外，还会出现传播方向的改变，这就是折射现象。大气的折射率与大气密度有关，密度越大，折射率越大。离地面越高，空气越稀薄，折射率越小。正因为电磁波传播过程中大气折射率的变化，电磁波在大气中传播的轨迹是一条曲线。到达地面后，地面接收的电磁波方向与大气顶面的方向相比偏离了一个角度，即折射值 $R=\theta-\theta'$，如图 2-20 所示。阳光垂直入射时，天顶距为 0，折射值 $R=0$，随太阳天顶距的加大，折射值增至为 45°时，折射值 $R=1'$，天顶距为 90°时，折射值 $R=35'$，这时折射值最大。这也就解释了早晨看到的太阳圆面比中午时看到的太阳圆面大，因为当在地平线上时，折射角度最大，甚至太阳还没有出地平线，由于折射，就可以见到它了。

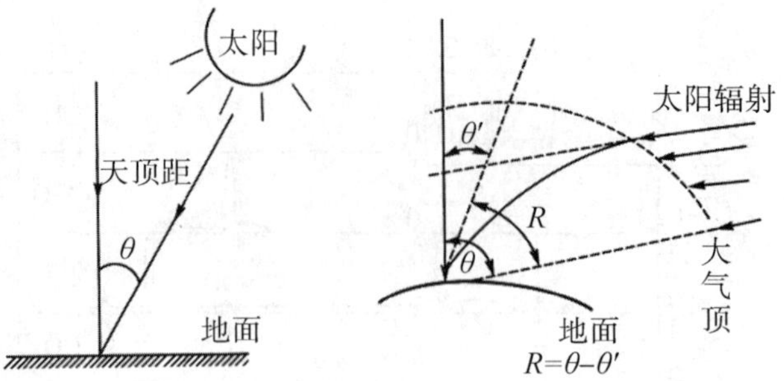


图 2-20 天顶距（θ）与折射值（R）

（三）大气窗口

折射改变了太阳辐射的方向，但并不改变太阳辐射的强度。因此，就辐射强度而言，太阳辐射经过大气传输后，主要是反射、吸收和散射的共同影响减弱了辐射强度，剩余部分即为透过的部分。对遥感传感器而言，只能选择透过率高的波段，才有观测意义。

通常把电磁波通过大气层时较少被反射、吸收或散射（透过率较高）的波段称为大气窗口。大气窗口的光谱段如图 2-21 所示。

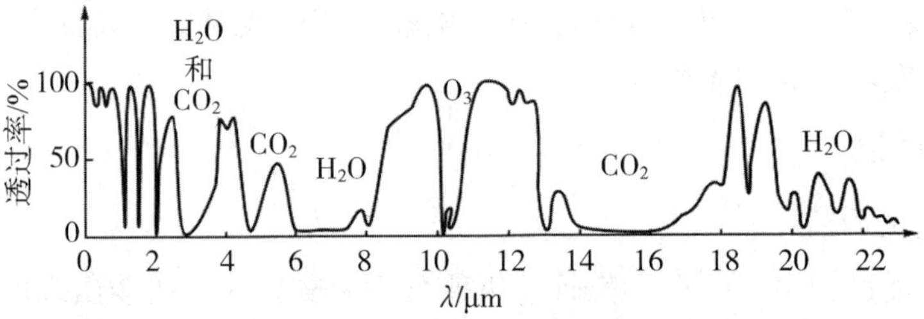


图 2-21 大气窗口的光谱段

①0.3～1.3 μm，即紫外、可见光、近红外波段。这一波段是摄影成像的最佳波段，也是许多卫星传感器扫描成像的常用波段，如 Landsat 卫星的 TM 1～4 波段，SPOT 卫星的 HRV 波段。

②1.5～1.8 μm 和 2.0～3.5 μm，即近、中红外波段。它们是白天日照条件好时扫描成像的常用波段，如 TM 的 5、7 波段等，用来探测植物的含水量以及云、雪或用于地质制图等。

③3.5～5.5 μm，即中红外波段。该波段除了反射外，地面物体也可以自身发射热辐射能量。如 NOAA 卫星的 AVHRR 传感器用 3.55～3.93 μm 探测海面温度，获得昼夜云图。

④8～14 μm，即远红外波段。主要通透来自地物热辐射的能量，适于夜间成像。

⑤0.8～2.5 cm，即微波波段。由于微波穿透云雾能力强，这一区间可以全天候观测，而且是主动遥感方式，如侧视雷达。Radarsat 的卫星雷达影像也在这一区间，常用的波段为 0.8 cm、3 cm、5 cm、10 cm，甚至可将该窗口扩展至 0.05～300 cm。

（四）大气透射的定量分析

太阳辐射通过大气时，就可见光和近红外而言，被云层或其他粒子反射回去的比例最大，约占 30%，散射约占 22%，吸收约占 17%，透过大气到达地面的能量仅占入射总能量的 31%。实际上，除气象卫星探测云层外，大多数被动遥感传感器都选择无云天气观测，这时大气对太阳辐射的衰减就只考虑散射和吸收了。

设太阳辐射入射时所通过的大气厚度为大气质量，当垂直入射时，天顶距 $\theta=0$，大气质量 $m=1$；当斜入射时，若天顶距 $\theta<60°$，大气质量 $m(\theta)=\sec(\theta)$，近似等于斜入射时辐射穿过大气的光程与垂直入射的大气光程之比，如图 2-22 所示。这时地球大气的曲面形状可忽略，且不考虑折射。若 $\theta>60°$，大气质量不能用 $\sec\theta$ 计算。

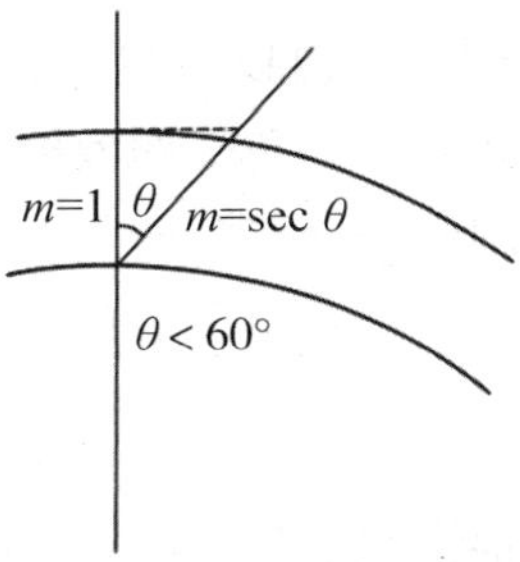


图 2-22 大气厚度与大气质量

大气对太阳辐射的总透射率 $T$ 可用式（2-14）计算：

$$T=\frac{I}{I_0}=e^{-m(\theta)\cdot\tau} \tag{2-14}$$

式中，$I$ 为通过大气层后的辐照度；$I_0$ 为通过大气层前的辐照度；$m(\theta)$ 为大气质量，与天顶距 $\theta$ 密切正相关；$\tau$ 为大气的垂直光学厚度。

## 第五节 微波的散射特性

微波遥感是指利用微波的散射和辐射信息来分析、识别地物或提取专题信息。地物对微波的散射有三种常见的类型，如图 2-23 所示。第一种为面散射，微波信号由上而下照射到两个半无限介质的分界面上时，入射能量的一部分散射回来，剩下的一部分透射进下层均匀或近似均匀介质中，这时仅仅在两种介质的分界面上发生散射现象。第二种为体散射，即当微波穿透目标地物时产生。当微波穿透树冠后，微波能量经过树叶、细枝以及树干等多路径散射，由于多个散射体的分布随机性，整片树林从整体上可起到某种同向同性散射的作用。第三种为强散射，在多种情况下均可能会产生，当其出现时，雷达回波信号非常强。

虽然微波散射类型大概可分为以上三种，但在现实中，雷达图像某个像素对应的雷达回波信号中可能同时包含多种散射信号。

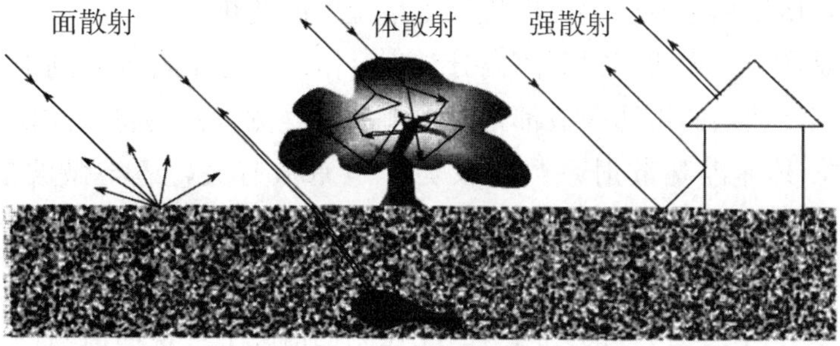


图 2-23 微波遥感散射类型

## 一、面散射

为了更清晰地将面散射与体散射区分开来，这里采用澳大利亚国立大学教授约翰·理查兹对面散射的定义：面散射是微波信号在传输过程中仅发生了一次明显的介电常数变化的散射现象（如从空气到水、从空气到土壤等）。而在体散射现象中，其包含多次的类似面散射的过程（如从空气到树叶、空气到树枝等），但雷达传感器最终获取的后向散射信号（散射回入射方向的信号）中无法将这些单个的散射过程区分开来。

面散射信号的强度与反射面的粗糙度和反射面的介电常数 $\varepsilon_r$ 等因素有关，根据反射面的粗糙度又可以将面散射分为镜面散射和粗糙表面反射两种类型。

### （一）镜面散射

当微波能量波束（$E^i$）从空气垂直照射到镜面时，部分能量 $E^r$ 被散射回来，还有部分能量（$E^t$）透射入镜面下面的介质中。如果下层介质中含有介电常数不一样的其他媒介，则 $E^t$ 还会继续发生散射与透射，其情况比较复杂，在体散射部分再详细介绍。

在讨论镜面散射时，假设镜面以下的介质是均匀的，透射进去的能量不再发生散射，最终会直接消失。此时可以根据散射回来的能量 $E^r$ 与入射的能量 $E^i$ 计算该镜面的菲涅耳（Fresnel）散射系数 $\rho$。

$$\rho=\frac{E^r}{E^i} \tag{2-15}$$

假设微波在空气中传输时能量没有任何损耗（一般情况下在空气中传输时其能量损耗也忽略不计），则菲涅耳散射系数还可以用式（2-16）计算（Kraus and Fleisch，2000）。

$$\rho_{\text{normal}}=\frac{1-\sqrt{\varepsilon_r}}{1+\sqrt{\varepsilon_r}} \tag{2-16}$$

需要注意的是，根据式（2-16），当介电常数 $\varepsilon_r \geqslant 1$ 时，菲涅耳散射系数为负数，这意味着散射回去的微波信号与入射信号相比在相位上发生了180°的变化。

用菲涅耳散射系数还可以进一步计算镜面所在媒介的能量散射系数 $R$：

$$R=|\rho^2| \tag{2-17}$$

例如，干燥土壤的介电常数大约为4，其能量散射系数则等于0.11，即仅11%的入射能量会被散射回微波传感器；水体的介电常数为81，其能量散射系数为0.64，即约64%的入射能量会被散射回微波传感器。因此，当微波从空气中垂直入射到干燥土壤和水体上时，在雷达影像中，水体部分通常比干燥土壤部分更亮。因为水的介电常数比干燥土壤的介电常数大得多，所以用微波遥感可以检测土壤湿度的变化。

需要注意的是，因为无法获得距离向分辨率，微波信号垂直入射到地物的情况在实际应用中很少见。实际使用的雷达一般都是侧视雷达，当侧视雷达将微波信号以入射角 $\theta$ 照射到光滑表面时，其菲涅耳散射系数不仅与介电常数有关，还与微波信号的极化状态有关。

虽然雷达通过侧视方式获得了距离向分辨率，但是在镜面散射情况下，水平极化和垂直极化信号都被散射到远离雷达的方向，因此在侧视情况下，镜面散射回到雷达的能量为0，此时在雷达图像上对应的亮度很暗。

（二）粗糙表面散射

当一定波长的微波波束，以一定入射角照射到粗糙地物表面，且散射过程满足面散射条件时发生的散射称为粗糙表面散射。按照地物表面粗糙度的差异，粗糙表面散射主要可分为轻微粗糙面散射［图 2-24（b）］和非常粗糙面散射［图 2-24（c）］两种。理论上，地物表面越粗糙，后向散射信号越强，对应的雷达影像中像素亮度值越高。与镜面散射［图 2-24（a）］相比，轻微粗糙面散射大部分散射信号仍为镜面散射信号，仅有小部分后向散射信号；而非常粗糙面散射的散射信号在各个方向分布比较平均，其后向散射信号强度在面散射中最高。

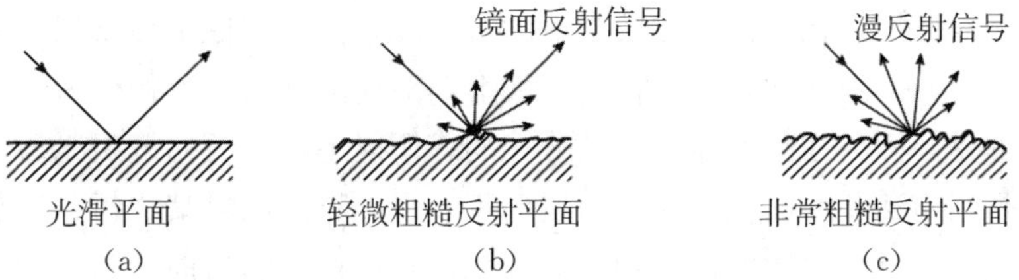


**图 2-24　面散射的三种类型**

在微波遥感中，散射面越粗糙，其后向散射系数与入射角的相关度越小；在侧视情况下，光滑散射面在雷达图像中亮度比粗糙面散射低，且入射角越大，光滑面散射在雷达图像中亮度越低。因此，如果在雷达成像过程中想消除或抑制散射面粗糙度的影响，应该选用较大的入射角进行成像。

## 二、体散射

当雷达波束通过某一界面，从一种介质进入另一种介质时，在介质内部产生的散射称为体散射。雨幕中含有多个散射体［图 2-25（a）］的情况以及在介质中包含多种不同介电常数物质混合的情况［图 2-25（b）］多产生体散射，树木、土壤内部、积雪内部等的散射都是体散射。

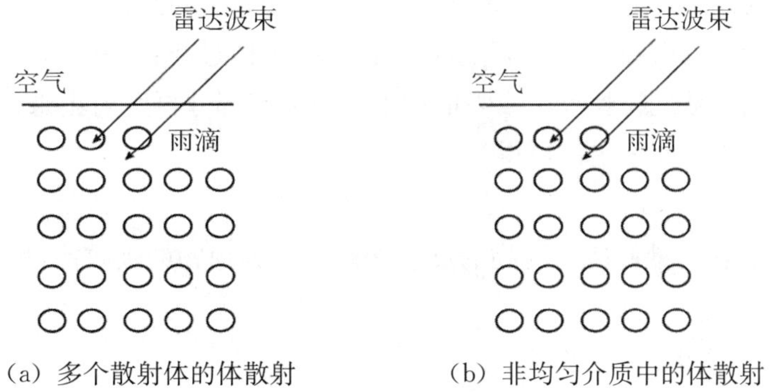


**图 2-25　体散射示意图**

研究体散射时需对穿透到介质内部的雷达波束进行研究，雷达波束对介质的穿透程度用穿透深度 $\delta$ 表示。在有衰减的介质中，微波能量随距离按指数函数规律衰减。因此，当微波入射到介质中时，穿透深度用功率降低到 $1/e$ 时的距离来定义。

在雷达波束从空气进入多个散射体的均匀介质中时［图 2-25（a）］，假设该介质的衰减系数为 $K$，则 $\delta=1/K$，其值与散射体内部的降雨颗粒直径分布及变形的程度有关。

但在土壤这种非均匀介质情况下，体散射的强度与介质体内的不连续性和介质密度的不均匀性成正比。它的散射角度特性取决于介质表面的粗糙度、介质的平均相对介电常数以及介质内的不连续性和波长的关系。在土壤或积雪这种同时有表面散射和体散射的情况下，一般会出现表面散射面积小但体散射的散射体积大的现象。此时，雷达后向散射信号中同时包含面散射信号和体散射信号，因此在这种情况下，用后向散射信号强度来求面散射后向散射系数存在较大误差。

### 三、强散射

光学遥感对应的波长很短，地表绝大多数地物相对波长来说都是离散的，因此光学遥感影像中除了闪亮的水波和反光条之外，很少出现高强度的反射地物。而在雷达图像中，地表很多地物相对微波波长来说是比较光滑的，因此在雷达图像中经常出现散射信号很强的地物，将这种对应的地面散射现象称为强散射，对应的强散射地物称为硬目标。

需要注意的是，因为强散射体是离散分布的，所以不能用后向散射系数对其反射进行量化衡量，而是用雷达截面面积（或者回波面积）来计算。如果某个雷达图像的像素中强散射信号占该像素雷达后向散射信号的绝大部分，则该像素的后向散射系数为雷达截面面积（或回波面积）除以像素面积。

## 第六节　地物波谱特征的测定

### 一、地物波谱特征测定概述

地物波谱也称“地物光谱”。地物波谱特征是指各种地物各自所具有的电磁波特性（发射辐射或反射辐射），它是选择遥感波谱段、设计遥感仪器的依据，也是用户判读、识别、分析遥感图像的基础，其重要意义如同侦破案件依据的手指纹一样。在遥感技术的发展过程中，世界各国都十分重视地物波谱特征的测定。1947 年，苏联学者克里诺夫就测试并公开了自然物体的反射光谱。美国测试了七八年的地物光谱才发射陆地资源卫星。

当电磁辐射能量入射到地物表面上时，会出现三种过程：一部分入射能量被地物反射；一部分入射能量被地物吸收，成为地物本身内能或部分再发射出来；一部分入射能量被地物透射。根据能量守恒定律可得

$$P_0=P_\rho+P_\alpha+P_\tau \tag{2-18}$$

式中，$P_0$为入射的总能量；$P_\rho$为地物的反射能量；$P_\alpha$为地物的吸收能量；$P_\tau$为地物的透射能量。

式（2-18）两端同除以 $P_0$得

$$1=\frac{P_\rho}{P_0}+\frac{P_\alpha}{P_0}+\frac{P_\tau}{P_0} \tag{2-19}$$

令

$(P_\rho/P_0)\times100\%=\rho$（反射率），即地物反射能量与入射总能量的百分率；

$(P_\alpha/P_0)\times100\%=\alpha$（吸收率），即地物吸收能量与入射总能量的百分率；

$(P_\tau/P_0)\times100\%=\tau$（透射率），即地物透射能量与入射总能量的百分率。

则式（2-19）可写成：

$$\rho+\alpha+\tau=1 \tag{2-20}$$

对于不透明的地物 $\tau=0$，式（2-20）可写成：

$$\rho+\alpha=1 \tag{2-21}$$

式（2-21）表明，对于某一波段反射率高的地物，其吸收率就低，即为弱辐射体；反之，吸收率高的地物，其反射率就低。地物的反射率可以测定，而吸收率则可通过式（2-21）求出，即 $\alpha=1-\rho$。

对于全部波长范围内的辐射通量密度，可对普朗克公式以零到无穷大的波长范围进行积分，可以得到 $\int_0^\infty \frac{2\pi hc^2}{\lambda^5}\cdot\frac{1}{e^{hc/\lambda kT-1}}d\lambda$，转换成 1 $cm^2$ 黑体辐射到半球空间里的总辐射通量的表达式：

$$W_0=\left[\frac{2\pi^5 k^4}{15c^2h^2}\right]T^4=\sigma T^4 \tag{2-22}$$

式中，$W_0$ 为黑体总辐射通量密度，$W/cm^2$；$\sigma$ 为斯特藩-玻尔兹曼常数，$\sigma=(5.669\pm0.0029)\times10^{-8}\ W/(m^2\cdot K^4)$。

式（2-22）为斯忒藩-玻耳兹曼定律，它与温度的四次方成正比，表明黑体总辐射通量密度随温度的增加而迅速增大。因此，只要温度有微小变化，就会引起辐射通量密度很大的变化，用红外装置测定温度，就是以此定律为理论依据的。

德国物理学家基尔霍夫在研究辐射传输过程中发现：在任一给定温度下，对于任何地物，单位面积上的辐射通量密度 $W$ 和吸收率 $\alpha$ 之比都是一个常数，并且等于该温度下同面积黑体辐射通量密度 $W_黑$。这就是基尔霍夫定律，又称“热传导定律”，它可写成如下的数学形式：

$$\frac{W}{\alpha}=W_黑 \tag{2-23}$$

基尔霍夫定律不但对所有波长的全辐射是正确的，而且对波长为 $\lambda$ 的任何单色波长的辐射也是正确的。这时基尔霍夫定律可写成：

$$\frac{W_\lambda}{\alpha_\lambda}=W_{黑\lambda} \tag{2-24}$$

该定律反映在一定温度下的物体，如果它对某一波长的辐射有强吸收，则发射这一波长辐射的能力亦强；若为弱吸收，则发射亦弱；如果物体不吸收某种波长的辐射，则亦不发射这种波长的辐射。

根据基尔霍夫定律，由式（2-23）可知 $\alpha=\frac{W}{W_黑}$，而根据发射率定义有

$$\varepsilon=\frac{W}{W_黑} \tag{2-25}$$

从而得出

$$\varepsilon=\alpha$$

同样，该结论对地物辐射的每一个单色波长分量也是成立的，即 $\varepsilon_\lambda=\alpha_\lambda$。

式（2-24）表明，在给定的温度下，任何地物的发射率，在数值上等于同温度、同波长下的吸收率。该公式还表明地物的吸收率越大，发射率也越大。对于不透明地物来说，式（2-21）可写成

$$\varepsilon = 1 - \rho \tag{2-26}$$

由式（2-23）、式（2-25）和式（2-22）可得

$$W = \alpha W_{黑} = \varepsilon W_{黑} = \varepsilon \sigma T^4 \tag{2-27}$$

由式（2-27）可知，只要已知地物的温度和吸收率，就可以确定地物的热辐射强度。该公式表明地物的热辐射强度与温度的四次方成正比。所以地物微小的温度差异就会引起红外辐射能量较明显的变化，这种特征构成红外温感的理论根据。

根据式（2-26），各种地物发射辐射电磁波的特性可以通过间接地测试各种地物反射辐射电磁波的特性得到。因此，地物波谱特征通常都是用地物反射辐射电磁波谱来描述，这实际上是指在给定波谱范围内，地物电磁波反射率的变化规律。

## 二、地物波谱特征测定原理

地物波谱特征（反射辐射）的测定原理是：用光谱测定仪器（置于不同波长或波谱段）分别探测被测地物和标准板，测量、记录和计算地物对每个波谱段电磁波的反射率，其反射率的变化规律（也可以据此绘成波谱曲线）即为该地物的波谱特征（反射辐射）。

用来测量太阳反射辐射的仪器称为辐射光谱仪（简称“光谱仪”），按照分光色散的原理，它又分为滤光片型、棱镜型、光栅型光谱仪。

我国生产的 302 型野外分光光度计就是棱镜型的光谱仪，光谱范围是 0.4～1.1 μm，该仪器的工作原理如图 2-26 和图 2-27 所示。从被测物体或标准板反射出来的复合光束，经过单色仪的色散作用而被分解成单色光，单色光经接收转换、放大而变成光电流，并通过微电流计将物体的反射光能量显示出来。

由于光度计到地物的高度相对于卫星遥感器到地物的高度小得多，大气对电磁辐射的散射影响 γ（λ）可以忽略不计，可同时测得地物和标准板的反射辐射亮度为

$$\begin{aligned} L(\lambda)_{物} &= \frac{1}{\pi} E_0(\lambda) \sin \beta \tau_\beta(\lambda) \rho(\lambda)_{物} \tau_z(\lambda) \Delta\lambda K(\lambda) L(\lambda)_{物} \\ &= \frac{1}{\pi} E_0(\lambda) \sin \beta \tau_\beta(\lambda) \rho(\lambda)_{标} \tau_z(\lambda) \Delta\lambda K(\lambda) \end{aligned} \tag{2-28}$$

式中，$\Delta\lambda$ 为波谱段；$K(\lambda)$ 为光度计光谱响应率（灵敏度）。

图 2-26　302 野外分光光度计工作原理框图

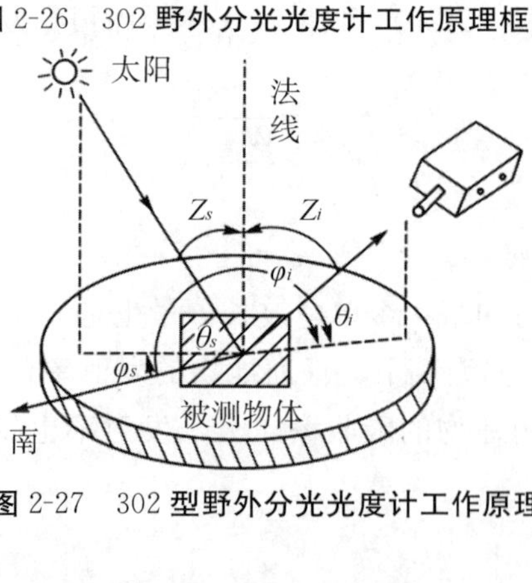


图 2-27　302 型野外分光光度计工作原理

因为光度计输出的光电流正比于输入的光能量，所以式（2-28）可进一步写成：

$$\begin{cases} I(\lambda)_{物} = CL(\lambda)_{物} \\ I(\lambda)_{标} = CL(\lambda)_{标} \end{cases} \tag{2-29}$$

式中，$C$为光能转换成电能的系数。取两式之比，有

$$\frac{I(\lambda)_{物}}{I(\lambda)_{标}} = \frac{\rho(\lambda)_{物}}{\rho(\lambda)_{标}}$$

则

$$\rho(\lambda)_{物} = \rho(\lambda)_{标} \frac{I(\lambda)_{物}}{I(\lambda)_{标}} \tag{2-30}$$

式中，$\rho(\lambda)_{标}$为已知标准板反射率；$I(\lambda)_{物}$为微电流计测得的电流。

根据测得的数据可以画出地物波谱特征曲线，如图 2-28 所示。

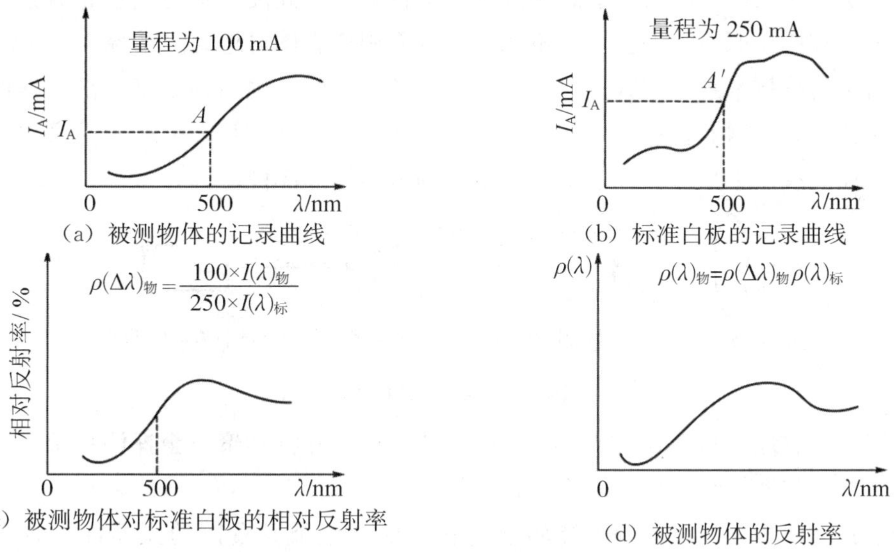


**图 2-28 地物波谱特征曲线**

## 三、地物波谱特征的测定步骤

地物波谱特征的测定，通常按以下步骤进行：

①架设仪器，接通电源并进行预热。

②安置波长位置，调好光线进入仪器的狭缝宽度。

③将照准器分别照准地物和标准板，分别测量和记录地物与标准板在波长 $\lambda_1$，$\lambda_2$，…，$\lambda_n$处的观测值和$I(\lambda)_{物}$和$I(\lambda)_{标}$。

④按照式（2-30）计算$\lambda_1$，$\lambda_2$，…，$\lambda_n$处的$\rho(\lambda)_{物}$。

⑤以$\rho(\lambda)_{物}$为纵坐标轴、$\lambda$为横坐标轴，画出$\rho-\lambda$曲线。

观测时应记录观测的地理位置、自然环境（季节、气候、温度等）和地物本身的状态。

值得指出的是，地物波谱特征的测量虽是定量的，但不能说是绝对唯一的，应该注意其波谱特征的变化性。因为它与太阳和测试仪器的位置、地理位置、时间环境（季节、气候、温度等）和地物本身的变异有关。

# 第三章　传感器及其成像原理

传感器是能收集、探测地物目标电磁辐射（反射或发射）能量，并按一定规律变换为数字信号或其他所需形式的信息输出装置。传感器可放置在太空站、人造卫星、航天飞机、航空飞机、无人机、高塔、遥感车等遥感平台上，其高度、运行速度、观察范围、获取数据的方式和所获取数据的特征各不相同，进而构成立体对地观测系统。

传感器是遥感技术系统中数据获取的关键设备，一般来说由四个基本部分构成，即收集器、探测器、处理器和数据记录/输出器，如图 3-1 所示。主动式传感器除以上四个组成部分外，还具有产生并向目标发射特定电磁辐射能量的部件。

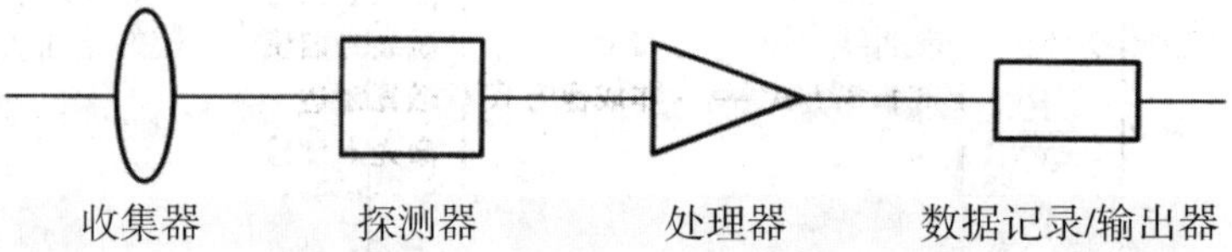


**图 3-1　传感器的结构**

收集器：接收地面目标发射或反射的电磁波能量，并将其聚焦至探测系统。具体元件形式多种多样，如透镜组、反射镜组、天线等。

探测器：将收集到的电磁辐射能转变为化学能或电能。具体的元器件主要有感光胶片、光敏和热敏探测元件等。

处理器：对转换后的化学能或电能信号进行加工处理，即进行信号的放大、增强或调制。具体的处理器类型有摄影处理装置和电子处理装置。

数据记录/输出器：输出获得的图像、数据的装置。

## 第一节　传感器的分类

电磁辐射的性质会随着波长或频率的不同而发生显著变化。由于地物目标对不同类型、不同波段电磁辐射的反射和发射特性也不一样，所以传感器的种类极为丰富。按不同的分类标准，遥感传感器可划分为以下类型。

①按工作波长，可分为可见光传感器、红外传感器和微波传感器等。

②按工作方式，可分为主动式传感器和被动式传感器。被动式传感器主要接收地物目标自身的热辐射或反射太阳辐射，例如照相机/摄像机、扫描仪、辐射计等；主动式传感器是人工辐射源先主动向地物目标发射强大的电磁波，再接收地物目标反射的回波信号，例如 SAR 和激光雷达等。

③按数据记录方式，可分为成像方式传感器和非成像方式传感器。非成像方式传感器仅记录地物目标的几何和物理参数，比如传感器到目标的距离、目标的散射特性等；成像方式传感器是指传感器接收的地物目标电磁辐射信号被转换为数字或模拟图像。在成像系统中，按成像原理又可分为摄影成像、扫描成像等类型。目前，遥感传感器的分类如图 3-2 所示。

- 遥感传感器
  - 被动式
    - 非扫描方式
      - 非成像方式
        - 微波辐射计
        - 地磁测量仪
        - 重力测量仪
        - 傅里叶光谱仪
        - 其他
      - 成像方式——照相机
        - 黑白
        - 天然彩色
        - 黑白红外
        - 彩色红外
        - 其他
    - 扫描方式——成像方式
      - 像面扫描
        - TV摄像机
        - 固体扫描仪
      - 物面扫描
        - 光机扫描仪
        - 微波辐射计
  - 主动式
    - 非扫描方式——非成像方式
      - 雷达高度计
      - 激光光谱仪
      - 激光雷达
      - 激光高度计
      - 激光测距仪
    - 扫描方式——成像方式
      - 物面扫描
        - 真实孔径雷达
        - 合成孔径雷达
      - 像面扫描——被动型相控阵雷达

**图 3-2 遥感传感器的分类**

## 第二节 传感器的性能

传感器的性能决定遥感的探测能力，包括传感器对电磁波段的响应能力、传感器的空间分辨率及图像的几何特征、传感器获取地物信息量的大小和可靠程度。

分辨率是评价传感器性能的重要物理指标，是遥感技术及其应用中的一个重要概念。分辨率也是衡量遥感数据质量特征的一个重要指标。传感器所涉及的分辨率主要包括空间分辨率、光谱分辨率和辐射分辨率。

### 一、空间分辨率

空间分辨率（spatial resolution）是指图像上能够详细区分的最小单元的尺寸或者大小，或为传感器所能区分两个目标的最小角度或者线性距离的度量，是用来表征遥感影像分辨地面目标几何细节能力的指标。

空间分辨率通常可以采用如下三种表示形式。

（1）瞬时视场（instantaneous field of view，IFOV）。总视场角通常被定义为从遥感

平台到地面扫描带外侧所构成的夹角，对应于扫描带的地面宽度；瞬时视场则是指传感器内单个探测元件的受光角度或观测视野，单位为毫弧度（mrad），如图 3-3 所示。光电扫描传感器的空间分辨率受传感器系统的分辨率、探测元件分辨率和灵敏度等多种要素的制约，取决于瞬时视场角的大小及遥感平台到目标的距离。IFOV 与遥感光学系统和探测器的大小有关。IFOV 越小，说明传感器所能分辨的地面最小单元越小，空间分辨率越高。

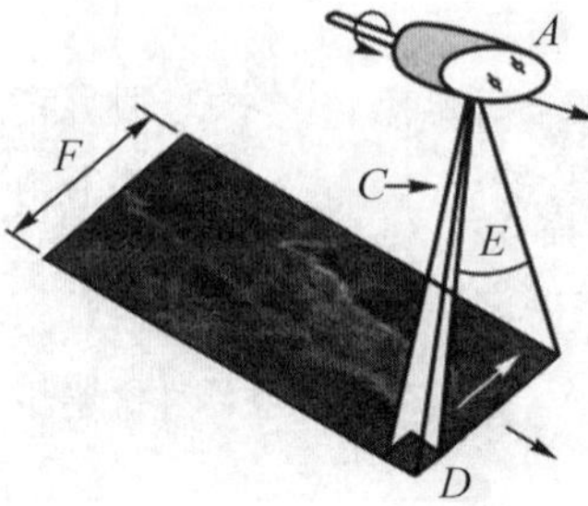


A—扫描镜；B—探测元件；C—瞬时视场；
D—空间分辨率；E—总视场角；F—扫描带宽。
**图 3-3　传感器中的瞬时视场**

（2）像元（pixel）。遥感影像上一个像元所对应的地面面积的大小，单位一般为 m 或 km。例如，美国 NOAA 气象卫星 AVHRR 影像的一个像元约相当于地面面积 1 100 m×1 100 m，其星下点分辨率为 1. 1 km，而 Landsat ETM+全色波段影像的一个像元相当于地面面积 15 m×15 m，其空间分辨率为 15 m 等。

像元是扫描影像的基本单元，是成像过程中用计算机处理时的基本采样点，可用亮度值表示。图 3-4 为像元的示意图，图中正方形的每一个单元网格代表一个像元。对同一个地区的不同影像，如果其像元所对应的地面值越小，则说明空间分辨率越高，在影像上能辨识出越多的地物目标几何细节，反之亦然。空间分辨率有时也称“地面分辨率”。

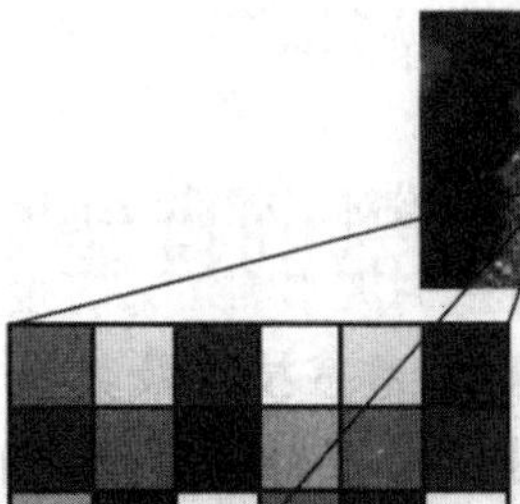

| | | | | | |
|---|---|---|---|---|---|
| 170 | 238 | 85 | 255 | 221 | 0 |
| 68 | 136 | 17 | 170 | 119 | 68 |
| 221 | 0 | 238 | 136 | 0 | 255 |
| 119 | 255 | 85 | 170 | 136 | 238 |
| 238 | 17 | 221 | 68 | 119 | 255 |
| 85 | 170 | 119 | 221 | 17 | 136 |

**图 3-4　遥感图像的像元**

（3）线对数（line pairs）。在以胶片记录的摄影系统中，空间分辨率称为像解率（photographic resolution），即胶片上单位距离内能分辨出的线宽或间隔相等的平行细线的条数，单位为线/mm 或线对/mm。

虽然上述空间分辨率的三种表示方法考虑问题的角度有差异，但意义相似，并可以相互转换。如图 3-5 所示，*A* 为瞬时视场，*C* 为遥感平台高度，*B* 为图像像元对应的地面单元大小，等于 $A$ 与 $C$ 的乘积。假设 IFOV 为 1.5 mrad，在 1 000 m 高度上获取的图像的地面单元大小为 1.5 m×1.5 m。

图 3-5 像元和瞬时视场的关系

一般而言，遥感系统的空间分辨率越高，对地物目标识别的能力越强。需要指出的是，实际应用中，目标在图像中的可分辨程度除了空间分辨率的数值外，也与目标的几何特征（形状、大小）以及与周围地物和背景在亮度和结构上的相对差异有关。因此，应当根据具体目的选择具有合适空间分辨率的遥感数据。

## 二、光谱分辨率

遥感技术所采用的电磁波的波长主要是从紫外线到微波，传感器按每个特定的波段接收电磁波，通过这一过程把具有连续波长分布的电磁波分解为若干个波长段（称为通道或波段）的数据。

光谱分辨率（spectral resolution）是指传感器在接收目标电磁辐射信号时能分辨出的最小波长间隔，即光谱带宽。另外，传感器所采用的波段数量、各波段的波长位置也决定了光谱分辨率的高低。通常，传感器的波段数越多，波段宽度越窄，其光谱分辨率越高，所包含的信息量越大。

主动式传感器自身发射特定波长或频率的电磁辐射，如激光雷达发射并接收红外激光（如 1 042 nm）、SAR 发射并接收微波（如 C 波段 5.6 cm）等，其光谱分辨率极高，但仅有单个通道。

被动式传感器主要利用目标对太阳辐射的发射或自身的热辐射，波长范围大，对其可进行波谱细分，以便通过对目标在不同波段的反射或辐射信号强弱差异及其组合来识别地物目标。多光谱传感器一般将可见光和近红外波段分为近十个波段，每个波段波长间隔 100 nm 左右；而高光谱传感器能达到以波长间隔为 4～6 nm、以数十乃至数百个波段记录地物的连续光谱信号差异，便于研究地物目标的物理性质。例如，航空可见光、红外成像光谱仪 AVIRIS，包括 224 个波段（0.4～2.45 μm，波段间隔近 10 nm），可以捕捉到各种物质特征波长的微小差异。

光谱分辨率体现遥感数据区分或目标性质识别的能力。光谱分辨率越高，专题研究针对性越强，对物体的识别精度越高，遥感应用分析的效果也越好。不同光谱分辨率的传感器对同一地物探测效果不同。图 3-6 显示在较高光谱分辨率的情况下，明矾矿的吸收、反射诊断性光谱特征才能被探测到。成像光谱仪所得到的图像在对地表植被和岩石的化学成分分析中具有重要意义，因为高光谱遥感能提供丰富的光谱信息，足够的光谱分辨率可以区分出具有诊断性光谱特征的地表物质。

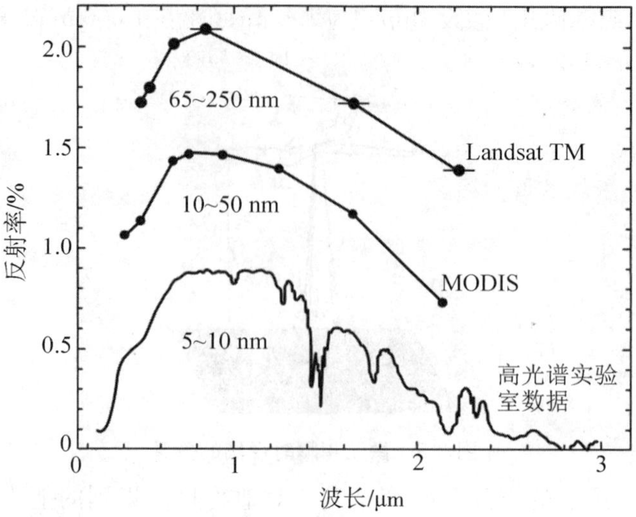


图 3-6 三种光谱分辨率下明矾矿的光谱反射率特征

对于特定的目标，选择的传感器并非波段越多，光谱分辨率越高，效果就越好，而要根据目标的光谱特性和必需的地面分辨率来综合考虑。在某些情况下，波段太多，分辨率太高，接收到的数据量太大，形成海量数据，反而会“掩盖”某些地物辐射特性，不利于快速探测和识别地物。因此，要根据需要恰当地利用光谱分辨率。

传感器是对 IFOV 内目标反射或辐射的总能量进行探测或成像，这也导致光谱分辨率与空间分辨率之间存在矛盾，二者不可兼得，有时空间分辨率高的传感器其光谱分辨率却相对较低，而光谱分辨率高的传感器其空间分辨率却相对较低。

## 三、辐射分辨率

辐射分辨率（radiation resolution）是指传感器区分地物辐射能量细微变化的能力，即其所能分辨的最小辐射度差，反映了传感器的灵敏度。传感器的辐射分辨率越高，说明其探测地物目标反射或发射辐射能量差异的能力越强，能分辨的辐射能量差越小，所获取图像的层次越丰富。

辐射分辨率是图像可以表达的灰度差异，一般用灰度的分级数来表示，即最暗——最亮灰度值（亮度值）间分级数目的量化级数。辐射量化级以 $2^n$ 表示，$n$ 是记录数据的比特位数（bit），$n$ 越大，说明辐射分辨率越高。不同对地观测传感器数据的量化等级不同，例如，Landsat TM 影像中的 6 个波段以 8 比特位数记录反射辐射值，每个像元的数字值（digital number，DN）的取值范围在 0～255（$2^8=256$），而 MODIS 影像以 12 比特位数记录数据，辐射量化级为 $2^{12}$，DN 值变化范围为 0～4 195。

传感器的有效量化级数一般由动态范围和信噪比确定。动态范围指传感器可测量的最大信号与可检测的最小信号之比。最大信号指在此值以外，无论输入信号有多强，响应也无变化。最小信号指在此值以外，对输入的弱信号无响应。二者之间即为有效范围，在此范围内输入信号与输出信号呈线性关系。信噪比指有效信号与噪声之比，即信号功率与噪声功率之比。

需要指出，当瞬时视场 IFOV 越大时，最小可分辨单元越大，但空间分辨率越低。而 IFOV 越大，说明瞬时获得的入射能量越大，辐射测量越敏感，对微弱能量差异的检测能力越强，可以达到的辐射分辨率越高。

# 第三节 摄影类型的传感器

摄影类型的传感器通过光学系统采用胶片或光敏元件记录地物的反射光谱能量。由于其通用性、几何完整性、多功能性和经济等特点，过去的航空摄影大多数都是胶片摄影。以胶片记录的摄影机主要组成包括镜头、感光胶片、快门和相机，一般由镜头收集电磁波，并聚焦到放置在焦平面的感光胶片上，通过感光材料的探测与记录，在感光胶片上留下目标的潜像，再经过摄影处理，得到可见的影像。数字摄影机主要通过放置于焦平面的光敏元件，经光/电转换，以数字信号来记录物体的影像，如图 3-7 所示。

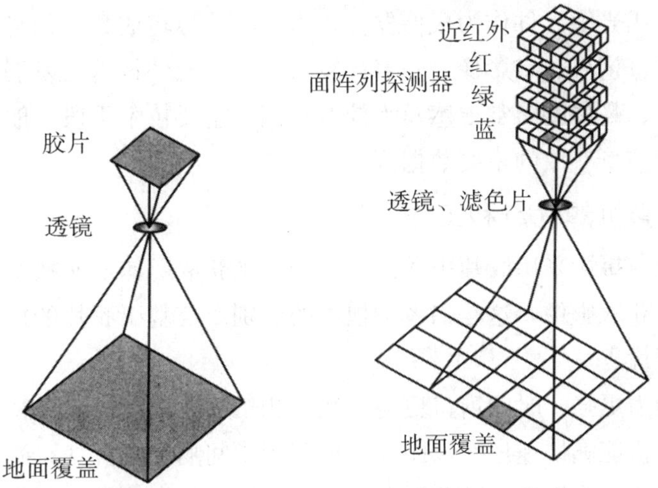


(a) 胶片航空摄影　　(b) 数字航空摄影

**图 3-7　摄影成像**

传统航空摄影机的感光胶片需要经过冲洗、负片压正等过程，对航摄底片进行高精度扫描才能最终获取数字影像。以胶片记录的摄影机按成像原理可分为以下几种。

(1) 框幅式摄影机。框幅式摄影机通过一次曝光得到目标物的一幅影像（18 cm×18 cm 或 23 cm×23 cm），一张影像上的所有像点共用一个摄影中心和同一个像面，亦即共用一组外方位元素。

(2) 缝隙摄影机。缝隙摄影机也称“推扫式摄影机”“航带摄影机”，其摄影瞬间所获取的影像是与航线方向垂直且与缝隙等宽的一条影像。缝隙摄影机为连续曝光，不需要快门。当飞机或卫星向前飞行时，摄影机内的胶片不断地卷动，且其速度与地面在缝隙中的影像移动速度相同，就能得到连续的航带摄影像片。在某一瞬间获取的一条缝隙宽度的影像为中心投影，但由于一幅影像是由若干条缝隙影像拼接而成的，不同缝隙对应的投影中心不同，因此，缝隙摄影机获取影像的投影性质为多中心投影。

(3) 全景摄影机。在镜头焦面上平行于飞行方向设置一狭缝，并随镜头做垂直于航线方向扫描，在后方向弧形胶片上聚焦成像，由于镜头摆动的幅面很大，能将航线两边的地平线内的影像都摄入。全景摄影机的特点是焦距长、幅面大、扫描视场大，但获取的影像几何形变非常大，需要校正，一般只有影像中心部分可用于精细的解译。

（4）多光谱摄影机。在同一时间对同一地区拍摄多个波段影像的摄影机称为多光谱摄影机。多光谱摄影充分利用地物在不同光谱区的不同反射特征，能够获得目标的更多信息，提高影像的判读和识别能力。多光谱摄影是在一般摄影方法的基础上，对摄影机和胶片加以改进，选用合适的滤色片而实现的。根据其结构特点，多光谱摄影机可以分为三种基本类型：多摄影机型、多镜头型和光束分离型。

总之，传统摄影成像系统具有的主要优点在于：与人的视觉系统相似，获得的图像易于理解；图像几何保真度好；像片可以用于立体观察。然而，也存在一些缺点：由于摄影胶片的感光范围在 0.3～1.3 μm，可用光谱区间有限；需要定期取回胶片，一般限于航空平台的应用；胶片不易保存，会随时间变质，在图像复制过程中会丢失一些信息。

数字摄影机采用光敏元件作为成像器件，将光学信号转成数字信息，存储于磁盘阵列中，可直接获取高分辨率数字影像。随着计算机和光敏元件技术的发展，航空数码相机已逐渐成为高分辨率、高精度航空遥感及无控制航测的主要技术手段，航空数字影像将作为大比例尺地理空间信息获取的重要数据源。

## 一、数字摄影机的优点和工作原理

基于胶片的航空摄影采用胶片中的卤化银颗粒来获取影像，而数字航空摄影使用实体状态的光敏器件来获取影像，这是二者最根本的区别。与基于胶片的模拟摄影相比，数字摄影具有如下主要优点。

①图像获取能力更强，时间窗口更宽，数字相机的灵敏度、线性特征和动态范围优势更显著。数字摄影机能够快速地获取图像，内部图像间隔非常短（2 s 甚至更短）。它可以实现在更高的飞行速度下摄影，并获取高重叠率（90%）立体覆盖影像，比胶片摄影的成本低。数字图像可在很广泛的环境光照条件下（如低光照条件、太阳落山后一段时间内）获得。数字摄影可以在阴天进行，但胶片摄影不适合。

②获取影像数据的时间更短，其复杂性降低。数字摄影替代了基于胶片的摄影化学过程，无须对硬拷贝图像进行扫描数字化。在飞行器中通过一些或全部数字处理过程，可以快速得到如数字正射影像等衍生数据产品。

③与相关数字技术兼容性良好。数字摄影与相关数字技术可兼容，包括数字摄影测量技术、多传感器数据融合、数字图像处理和分析、GIS 融合与分析、数据压缩、分布式处理和大数据存储器（包括云计算架构）、移动应用、互联网通信和分布、可视化技术等，这些技术具有很多优势，可协同作用，持续快速地提高数字图像工作流的效率适用性，实现自动化。

数字摄影机利用位于焦平面的检测器将电磁辐射转化为电信号，产生的电流强度与接收到的电磁辐射强度成正比。在数码相机上，装备了电荷耦合器件（charge-coupled device，CCD）或互补金属氧化物半导体（complementary metal oxide semiconductor，CMOS）传感器组成的二维硅半导体阵列。CCD 是一种半导体，CCD 传感器相当于传统相机的胶片，其实质是按某种规律排列的 MOS（金属—氧化物—半导体）电容器构成的移位存储器。每个阵列上的传感器（或感光单元）感应来自图像区域内每个像元的辐射能量。当这种能量撞击传感器的表面时，随着电荷数量与像元场景亮度走向均衡，就产生了一个小电荷，这一过程导致了阵列上每个感光单元像素亮度数值的产生。CCD 感光的过程就是光子冲击感光元件产生信号电荷，并通过 CCD 上 MOS 进行电荷存储传输的过程。与胶片中的卤化银晶体相比，CCD 或 CMOS 半导体对来自图像域亮度变化的灵敏度更高。同时，它们的响应为线性，而胶片的则为 S 形响应曲线。电子传感器观测得到的场景亮度值动态范围也比胶片的更宽。因此相比模拟摄影，数字摄影在灵敏度、线性和图像数据获取的动态范围提高程度上都更具优势。

CCD 和 CMOS 图像传感器是单色的。为获得彩色数据，每个传感器阵列上的感光单元覆盖有蓝色、绿色、红色滤色片。通常，感光单元为方形，由交替的蓝色、绿色、红色感光单元组成拜尔阵列（Bayer pattern），阵列中一半的滤色片为绿色，另一半为等量的蓝色和红色滤色片。滤色片上面布满了一个个滤色点，与下层的像素一一对应。每个滤色点只能通过红、绿、蓝之中的一种颜色，这意味着在它下层的像素点只可能有三种颜色：红、绿、蓝，或者没有颜色（黑）。不同颜色的滤色点的排列具有一定规律：每个绿点的四周，分布着 2 个红点、2 个蓝点和 4 个绿点。整体上，绿点的数量是其他两种颜色点的两倍。这种过量的绿色分布主要是利用了人眼对绿色的敏感和太阳辐射中绿色波段峰值的特征，如图 3-8 所示。

（a）拜尔阵列

| | | | | | | | | | |
|---|---|---|---|---|---|---|---|---|---|
| G | B | G | B | G | B | G | B | G | B |
| R | G | R | G | R | G | R | G | R | G |
| G | B | G | B | G | B | G | B | G | B |
| R | G | R | G | R | G | R | G | R | G |
| G | B | G | B | G | B | G | B | G | B |
| R | G | R | G | R | G | R | G | R | G |
| G | B | G | B | G | B | G | B | G | B |
| R | G | R | G | R | G | R | G | R | G |
| G | B | G | B | G | B | G | B | G | B |
| R | G | R | G | R | G | R | G | R | G |

（b）拜尔阵列的 RGB 示意图

**图 3-8　CCD 中蓝色、绿色和红色滤色片的拜尔阵列**

为了给每个感光单元设置蓝色、绿色和红色值，每个感光单元上缺失的两种颜色需要通过周围同样颜色的感光单元进行插值运算得到。结果数据集为离散像素的二维阵列，每个像素含有三个表示每个探测光谱段中的场景亮度 DN（digital number）值。CCD 或 CMOS 传感器的颜色深度或量化级别通常为 8～14 位（每个波段有 256～16 384 个灰度级）。

数字摄影机为了能够同时获得多重多光谱波段（如蓝、绿、红和近红外）数据，可采用以下三种方法：第一，消费型相机通过三种不同内部滤色片，快速记录同一场景的三幅黑白影像，再使用颜色叠加的原理进行彩色合成；第二，使用多个单波段相机镜头，每个镜头安装各自的镜片、滤色片和 CCD 阵列；第三，使用一个相机镜头，再用分光镜将入射能量分成希望得到的离散光谱波段，最后采用各自的 CCD 记录下来。

## 二、数字摄影机的主要类型

数字摄影机一般分为两种类型。一种为框幅式 CCD 相机，基于面阵（plane array）的传感器方式。面阵传感器是指感光元件排列成一个平面，同时感受光信号，获取图像的方式与框幅式摄影机相似，某一瞬间获得一幅完整的影像，是一个单中心投影。代表产品有美国 Z/I Imagimg 公司和 Intergraph（鹰图）公司共同研制的面阵列航空数字摄影机 DMC（digital mapping camera）、奥地利 Vexcel 公司推出的面阵列航空摄影机 UCD（UltraCam-D）、我国自主研制的数字航空摄影机 SWDC（Si Wei digital camera）等。另一种是推扫式 CCD 相机，基于线阵（linear array）的传感器方式。线阵传感器则是多个感光元件排列成一条直线，逐行进行感光成像。获取的图像与飞行方向垂直，在某一瞬间得到的是一条线影像，一幅影像由若干条线影像拼接而成，故又被称为“推扫式扫描成像”。代表产品有瑞士 Leica（徕卡）公司推出的 ADS40（airborne digital sensor 40）航空数字摄影机。

在数字摄影机发展初期，根据面传感器阵列的大小，一般分为小、中、大幅面摄影机。小幅面摄影机的阵列尺寸小于 24 mm×36 mm（相当于 35 mm 胶片摄影机），中幅面摄影机的阵列尺寸在 24 mm×36 mm 和 60 mm×90 mm 之间，而大幅面摄影机的阵列尺寸超过 60 mm×90 mm。目前，不同幅面尺寸的大小划分已经发生变化，也无法严格地给出相应定义。一个趋势是采用“大幅面”术语来表示任何专门为大幅面测图应用设计的摄影机；“中幅面”指采集中等面积的图像，或使用其他传感器如雷达系统增强数据采集的摄影机；“小幅面”摄影机指对小面积区域进行测图，且安装在小型航空平台上的摄影机。

通常，数字摄影机传感器的垂直航迹和沿航迹幅面尺寸是由传感器阵列上每个方向上的像素的数量和尺寸所决定的。垂直航迹尺寸和传感器的沿航迹尺寸分别按下式计算：

$$d_{xt}=n_{xt}p_d \tag{3-1}$$

$$d_{at}=n_{at}p_d \tag{3-2}$$

式中，$d_{xt}$ 为传感器阵列的垂直航迹尺寸；$d_{at}$ 为传感器阵列的沿航迹尺寸；$n_{xt}$ 为垂直航迹方向的像素个数；$n_{at}$ 为沿航迹方向的像素个数；$p_d$ 为每个像素的物理尺寸。

## 第四节　多光谱扫描类型传感器

扫描仪是光电成像类型的传感器，采用扫描方式生成二维像元阵列的遥感图像，主要由探测器阵列和机械扫描或电子扫描装置组成。其中，交叉轨道扫描仪的扫描方向与搭载平台飞行方向垂直，采用旋转棱镜实现从传感器的一侧到另一侧的扫描，一个像元一个像元地轮流采光，即沿扫描线逐点扫描成像，称为旋转式扫描仪或光学机械式扫描仪。单轨扫描仪采用 CCD 的探测器阵列实现跨轨扫描，扫描方向也与飞行方向垂直，不使用机械旋转装置，若探测器按线性阵列排列，则可以同时得到整行数据，称为推扫式扫描仪。

此外，电视摄像机主要在早期的气象卫星和陆地卫星上搭载，地面上的景物通过物镜在摄影管的光阴极上成像，并形成一定格式的电荷，用电子束扫描光阴极，通过光电转换，记录在胶片上，以影像方式输出，其分辨率大致取决于光阴极的尺寸及读出光阴极上的电荷格式所采用的电子束特征。

### 一、光学-机械式扫描仪

扫描仪是一种成像传感器，但其输出信号不直接是影像，而是电信号，便于传送、记录、分析和处理，并可经过处理转换成影像或磁带。扫描是逐点、逐行地以时序方式获取的二维图像，其探测过程是可逆的，即探测器在感应和测量过程中并不消耗能量。扫描所获得的数据是定量的辐射量数据，便于校正，可同时收集几个不同波段的数据资料。

光学-机械式扫描仪是利用光学机械扫描方式探测地物的反射或发射辐射的一种仪器。它根据大气窗口和地物目标的波谱特性用分光系统（棱镜或光栅等）把扫描仪的光学系统所接收的电磁辐射（从紫外、可见光，到红外）分成若干波段。

光学-机械式扫描仪主要由两个部分组成：机械扫描装置和分光装置。由旋转扫描镜收集地面目标的电磁辐射，通过聚光系统把收集到的电磁辐射会聚成光束，由分光装置（滤光片、棱镜或光栅等）分成不同波长的电磁波，被相应的光电探测器（如光电倍增管、硅光二极管、锑化铟探测器、碲镉汞探测器等）分别接收并转变成电信号，经过信号放大记录在磁带上，或通过电光转换后记录在胶片上，如图 3-9 所示。

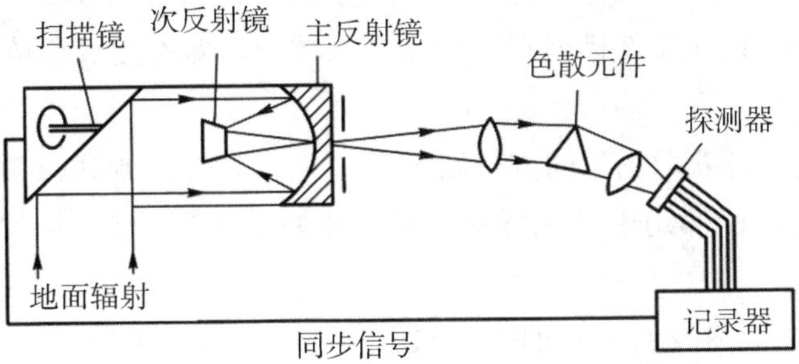


**图 3-9 光学-机械式扫描仪的构成示意图**

这种光学-机械式扫描系统（optical-mechanical scanning）利用平台的行进和旋转扫描镜对与平台行进垂直方向的地面（物面）进行扫描，获得二维遥感数据，也被称为“物面扫描系统（across-track）”。优点是观测幅度较宽、采光部分视角小、波长间位置偏差小、分辨率高。但是，在光学-机械式扫描成像过程中，由于光电转换单元的探测元件的积分时间不能取得很长，因此信噪比较低。

光学-机械式扫描仪可记录地物在不同波段的信息，因此，它不仅可根据扫描影像的形态和结构识别地物，而且可用不同波段的差别区分地物，为遥感数据的分析与识别提供了非常有利的条件。光学-机械式扫描仪常用于收集农作物、植物、土壤、森林、地质、水文和环境监测等方面的遥感资料。

光学-机械式扫描仪是卫星遥感技术中采用最多的传感器类型。例如，美国陆地卫星 Landsat-1、2 上携带的光学-机械式扫描仪（multispectral scanner，MSS）有 4 个波段，Landsat-3 上的 MSS 增加了一个热红外波段（10.4～12.6 $\mu$m），Landsat-4、5 上携带的传感器是一个高级多波段扫描型的地球资源敏感仪器——专题制图仪（thematic mapper，TM），相比 MSS，具有更高的空间分辨率、更好的波谱选择性和几何保真度，以及更高的辐射准确度和分辨率。Landsat-7 上携带的传感器是增强型专题制图仪（enhanced thematic mapper plus，ETM+），其性能得到进一步的改进。另外，在气象卫星如 NOAA 的传感器上高分辨率扫描辐射计 AVHRR 亦属于光学-机械式扫描仪。

## 二、推扫式扫描仪

推扫式扫描（push-broom scanning）也称“像面扫描系统（along-track）”，采用广角

光学系统——平面反射镜采集地面辐射能，并将其反射到反射镜组，再通过聚焦投射到焦平面的阵列探测元件上。它通过飞行器与探测器成正交方向的移动获得目标的二维信息。但与光学-机械式扫描系统不同，推扫式扫描系统不采用旋转扫描镜，而是把探测器按扫描方向（垂直于飞行方向）阵列式排列来同时感应地面响应，同时采光，转换为电信号，同时成像。推扫式扫描系统记录的多光谱图像数据是沿着飞行方向的条幅。

CCD是一种固态光电转换元件，一般线性阵列由许多CCD组成。探测器由半导体材料制成，在这种器件上，受光或电激作用产生的电荷靠电子或空穴运载，在固体内移动，以产生输出信号。CCD具有自扫描、感受波谱范围宽、畸变小、体积小、重量轻、系统噪声低、寿命长和可靠性高等优点，可以做成集成度极高的组合件。每个CCD元件对应一个像元，探测器的大小决定了每个地面单元的大小。探测元件数目越多，体积越小，分辨率越高。将若干个CCD元器件排成一行，称为CCD线阵列传感器，可以同时得到整行数据。若将若干个CCD元器件排列在一个矩形区域中，即可构成面阵列传感器，同时得到的是整幅图像。

面阵列CCD传感器获取图像的方式如图3-10所示，与框幅式摄影机相似，在某一瞬间获得一幅完整的影像，属于单中心投影，其构像关系可直接使用框幅式中心投影的航空像片的构像关系式。

线阵列传感器获取图像的方式如图3-11所示，线阵列方向与飞行方向垂直，每个探测器元件感应相应“扫描”行上一个唯一的地面单元的能量。图像上每行数据是由沿线阵列的每个探测器元件采样得到的。在某一瞬间得到的是一条线影像，一幅影像由若干条线影像拼接而成。这种推扫式扫描成像方式的几何关系与缝隙摄影机的情况相同。一个线阵列可以包含上千、上万个分离的探测器，如法国SPOT卫星使用的传感器高分辨率可见光扫描仪（HRV）为一种CCD线阵列传感器，其中，全色HRV用6 000个CCD探测器元件组成一行。每个光谱波段或通道都有自己的线性阵列，一般阵列位于遥感器的焦平面上，确保所有阵列同时观测所有的“扫描”线。

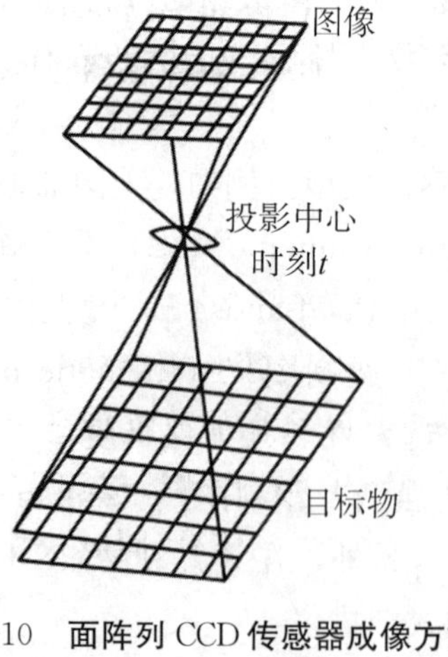


图3-10　面阵列CCD传感器成像方式

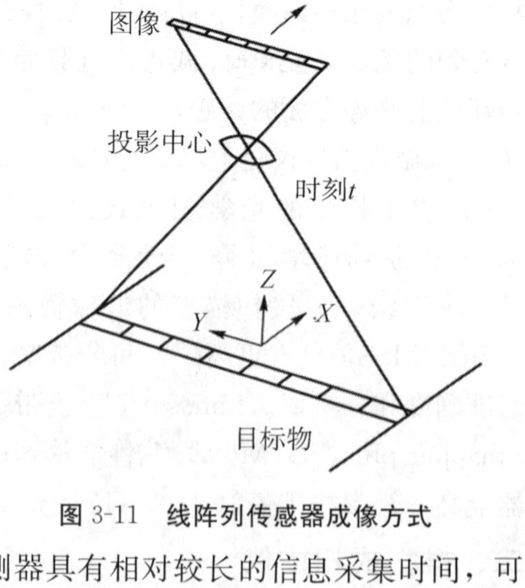


图3-11　线阵列传感器成像方式

在推扫式扫描成像过程中，由于CCD探测器具有相对较长的信息采集时间，可以更充分地测量每个地面单元的能量，获取更强的记录信号和更大的感应范围，相对信噪比增加，从而得到空间分辨率和辐射分辨率更高的遥感图像。另外，CCD 元件之间有固定的关系，消除了光机扫描过程中由于扫描速度变化引起的几何误差，具有更好的稳定性。因此，线性阵列系统的几何完整性和几何精度更高。当然，推扫式扫描系统由于使用了多个感光元件进行光电转换，当感光元件之间存在灵敏度差异时，往往产生带状噪声，需要校准。

## 第五节 高光谱成像光谱仪

高光谱遥感（hyperspectral remote sensing）是高光谱分辨率遥感的简称，又叫“成像光谱（imaging spectrometry）遥感”，是将成像技术与光谱技术相结合的多维信息获取技术。高光谱遥感技术是 20 世纪 80 年代以来综合对地观测的重要组成部分，与成像雷达技术并列，被视为自遥感技术问世以来最重大的技术突破。高光谱分辨率遥感是指利用很多很窄的电磁波波段从感兴趣的物体获取有关数据，它的基础是测谱学。成像光谱学是在电磁波谱的紫外线、可见光、近红外和中红外区域，获取许多非常窄且光谱连续的图像数据的技术。它与传统的测谱学的区别在于它收集的不仅是点数据，而且是面数据，所监测的对象也不仅是实验室的样品，而且是地球表面的某一区域。高光谱图像中的每个像元记录着瞬时视场内几十个甚至上百个连续波段的光谱信息，在 400～2 500 nm 波长范围内，其光谱分辨率一般小于 10 nm。将这些光谱信息作为波长的函数可以产生一条完整而连续的光谱曲线，反映出能够区分不同物质的诊断性光谱特征，从而使本来在宽波段多光谱遥感中不可探测的地物，在高光谱遥感中能被探测到。

成像光谱仪（imaging spectrometer）是高光谱传感器，于 20 世纪 80 年代初正式开始研制，其主要目的是能够在探测获取地物目标几十个、上百个窄波段连续光谱图像的同时，每个像元均可以得到几乎连续的光谱数据，进而用于识别和分析地物特征，如图 3-12 所示。这种既能成像又能获取目标光谱曲线的“谱像合一”的技术，被称为“成像光谱技术”。按该原理制成的扫描仪被称为成像光谱仪。成像光谱系统探测的光谱范围包括整个可见光、近红外、中红外、热红外波段的部分光谱，连续波段宽度一般小于 10 nm。

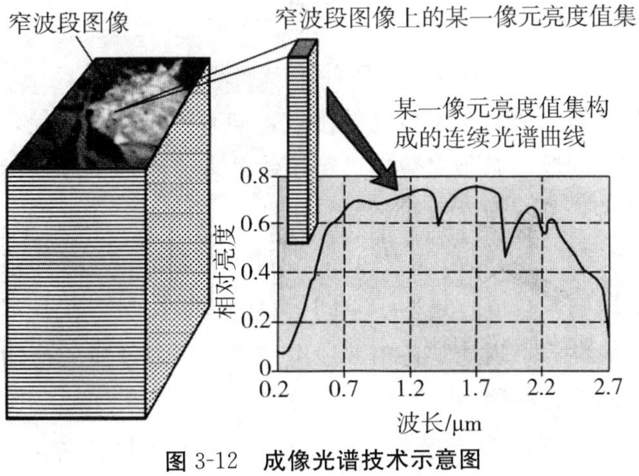


**图 3-12 成像光谱技术示意图**

成像光谱仪按结构的不同，可分为两种类型。一种是面阵探测器加推扫式扫描仪的成像光谱仪，如图 3-13 所示，主要采用线阵列探测器进行扫描，利用色散元件和面阵探测器完成光谱扫描，色散元件将收集到的光谱信息分散成若干个波段后，分别成像于面阵的不同行。通过线阵列探测器及其沿轨道方向的运动完成空间扫描，主要代表是加拿大的小型航空成像光谱仪（CASI）和中国科学院上海技术物理研究所研制的机载推帚式高光谱成像仪（PHI）。

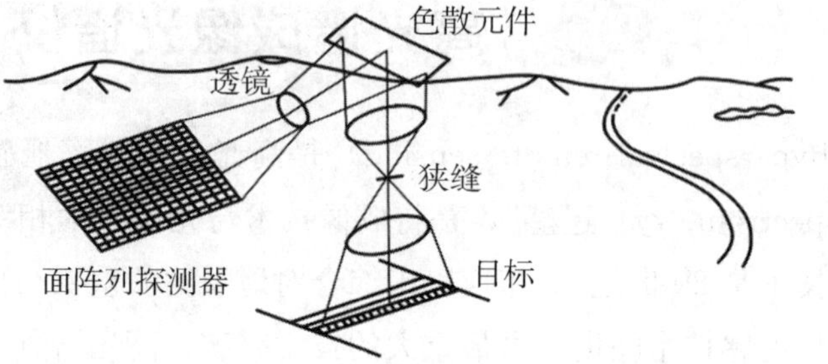


**图 3-13　带面阵的成像光谱仪**

另一种是用线阵列探测器加光机扫描仪的成像光谱仪，如图 3-14 所示，主要利用点探测器收集光谱信息，经色散元件（光栅或棱镜）后分成不同的波段，分别在线阵列探测器的不同元件上，通过点扫描镜在垂直于轨道方向的面内摆动以及沿轨道方向的运动完成空间扫描，同时利用线阵列探测器完成光谱扫描。代表类的传感器包括美国航空可见光红外成像光谱仪（AVIRIS）和中国科学院上海技术物理研究所研制的机载模块化成像光谱仪（OMIS）。EO-1 卫星（Earth Observing-1，地球探测卫星 1 号）是 NASA 新千年计划的第一颗对地观测卫星，也是国际商业遥感卫星。该卫星于 2000 年 11 月 21 日成功发射。EO-1 上搭载了高光谱成像光谱仪 Hyperion，包括 242 个波段的信息。

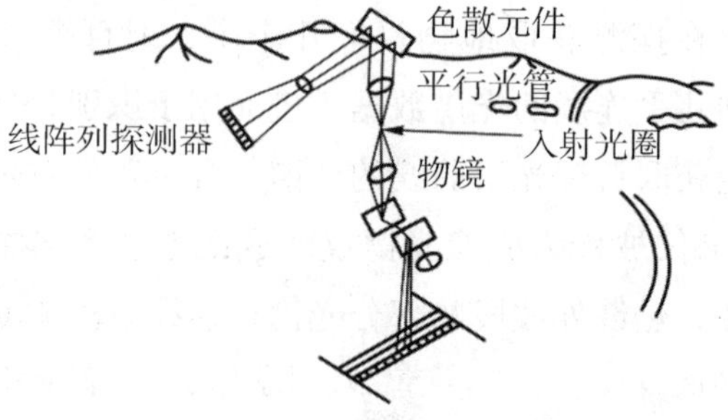


**图 3-14　带线阵的成像光谱仪**

成像光谱仪数据具有光谱分辨率极高的优点，同时由于数据量大，难以进行存储、检索和分析。为解决这一问题，必须对数据进行压缩处理，而且不能沿用常规少量波段遥感图像的二维结构表达方法。图像立方体就是为了适应成像光谱数据的表达而发展起来的一种新型的数据格式，类似于扑克牌式的各光谱段图像的叠合。立方体正面的图像是一幅用户自己选择的三个波段图像合成，是表示空间信息的二维图像，在其下面则是单波段图像叠合；位于立方体边缘的信息表达了各单波段图像最边缘各像元的地物辐射亮度编码值或反射率。这种图像表示形式亦称为“影像立方体”。

成像光谱仪的成像方式与多光谱扫描仪相同，或与 CCD 线阵列传感器相似，因此，在几何处理时，可采用与多光谱扫描仪和CCD线阵列传感器数据类似的方法。成像光谱仪主要注重提高光谱分辨率，其空间分辨率较低（几十甚至几百米）。由于可得到波段宽度很窄的多波段图像数据，成像光谱仪多用于地物的光谱分析与识别。例如，由于成像光谱仪的工作波段为可见光、近红外和短波红外，对于特殊的矿产探测及海洋水色调查非常有效，可结合矿化蚀变岩在短波段所具有的诊断性光谱特征进行。

## 第六节 热红外传感器

红外谱段为波长 0.76～1 000 μm 范围内，位于可见光和微波之间的区域。其中，发射红外波段（波长 3～15 μm），也称“热红外波段”。严格地说，热红外谱段内，物体也有少量的能量反射，但其热辐射能量大于太阳的反射能量。其中，波长 6～15 μm 的热红外谱段以热辐射为主，反射部分可以忽略不计；3～6 μm 的中红外谱段，热红外和对太阳辐射的反射同时起作用（处于同一数量级）。

热红外遥感是指通过红外敏感元件探测物体的热辐射能量，显示目标的辐射温度或热场图像的遥感技术。以热感应的方式来获取信息，不破坏地表热力学状态，具有昼夜工作的能力，因而热红外遥感为全天时遥感。

在热红外区间，存在两个大气窗口：3～5 μm 中红外谱段，对火灾、活火山等高温目标识别敏感，常用于捕捉高温信息；而 8～14 μm 的热红外大气窗口集中了大多数地表特征的辐射峰值波长，在此区间内，不同物体的发射率随着物质类型的不同有较大差异。该谱段用于调查地表一般物体的热辐射特性，探测常温下的温度分布、目标的温度场，如地热调查和城市热岛等。

### 一、热探测器

热探测器将辐射能转化成与热红外辐射强度成正比的电信号。探测器由一些对特定波长有能量响应的物质组成。热探测器类型不同，在不同光谱段（紫外、可见光、近红外）具有不同的灵敏度。通常要求热探测器必须冷却到低温状态（−196 ℃或−243 ℃），将自身的热散射减到最少，保持最大敏感度，一般用固态氮和氦作为制冷剂。

在系统的操作和设计中，探测器灵敏度也就是系统的辐射分辨率是可变的。低灵敏度说明地物辐射亮度的较大差异才能被记录，而丢失了许多地物的细节；高灵敏度探测器能记录地物辐射亮度的较小差异。

### 二、热辐射计

热辐射计是一种定量测定辐射温度的非成像装置。它采用红外光敏探测器和滤色镜测量特定波长的辐射，通常采用 8～14 μm 波段。工作原理是将地面接收的辐射能压缩到一个内部标定源（参考源）上，通过一个断电器控制，使来自目标的辐射与辐射参考源的数据流交替投射到探测器上，通过测量两者的辐射差异来估算目标的辐射。

### 三、热红外扫描仪

作为热红外遥感应用最多的成像仪器，热红外扫描仪是对地物目标自身的红外辐射进行扫描成像或显示的一种仪器。它是光电类型的传感器，以热敏探测元件为探测器，一般多采用碲-镉-汞（Te-Cd-Hg）型热探测器，将光能转化为电信号，沿飞行线路获得地物辐射特征差异的数字或模拟图像。

在航空遥感中，常用的热红外扫描仪是利用光学系统的机械转动和飞行器向前飞行的两个方向相互垂直的运动，形成对地物目标的二维扫描，逐点将不同目标物的红外辐射汇聚到能将其能量转变成电信号的光电转换器件——热红外探测器上。电信号被放大处理后可以在显像管上显示，或经电光能转换器件把电信号在普通全色胶片上成像，也可记录在模拟磁带上。航空热红外扫描仪对地物目标扫描过程如图 3-15 所示。

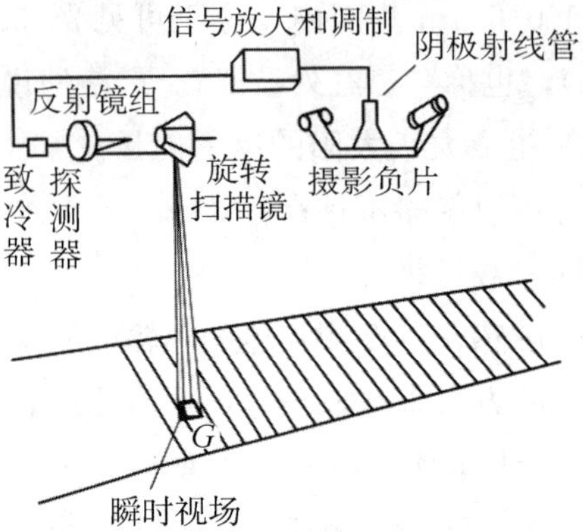


**图 3-15　机载热红外扫描仪结构原理图**

地面分辨率随扫描角发生变化，从而使热红外扫描影像产生畸变，其形成的原因与全景摄影机类似。同时，热红外扫描仪还存在温度分辨率的问题，温度分辨率与探测器的响应率和传感器系统内的噪声有直接关系。为了获得较好的温度鉴别力，热红外系统的噪声等效温度限制在 0.1～0.5 K。

热红外像片上的色调深浅与地物的温度、发射能力密切相关。地物发射电磁波的功率与地物的发射率成正比，与地物温度的 4 次方成正比，因此，图像上的色调也与这两个因素成相应关系。可以说，热红外扫描仪对温度比对发射本领的敏感性更强，温度的微小变化可能产生较大的色调差别。

当前，热红外扫描成像系统可以采用线阵列传感器，可提供高辐射分辨率和直接数字化记录的图像数据。固态微电子探测器体积更小，重量更轻，操作所需的功率更少，阵列中的每个探测器可以更长的时间查看地面分辨率元素（即更长的停留时间），从而允许单个探测器记录来自 IFOV 内部的更多光子能量，使辐射分辨率提高（解决较小的温差）。线或面阵列中的每个探测器元件相对于所有其他元件都是固定的，与光学机械扫描系统所产生的图像相比，热红外图像的几何形状有了很大改善。一些线阵列和面阵列热探测器甚至不需要冷却设备。例如，ITRES 公司研制的机载扫描成像系统 TABI-1800 传感器，具有 1 800 个碲-镉-汞型热探测器阵列，采用 3.7～4.8 μm 的宽波段测量热辐射。该系统的整个视场为 40°，瞬时视场为 0.405 mrad；在地面上 250～3 000 m 的区域进行探测时，生成的影像空间分辨率为 10 cm～1.25 m。

# 第七节 微波传感器

在电磁波谱中，波长在 1 mm~1 m 的波段范围称为微波。微波遥感是指通过获取目标地物发射或反射的微波辐射来识别地物的技术。微波传感器可以有非成像方式和成像方式。

非成像微波传感器一般为主动式遥感系统，不以成像为目的，通过发射装置发射雷达信号，再接收回波信号测定参数。传感器主要包括微波散射计和雷达高度计。其中，微波散射计主要用于测量地物的散射或反射特性。通过变换发射雷达波束的入射角、变换极化特征、变换波长，研究在不同条件下目标散射特性的影响。雷达高度计主要测量目标地物与遥感平台的距离，以获取地表的高度、海浪的高度等参数。

成像微波遥感器能够获取在地面扫描中得到的地物信息电磁辐射信号并形成图像。其中，微波辐射计为被动式的传感器，主要用于探测地面各点的亮度温度，生成亮度温度图像。由于地面物体都具有发射微波的能力，其发射强度与自身的亮度温度有关。成像微波遥感器通过扫描接收这些信号并换算成对应的亮度温度图。

雷达（radar）是一种常用的主动式微波传感器。雷达使用微波频率的发射机发出电磁辐射，利用定向天线或接收器，通过测量从探测目标反射或后向散射的辐射脉冲的返回时间，确定与探测目标之间的距离。图 3-16 是雷达系统工作原理图。由发射机中高频振荡器产生调频脉冲，其形状和重复频率分别由调制器和同步器来控制和决定。高频脉冲从天线发出以后，遇到目标又反射回来。此时天线的转换开关已把天线转接到接收机，用以接收回波信号。回波信号经放大并转换成视频信号后到显示器，显示器便能指明目标的距离和方位角。

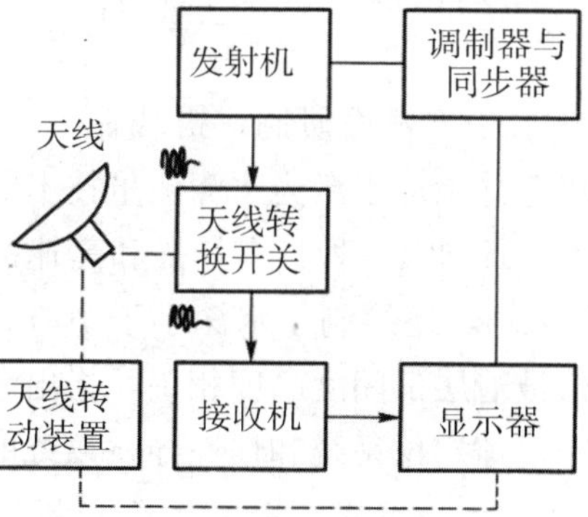


**图 3-16 雷达系统框图**

雷达成像的基本条件为雷达发射的波束照在目标不同部位时，要存在时间先后差异，这样从目标反射的回波也同时出现时间差，才有可能使目标的不同部位得以区分。侧视雷达是在飞机或卫星平台上由传感器向平台行进的垂直方向的侧面发射微波，覆盖地面上这一侧面的一个条带，再接收该条带上的目标所反射或散射回来的微波，并形成一个图像带的雷达。通过观测这些微波信号的振幅、相位、极化以及往返时间，就可以测定目标的距离和其他特性。

按照天线工作方式不同，侧视雷达可分为真实孔径侧视雷达（real aperture radar，RAR）和合成孔径侧视雷达（synthetic aperture radar，SAR）。

真实孔径侧视雷达是向平台行进方向的侧方发射宽度很窄的脉冲电波波束，然后接收从目标返回的后向散射波。按照反射脉冲返回的时间排列可以进行距离向扫描，而通过平台的前进，扫描面在地表上移动，可以进行方位向的扫描。

合成孔径侧视雷达也是在飞机或者卫星平台上由传感器向飞行方向垂直的侧面发射信号。其最重要的特点是，在距离方向上与真实孔径侧视雷达相同，采用脉冲压缩来实现高分辨率，在方位方向上则通过合成孔径原理来实现。用一个小天线作为单个辐射单元，孔径为 $D$。将此单元沿一直线不断移动，在移动中选择若干个位置，在每个位置上发射一个信号，接收相应发射位置的回波信号，并将回波信号的幅度连同相位一起存储下来。当辐射单元移动一段距离后，把所有不同时刻接收到的回波信号消除因时间和距离不同引起的相位差，修正到同时接收的情况，就可以得到天线阵列相同的效果。

## 第八节 激光雷达系统

传统雷达是以微波和毫米波波段的电磁波为载波的雷达。激光的波长更短，具有高亮度、低发散的特性。激光雷达是激光探测及测距（LiDAR）的简称，是以发射激光束探测目标的位置、速度等特征量的雷达系统。

激光雷达使用紫外、可见光或近红外光谱段的激光传感器发射激光脉冲定向照射地面，通过光敏接收器测量后向散射或反射光信号，记录发射的和后向散射的脉冲之间的时间，利用光速计算出传感器与被测不同目标之间的距离，分析目标地物表面的反射能量大小以及反射波谱的幅度、频率和相位等信息，进行目标定位信息的精确解算，进而呈现地物精确的三维结构信息。激光雷达也被称为“三维激光扫描技术”，本质上属于主动式遥感。

激光雷达最早是为近海岸水深测量而研制，搭载在飞机平台上。1968 年，世界上第一个激光海水深度测量系统建造并验证了激光水深测量技术的可行性。20 世纪 70 年代末，美国航空航天局（NASA）成功研制出一种具有扫描和高速数据记录能力的机载海洋激光雷达系统（AOL），除测定水深外，还绘制了水深小于 10 m 的海底地貌。1984 年，研究者发现激光脉冲的穿透力与植被冠层郁闭度高度相关，指出激光雷达系统可以用于探测森林垂直结构和估算树高。随着全球定位系统和惯性导航系统的发展，激光扫描过程中的精确即时定位定姿成为可能。1990 年，世界上第一个激光断面测量系统成功地将激光扫描技术与即时定位定姿系统结合，形成机载扫描仪（Ackermann-19）。第一个商用机载雷达系统（TopScan ALTM 1020）1993 年在德国出现。2003 年，在 NASA 发射的冰云和陆地高程卫星（ICESat-1）上搭载首个航天激光雷达——地学激光测高系统（geoscience laser altimeter system，GLAS）。

激光雷达主要具有如下优势：速度分辨率高；具有较大的有效绝对带宽，可产生极窄脉冲，实现高精度测距；抗有源干扰能力强、隐蔽性好，在对抗电子干扰和反隐身方面十分有利；良好的低空探测性能；体积小、质量轻。另外，激光光束发散角小、能量集中，因而探测灵敏度和分辨率高；多普勒频移大，能够探测从低速到高速的目标；激光雷达天线和系统的尺寸做成很小，能够利用不同分子对特定波长的激光吸收、散射或荧光特性，因此可以探测不同的物质成分。激光雷达的主要缺点是容易受大气条件以及工作环境中的烟尘的影响，难以实现全天候的工作环境。由于激光雷达的波束极窄，在空间搜索目标非常困难，直接影响对非合作目标的截获概率和探测效率，仅能在较小的范围内搜索和捕获目标。

激光雷达具有全天时对地观测能力，受地面背景、天空背景干扰小，分辨率和灵敏度高，可以快速、准确地获取地物的三维坐标与反射强度信息，广泛应用于环境监测、海洋探测、森林生态监测、地形测绘以及军事应用等领域。

随着激光雷达技术的进步和发展，其种类不断增加。激光雷达大致可以有如下几种分类。

（1）按照平台的不同，激光雷达分为地基激光雷达（TLS）、机载激光雷达（ALS）、星载激光雷达等。

地基激光雷达即地面激光雷达扫描仪，一般架设在固定地点获取扫描数据，用于单一目标或小尺度精细三维数据的采集。通常由激光测距系统、激光扫描系统、电荷耦合器件（CCD）数字摄影和仪器内部校正系统等组成。测距方式采用相位式或脉冲式，获取的数据范围较小，但精度高。地基激光雷达的扫描方式一般通过水平面和垂直面内的二轴旋转来观测球形空间内的地物。扫描仪的扫描距离从几米到几千米。根据工作方式的不同，可划分为固定式激光雷达扫描仪和移动式激光雷达扫描仪。前者以单站扫描、多站拼接的方式对整个测区进行覆盖；后者则以背包式和车载激光雷达系统为代表，通常整合了激光雷达传感器、全球定位系统、惯性测量单元（IMU）等硬件，用以辅助所获取的激光雷达数据的自动拼接。

机载激光雷达通常用于区域尺度地表特征及变化探测，主要搭载于航天器、航空飞机、汽艇和无人机等平台上，并以航空飞机和无人机为代表。其核心的硬件组成包括激光雷达传感器（扫描仪）、成像装置（航空数码相机或摄像机）、GPS 和 IMU。其中，激光雷达传感器用于获得地面三维信息，GPS 系统进行定位，IMU 系统获得机载激光雷达的姿态信息（即滚动、俯仰和航偏角），航空数码 CCD 相机获得地面影像。机载激光雷达的激光脉冲一般偏离天底方向向下观测，扫描方向垂直于飞行方向，通过飞行平台的运动获取激光扫描条带数据。近年来，随着无人机遥感技术的发展，无人机激光雷达系统开始出现。

星载激光雷达主要以卫星平台为载体，能够实现大尺度三维信息数据的获取。与机载激光雷达相比，星载激光雷达运行轨道高，观测视野宽，从理论上具备提供全球激光雷达数据的能力。但实际上，受轨道高度和发射频率限制，星载激光雷达的数据密度较低，使空间上连续观测变得困难。2003 年，NASA 发射了冰、云与陆地高程卫星（ICESat-1），其所搭载的地球科学激光测高系统 GLAS 是首个星载激光雷达系统，用于探测冰盖收支平衡，云和气溶胶高度、陆地地形以及植被特征等。GLAS 包括激光测距系统、GPS、星体跟踪系统，激光工作波长包括两种：近红外（1064 nm）和可见光绿波段（532 nm）。它以不伤眼的强度水平，每秒发射 40 次脉冲，并在 1 ns 内测量接收到的返回脉冲的时间。

激光发散角大约为 0.1 mrad，地面激光轨迹（光斑）的直径约为 70 m，轨道间距约为 170 m。GLAS 传感器 2009 年已停止运行，能够提供 2003—2009 年全球测高数据。2018 年，ICESat-2 卫星发射，携带高级地形激光测高系统 ATLAS，主要用于冰盖和海冰变化监测，获取地表三维信息，也可以通过测量植被冠层高度来估算生物量。欧洲航天局（ESA）持续开展星载雷达研究，2018 年发射了全球首颗风场测量激光雷达 ALADIN，2024 年 5 月发射测量云和气溶胶的高光谱探测激光雷达 ATLID。

在对地测绘领域，从 2019 年起，我国先后发射了资源三号 02 星激光高度计、高分七号激光测高仪、陆地生态系统碳监测卫星多波束激光雷达等。其中，高分七号激光测高仪为中国首个全波形采样的长寿命激光高度计。在对地大气环境监测领域，2022 年我国发射了大气环境监测卫星大气探测激光雷达 ACDL，该激光雷达是国际首个星载二氧化碳探测激光雷达和国际首个高光谱气溶胶探测激光雷达。2022 年 8 月 4 日，我国首颗陆地生态系统碳监测卫星“句芒号”发射成功。“句芒号”配置多波束激光雷达、多角度多光谱相机、超光谱探测仪等载荷，支持获取植被高度、植被面积、大气 $PM_{2.5}$ 含量等数据，有助于提高碳汇计量的效率和精度。这些星载激光雷达在深空探测、对地观测、气候和气象研究等领域发挥了重要作用，部分领域取得了国际领先优势，提升了我国在相关领域的国际竞争力。

（2）按照测距原理，激光扫描仪主要分为脉冲式和相位式两类。脉冲式测距是指激光器向目标发射一束很窄的激光脉冲，系统通过测量从信号发出到信号返回的时间间隔来确定激光器到目标物的距离。相位式测距则是对激光束进行幅度调制并测定调制光往返线依次产生的相位延迟，利用调制光的波长，换算此相位延迟所代表的距离。脉冲式激光测距发射的为离散激光脉冲，而相位式采用连续波激光，受激光发射能量的限制，此类设备一般用于较近距离的测量。

此外，根据回波的波长类型，激光雷达可以分为波形激光雷达和离散激光雷达。按光斑大小，分为大光斑激光雷达和小光斑激光雷达。比如，美国星载激光雷达 GLAS 的光斑直径为 70 m，属于大光斑激光雷达系统；而机载激光雷达的光斑直径通常为几米到几十米，属于小光斑激光雷达系统。

# 第四章　遥感图像处理

遥感图像通过实时记录地物电磁波谱来反映不同的地物特征，这些特征可以表现为地物图像的光谱、形状大小、纹理和结构等特征，人们可以通过这些影像特征对地物进行判读、分类和分析。为了更好地利用各种影像特征进行地物判读分类，需要先对影像特征进行校正、特征增强等处理，以提高分类精度，提高地学分析的准确度。

## 第一节　遥感图像光学处理

在电磁波谱中，0.38～0.76 μm 的可见光波段能够被人眼感知并形成视觉。如 0.7 μm 为红色，0.58 μm 为黄色，0.51 μm 为绿色，0.47 μm 为蓝色，这一部分加上紫外和红外部分来自原子与分子的发光辐射，称为光学辐射。一般情况下，紫外线使眼睛产生疼痛感，红外线产生灼热感，都不会使人的视觉形成如颜色、形状等的视觉印象。严格地说，只有能够被眼睛感觉到并产生视觉现象的辐射才是可见辐射或可见光，简称光。早期胶片成像及图像人工判读均需要利用光学特征。

### 一、颜色视觉

人对光的感应靠眼睛，在光亮条件下，人眼能分辨各种颜色。当光亮度降低到一定程度时，人眼便失去色彩分辨能力，仅能感知明暗。

（一）亮度对比和颜色对比

1. 亮度对比

观察影像或屏幕时，常对观察对象的亮暗程度有一评价。这一评价实际是相对于背景而言的，就是亮度对比。

亮度对比是视场中对象与背景的亮度差与背景亮度之比，记作

$$C=\frac{|L_{对象}-L_{背景}|}{L_{背景}} \tag{4-1}$$

选择适宜的对象及背景的亮度，可以提高对比，从而提高视觉效果。在遥感图像中，亮度对比主要用于单色黑白影像，但有时很难说明哪个是背景，哪个是对象。这时亮度对比就变成两个或多个对象之间的对比，即 $C=\Delta L_{对象}/L_{对象}$。这就如同一张灰色纸片，在白色背景上看起来发暗（对比低），而在黑色背景上看起来发亮（对比高）一样。

2. 颜色对比

在视场中，相邻区域的不同颜色的相互影响叫作颜色对比。颜色对比受视觉影响很

大。例如，在一块品红的背景上放一小块白纸或灰纸，用眼睛注视白纸中心几分钟，白纸会表现出绿色；如果背景是黄色，白纸会出现蓝色，这便是颜色对比的效果。两种颜色互相影响的结果，使每种颜色会向其影响色的补色变化（绿是品红的补色，蓝是黄的补色）。在两种颜色的边界，对比现象更为明显。

在可见光谱段中，颜色从紫到红是过渡变化的。一般来说，只要波长改变了 0.001～0.002 μm，人眼就能观察出差别。对不同波长，人眼的区别能力也不同。就整个光谱而言，正常人眼应分辨出 100 多种不同颜色。可见，人眼对颜色的分辨力比对黑白灰度的分辨力强得多，正因为如此，彩色图像能表现出更为丰富的信息量。

（二）颜色的特征

人眼对光源的感觉不同，白光光源亮度很高时，看到的是白色，亮度很低看到的是发暗发灰，无亮度则看到黑色。而对不发光的物体而言，人眼所看到的物体颜色是物体反射的光线所致。当物体对可见光无选择地反射，反射率在 80%～90%或以上时，物体为白色，显得明亮；当反射率在 4%以下时，物体为黑色，显得很暗；中间反射率则为灰色。如果物体对可见光有选择地反射，反射 0.6 μm 以上的波长，物体看起来是红色；反射从 0.55 μm 起且反射率偏低，物体便成了棕红色。所有颜色都是物体对某段波长有选择地反射而对其他波长吸收的结果。

颜色的性质由明度、色调、饱和度来描述。

1. 明度

明度是人眼对光源或物体明亮程度的感觉。与电磁波辐射亮度的概念不同，明度受视觉感受性和经验影响。一般来说，物体反射率越高，明度就越高，所以白色一定比灰色明度高。黄色比红色明度高，是因为黄色反射率高。对光源而言，亮度越大，明度越高。

2. 色调

色调是色彩彼此相互区分的特性。可见光谱段的不同波长刺激人眼产生了红橙黄绿青蓝紫等彩色的感觉。多数情况，刺激人眼的光波不是单一波长，而常常是一些波长的组合：对于光源，则是不同波长的亮度组合，对于反射物体，是不同反射率的不同波长组合，共同刺激人眼产生组合后的颜色感觉。

3. 饱和度

饱和度是彩色纯洁的程度，也就是光谱中波长段是否窄、频率是否单一的表示。对于光源，发出的若是单色光就是最饱和的彩色，如激光、各种光谱色都是饱和色。对于物体颜色，如果物体对光谱反射有很高的选择性，只反射很窄的波段则饱和度高。如果光源或物体反射光在某种波长中混有许多其他波长的光或混有白光，则饱和度变低。白光成分过大时，彩色消失成为白光。黑白色只用明度描述，不用色调、饱和度描述。

（三）颜色立体

1. 颜色立体示意模型

为了形象地描述颜色特性之间的关系，通常用颜色立体来表现一种理想化的示意关系，如图 4-1 所示。中间垂直轴代表明度，从底端到顶端，由黑到灰再到白，明度逐渐递增。中间水平面的圆周代表色调，顺时针方向由红、橙、黄、绿、蓝到紫逐步过渡。圆周上的半径大小代表饱和度，半径最大时饱和度最大；沿半径向圆心移动时饱和度逐渐降低，到了中心便成了中灰色。如果离开水平圆周向上下白或黑的方向移动，饱和度降低。

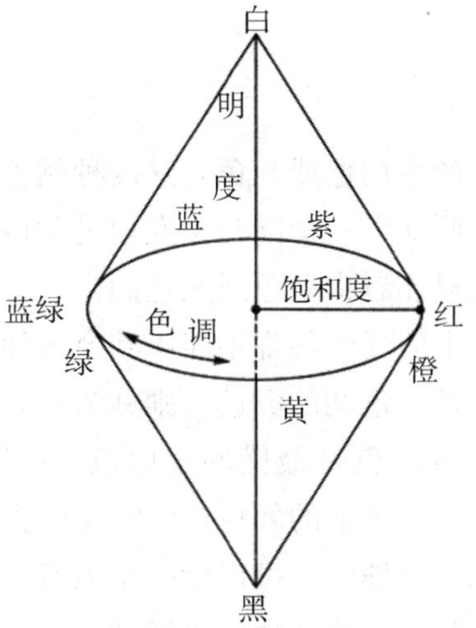


**图 4-1 颜色立体示意模型**

这种理想化的模型可以直观地表现颜色三个特性的关系，但与实际情况有不少差别。例如，黄色明度偏白，蓝色明度偏黑，它们的最大饱和度并不在中间圆面上。

2. 孟赛尔颜色立体

孟赛尔（A. H. Munsell）用如图 4-2 所示的颜色立体模型表示颜色系统，称为孟赛尔颜色立体，这使颜色的划分更为标准化。中央轴代表无彩色的明度等级，顶部白为 10，底部黑为 0，从 0～10 共分为 10 个明度级。在颜色立体的水平剖面上是色调，沿顺时针方向分为红、红黄、黄、黄绿、绿、绿蓝、蓝、蓝紫、紫、紫红 10 种色调，每两种色调间各分 5 个等级。颜色离开中央轴的水平距离代表饱和度的变化，又称“孟赛尔彩度”，表示同样明度值时饱和度的情况。

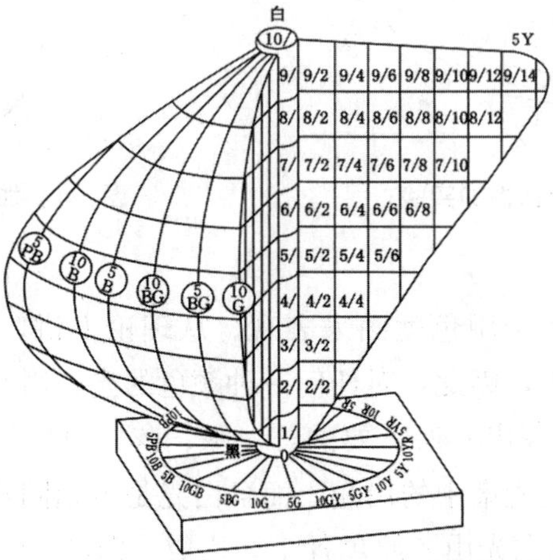


**图 4-2 孟塞尔颜色立体示意图**

中性色（黑灰白）时为 0，离中轴越远数值越大。不同的明度、色调和饱和度构成了颜色的不同彩色。

任何颜色在孟赛尔系统中都可以用三个坐标值——色调、明度和彩度（饱和度）表示，每一组坐标又可制成标准颜色样品以供参考对比。孟赛尔颜色立体比理想的颜色立体更接近实际情况，虽然不是完善的，但对颜色性质的理解已更深入一步。

## 二、加色法与减色法

### （一）颜色相加原理

互补色：若两种颜色混合产生白色或灰色，这两种颜色就称为互补色。如黄和蓝、红和青、绿和品红均为互补色。假如做一个圆盘，左边是黄色，右边是蓝色，让圆盘快速旋盘，使两种颜色混合，人眼就只能看出白色或灰色。

三原色：若三种颜色，其中的任一种都不能由其余两种颜色混合相加产生，这三种颜色按一定比例混合，可以形成各种色调的颜色，则称为三原色。

实验证明，红、绿、蓝三种颜色是最优的三原色，可以最方便地产生其他颜色。当然，混合后的颜色只是一种视觉效果上的颜色，已完全失去了颜色的光谱意义。

为了加深对互补色和三原色的理解，可以做一个实验。如图 4-3 所示，用三个可调亮度的光源，分别经过红、绿、蓝三个滤光片，再经过透镜形成平行光束，在暗室中照射到白屏幕上，构成红、绿、蓝三原色。调节三原色光源的亮度比例，可以在白屏幕三束光重叠的部位看到白光。在只有红光和绿光重叠的部位产生黄光，在只有绿光和蓝光重叠的部位产生青色光，在只有蓝光和红光重叠的部位产生品红色光。不断地调节各光源的强度，白屏幕上还会出现各种中间颜色。由此得出各种颜色都可以由红、绿、蓝这三原色产生的结论。这个实验可以简单地画成加色法示意图，如图 4-4 所示。

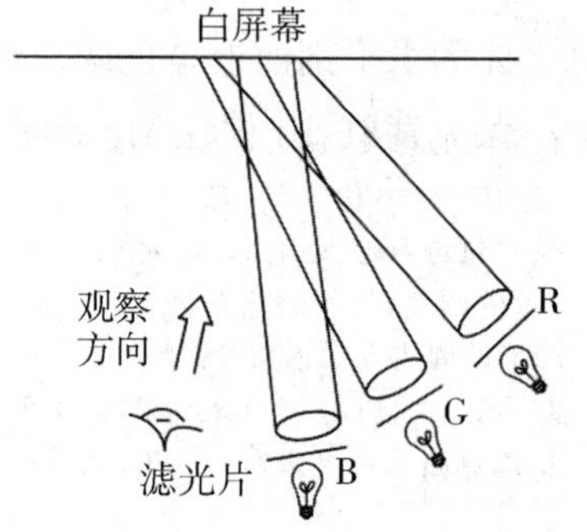


**图 4-3　颜色相加实验**

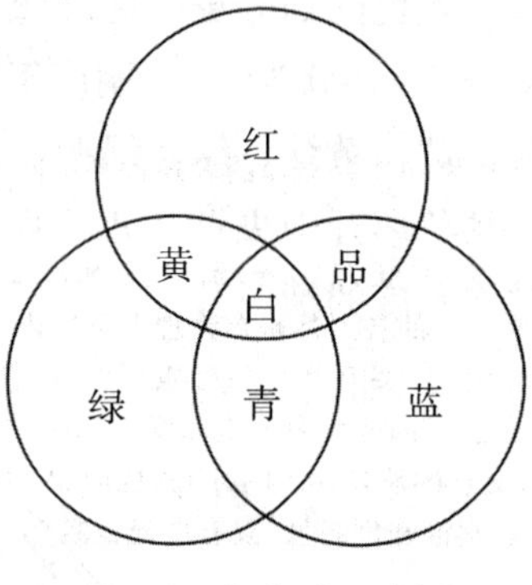


**图 4-4　加色法示意图**

### （二）色度图

颜色相加原理可以进一步用色度图来表现。从理论上讲，每一种波长的光都可以用红、绿、蓝三原色相加产生，因此，对任何一种颜色的光，当匹配的各波长光谱能量相同（等能光谱）时，都可以推算出其所需要的红、绿、蓝三原色的数量值。研究表明，所有光谱色混合时，即形成等能光谱中的白光，而且白光是由相同数量的红、绿、蓝三原色组成的。设光的总量为 1，则白光由三原色各 1/3 构成，即红＝绿＝蓝＝1/3 白，红＋绿＋蓝＝1。

根据这一原则设计的色度图如图 4-5 所示，图中 $x$ 轴（色度坐标）相当于红原色的比例，$y$ 轴（色度坐标）相当于绿原色的比例，图中没设蓝色度坐标 $z$，因为 $x+y+z=1$，所以知道了 $x$ 和 $y$，$z$ 便已知。图中的弧形曲线代表光谱，线上每一点代表一种波长和光谱颜色，中心 $C$ 点是白光点，即 $x=y=z=0.33$，相当于正午太阳光。

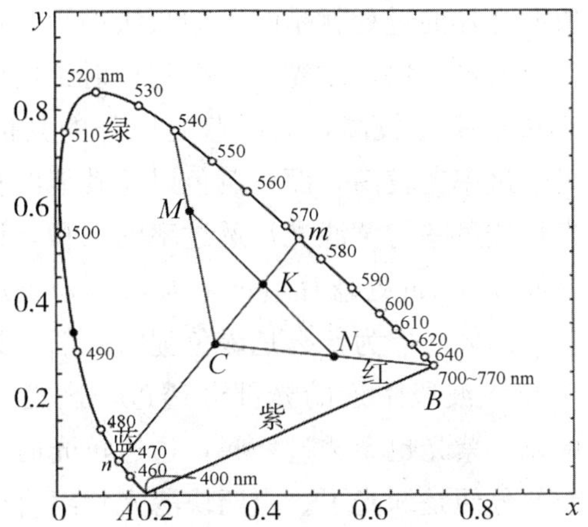


图 4-5　CIE 色度图

色度图与颜色立体的表现含义不同，色度图具有真实的意义，表现了人眼对颜色视觉的基本规律。

①从 $A$ 点（0.4 μm）到 $B$ 点（0.77 μm）光谱曲线的轨迹及连接两点所形成的马蹄形范围内所包含的各点都是在物理上可以由真实光线产生的颜色，任何颜色在色度图中都有确定的位置。因此颜色的特性也可以得到说明，即马蹄形的周边表示色调的差异，其他中间各点与中心 $C$ 的连线表示饱和度。如图中 $M$ 点，连接中心点 $C$ 和 $M$ 点并延长至与光谱轨迹相交，交点的波长（0.54 μm）颜色即为 $M$ 点的色调。该点越接近光谱线，饱和度越高；越接近 $C$ 点则饱和度越低，混有白光也越多。

②色度图可以粗略推算出两种颜色相混合得到的中间色。如 $M$ 与 $N$ 两种颜色按一定比例合成，一定得到 $MN$ 连线上的中间色，如 $K$ 点，连接 $CK$ 并延长至光谱线，可知 $K$ 对应的谱颜色（0.573 μm）和饱和度（离 $C$ 点的远近）。但如果 $CK$ 延长线与 $AB$ 相交，则不可能找到对应的光谱波长，因为 $AB$ 线上各种颜色不是原有光谱色，而是光谱上没有的红、品红、紫等颜色。

③过 $C$ 点做一条直线与边缘交于两个点，如 $m$ 和 $n$，则这两点对应光谱的颜色一定是互补色，它们混合可以产生白光。但如果有一个点落在 $AB$ 线上，则白光上能由两种以上的光线产生，因为 $AB$ 线上的点本身是由两种光线混合产生的。

由上述可见，色度图更为准确地表现了颜色混合的规律，又称作“混色图”。

彩色显示器的显像管是利用加色法原理产生色彩的。屏幕上红、绿、蓝三原色的荧光粉可产生红、绿、蓝彩色影像，显像管工作时，三注电子束分别激发红、绿、蓝荧光粉。荧光屏上，每一个荧光点的面积都很小，对眼睛仅形成小于 $1'$ 的视角，该视角小于人眼视觉的空间分辨能力，所以三个荧光点按不同的红、绿、蓝颜色比例发光时，在视觉上产生颜色相加的效果。如果选用的红、绿、蓝三原色在色度图上占据了三个角，则构成的颜色三角形越大，合成的图像色调越丰富。

（三）颜色相减原理

在实际生活中，除了利用颜色相加原理形成颜色的混合外，还常常利用颜色的减法混合，如遥感中常用的彩色摄影、彩色印刷等都是减色法的原理。

白色光线先后通过两块滤光片的过程就是颜色的减法过程。可以做一个实验，让一束白光先通过一块蓝滤光片，再通过一块黄滤光片，得到投射到白屏幕上的绿色光。这是因为蓝滤光片的特性是对蓝光透过率比较高，而对蓝光以外的其他波长的光有很高的吸收率。对黄滤光片而言，黄光透过率比较高，而对黄色以外其他波长的光吸收率很高。最后共同透过的部分应是蓝滤光片透过率与黄滤光片透过率的乘积，该值是波长的函数，因为波长不同，透过率也不同。如 0.5 μm 处蓝片透过率为 69%，黄片透过率为 58%，则通过两片后透过率为 69%×58%=40%。但为什么是绿色呢？一般来说，物体透光时，在主要透过某种颜色光的同时，也将该波段附近的光部分透过，这是一个渐变过程。正因为如此，透过蓝光时其附近的绿光、紫光也会透过一些，透过黄光时，附近的绿光、红光也会透过一些，它们共同透过的部分便是绿光了。当两块滤光片组合产生颜色混合时，入射光通过每一滤色片时都减掉一部分辐射，最后透过的光是经多次减法的结果，这种颜色混合原理就是颜色相减原理。

颜色相减和颜色相加的区别在于：在上述实验中，当蓝和黄滤光片分别透过白光而将透过的光混合在白屏幕时，由于黄与蓝是互补色，因而当强度调整适当时，可以出现白色，这就是加色法原理，而白光依次透过黄、蓝滤光片后却得到绿色，这是减色法原理，前者是相加混合，后者是相减混合，如图 4-6 所示。

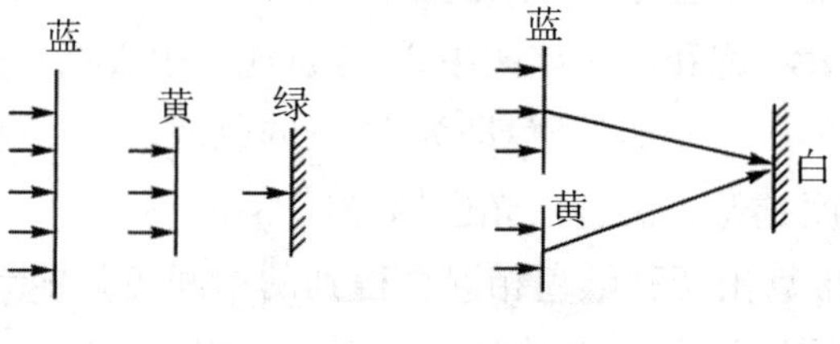


（a）减色法　　（b）加色法

**图 4-6　减色法与加色法区别示意图**

减法三原色：指加法三原色的补色，即黄、品红和青色，如图 4-7 所示。用白光由红、绿、蓝三色组成这种理想模型来理解，可以认为，当使用黄色滤光片时，是将黄色波长附近的红、绿波段透过而将远端的蓝色光吸收，从而形成减蓝色即黄色，这种滤光片控制了蓝色。同样，减绿滤光片吸收绿色光生成品红色，减红滤光片吸收红色光生成青色，如图 4-8 所示。这样黄、品红、青便是减色法的三原色。将彩色涂料的三色叠加时，由于光线依次通过减红、减绿、减蓝层就成黑色。只有当涂料浓度不够、减色不彻底时才会出现灰白色，但这仍是减色法而不是加色法。

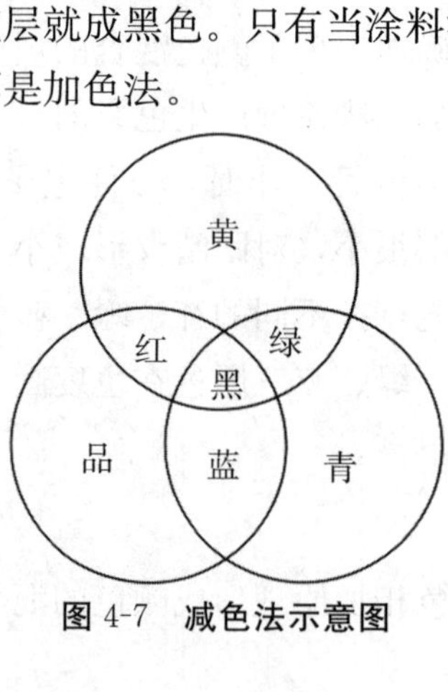


**图 4-7　减色法示意图**

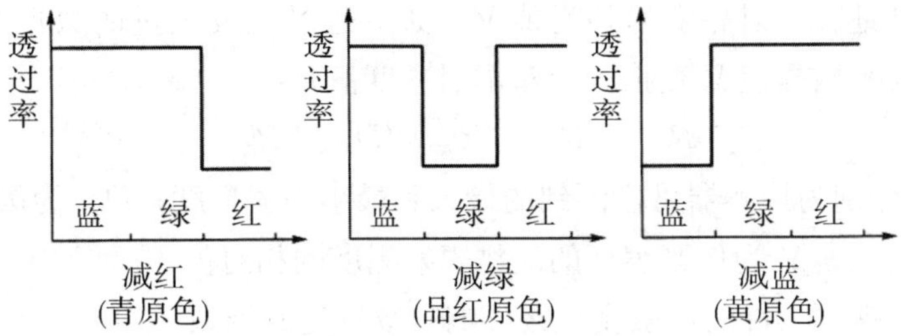


图 4-8 减色法三原色理想示意图

# 第二节 遥感数字图像

## 一、遥感数字图像概述

### （一）与遥感数字图像相关的定义

遥感数字图像是以数字形式表示的遥感影像，遥感数字图像最基本的单位是像素。像素是成像过程的采样点，也是计算机图像处理的最小单元。像素具有空间特征和属性特征。由于传感器从空中观测地球表面，因此每个像素含有特定的地理位置信息，并表征一定的面积。对于多光谱扫描仪提供的数字图像来说，一个像素对应的地表面积是由传感器瞬间视场角所决定的，瞬间视场角在地表的投影面称为像素的地面分辨率（或称“空间分辨率”）。由于传感器种类不同，其瞬间视场角也不同，因此，对应的地面分辨率是不同的。例如，TM 数字图像地面分辨率是 28.5 m×28.5 m，SPOT 全色波段图像分辨率为 10 m×10 m，Worldview 影像为 0.5 m×0.5 m。像素的面积可以根据投影面在地表 $x$ 方向长度和 $y$ 方向长度来计算，如图 4-9 所示。就微波图像而言，其空间分辨率存在方位向和距离向分辨率的差别，故其像素一般并不为方形，在解译中需进行多视等处理。

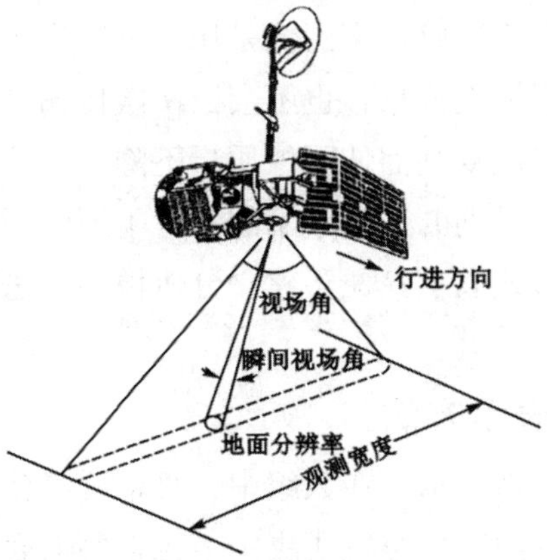


图 4-9 遥感图像像素的面积

像素的属性特征采用亮度值来表达，在不同波段上，相同地点的亮度值可能是不同的，这是由地物在不同波段上辐射电磁波的特征不同造成的。遥感数字图像中像素的数值是由传感器所探测到的地面目标地物的电磁辐射强度决定的。入射到传感器中的电磁波被探测器元件转化为电信号，经过模/数转换，成为绝对辐射亮度值 $R$。为便于应用，$R$ 又被转换为能够表征地物辐射亮度的相对值$V$。如果是系统校正过的数据，根据式（4-2），可以把像素（像元）数据值$V$变换为绝对辐射亮度值$R$：

$$R=V(R_{max}-R_{min})/D_{max}+R_{min} \tag{4-2}$$

式中，$R_{max}$、$R_{min}$分别为探测器可检测到的最大和最小辐射亮度；$D_{max}$为级数；$R$为辐射亮度，mW/（$cm^2$ · sr）；$V$为像素表征的地物辐射亮度的相对值。

由于传感器上探测元件的灵敏度直接影响有效量化的级数，因此，不同传感器提供的有效量化的级数是不同的。

我们把一个像素内只包含一种地物的像素称为正像素。如水体，它的亮度值代表了水体的光谱特征。一个像素内包括两种或两种以上地物的像素称为混合像素。如出苗不久的麦田，它的一个像素亮度值内包含麦苗和土壤的光谱特征。传感器自空中对地观测，一方面在方向上构成了地理位置密切相邻的一行数据；另一方面沿着方向运动，这样就记录下所观测区域的二维数字图像，如图 4-10 所示。

| | | | | | | |
|---|---|---|---|---|---|---|
| 36 | 35 | 34 | 38 | 40 | 41 | 39 |
| 35 | 38 | 39 | 41 | 78 | 82 | 81 |
| 34 | 35 | 37 | 39 | 41 | 89 | 87 |
| 36 | 41 | 45 | 89 | 87 | 86 | 80 |
| 37 | 41 | 45 | 89 | 87 | 86 | 80 |
| 56 | 178 | 156 | 189 | 167 | 156 | 189 |

**图 4-10　二维数字图像**

（二）遥感数字图像的特点

（1）便于计算机处理与分析。计算机是以二进制方式处理各种数据的，采用数字形式表示遥感图像，便于计算机处理。因此，与光学图像处理方式相比，遥感数字图像是一种适于计算机处理的图像表示方法。

（2）图像信息损失低。由于遥感数字图像是用二进制表示的，因此在获取、传输和分发过程中，不会因长期存储而损失信息，也不会因多次传输和复制而产生图像失真。而模拟方法表现的遥感图像会因多次复制而使图像质量下降。

（3）抽象性强。尽管不同类别的遥感数字图像有不同的视觉效果，对应不同的物理背景，但由于它们都采用数字形式表示，便于建立分析模型，进行计算机解译和运用于遥感图像专家系统。

## 二、遥感数字图像的表示方法

遥感数字图像以二维数组来表示。在数组中，每个元素代表一个像素，像素的坐标位置隐含，由这个元素在数组中的行列位置所决定。元素的值表示传感器探测到像素对应面积上的目标地物的电磁辐射强度，采用这种方法，可以将地球表面一定区域范围内的目标地物信息记录在一个二维数组（或二维矩阵）中。

一幅（单波段）遥感数字图像可表示为

$$F=f(x_i, y_i), i=1, 2, 3, \cdots, m; j=1, 2, 3, \cdots, n \tag{4-3}$$

式中，$i$为行号；$j$为列号；$f(x_i, y_i)$为像素在$(x_i, y_i)$上目标地物的电磁辐射强度值，其物理意义需根据测量目标地物的传感器使用的波段来判断。

## 三、遥感数字图像波段的类型

按波段数量，遥感数字图像可分为以下几种类型。

①二值数字图像：图像中每个像素由 0 或 1 构成，在计算机屏幕上表示为黑白图像。二值数字图像一般在图像处理过程中作为中间结果产生，常采用压缩方式存储，每个像素采用一位（bit）来表示，相邻 8 个像素的信息记录在一个字节中，这样可节省存储空间。

②单波段数字图像：在某一波段范围内工作的传感器获取的遥感数字图像。如 SPOT 卫星提供的 10 m 分辨率全色波段遥感图像，每景图像为 6 000 行×6 000 列的数组，每个像素采用 1 Byte 记录地物亮度值。

③彩色数字图像：由红、绿、蓝三个数字层构成的图像。在每一个数字中，每个像素用 1 Byte 记录地物亮度值，数值范围一般介于 0～255。每个数字层的行列数取决于图像的尺寸或数字化过程中采用的光学分辨率。三层数据共同显示即为彩色图像。

④多波段数字图像：传感器从多个波段获取的遥感数字图像。选取 3 个图层并分别赋予红、绿、蓝等色彩，即可通过色彩合成形成彩色多波段图像。例如 Landsat 卫星提供的 TM 遥感数字图像包含 7 个波段数据。

## 四、多波段数字图像的存储格式

多波段数字图像的存储与分发，通常采用三种数据格式。

①BSQ 数据格式：是一种按波段顺序依次排列的数据格式，其图像数据格式见表 4-1 所列。

**表 4-1 BSQ 数据排列表**

| | |
|---|---|
| 第一波段 | （1，1）（1，2）（1，3）（1，4）（1，5）（1，6）<br>（2，1）（2，2）（2，3）（2，4）（2，5）（2，6） |
| 第二波段 | （1，1）（1，2）（1，3）（1，4）（1，5）（1，6）<br>（2，1）（2，2）（2，3）（2，4）（2，5）（2，6） |
| 第三波段 | （1，1）（1，2）（1，3）（1，4）（1，5）（1，6）<br>（2，1）（2，2）（2，3）（2，4）（2，5）（2，6） |
| 第 $n$ 波段 | （1，1）（1，2）（1，3）（1，4）（1，5）（1，6）<br>（2，1）（2，2）（2，3）（2，4）（2，5）（2，6） |

在 BSQ 数据格式中，数据排列遵循以下规律：

第一波段位居第一，第二波段位居第二，第 $n$ 波段位居第 $n$ 位。

在第一波段中，数据依据行号顺序依次排列，每一行内数据按像素号顺序排列。

在第二波段中，数据依然根据行号顺序依次排列，每一行内数据仍然按像素号顺序排列。其余波段依次类推。

②BIP 数据格式：BIP 格式中每个像元按波段次序交叉排列，其图像数据格式见表 4-2 所列。

表 4-2　BIP 数据排列表

| 项目 | 第一波段 | 第二波段 | 第三波段 | … | 第 $n$ 波段 | 第一波段 | 第二段 | … |
|---|---|---|---|---|---|---|---|---|
| 第一行 | (1，1) | (1，1) | (1，1) | … | (1，1) | (1，2) | (1，2) | … |
| 第二行 | (2，1) | (2，1) | (2，1) | … | 2，1) | (2，2) | (2，2) | … |
| … | … | … | … | … | … | … | … | … |
| 第 $N$ 行 | ($n$，1) | ($n$，1) | ($n$，1) | … | ($n$，1) | ($n$，2) | ($n$，2) | … |

在 BIP 数据格式中，数据排列遵循以下规律：

第一波段第一行第一个像素位居第一位，第二波段第一行第一个像素位居第二位，第三波段第一行第一个像素位居第三位，第 $n$ 波段第一行第一个像素位居第 $n$ 位；然后为第一波段第一行第二个像素，位居第 $n+1$ 位，第二波段第一行第二个像素，位居第 $n+2$ 位，其余数据排列位置依次类推。

③BIL 数据格式：逐行按波段次序排列的格式，其数据格式见表 4-3 所列。

表 4-3　BIL 数据排列表

| | | | | | | |
|---|---|---|---|---|---|---|
| 第一波段 | (1，1) | (1，2) | (1，3) | (1，4) | (1，5) | (1，6) |
| 第二波段 | (1，1) | (1，2) | (1，3) | (1，4) | (1，5) | (1，6) |
| 第三波段 | (1，1) | (1，2) | (1，3) | (1，4) | (1，5) | (1，6) |
| … | | | | | | |
| 第 $n$ 波段 | (1，1) | (1，2) | (1，3) | (1，4) | (1，5) | (1，6) |
| 第一波段 | (2，1) | (2，2) | (2，3) | (2，4) | (2，5) | (2，6) |
| 第二波段 | (2，1) | (2，2) | (2，3) | (2，4) | (2，5) | (2，6) |
| … | | | | | | |

在 BIL 数据格式中，数据排列遵循以下规律：

第一波段第一行第一个像素位居第一位，第一波段第一行第二个像素位居第二位，第一波段第一行第三个像素位居第三位，第一波段第一行第 $n$ 个像素位居第 $n$ 位；然后为第二波段第一行第一个像素，位居第 $n+1$ 位，第二波段第一行第二个像素，位居第 $n+2$ 位，其余数据排列位置依次类推。

在计算机兼容磁带（CCT）或 CD-ROM 提供的遥感数据文件中，除了数字图像本身的信息之外，还附带着各种辅助信息，这是提供数据的机构在进行数据分发时，对数字图像尺寸等各种参数的说明。

## 五、航空像片的数字化

自 19 世纪法国人达盖尔发表第一张航空像片起，许多国家测绘部门都拍摄了大量航空像片，用来绘制地形图。早期的航空像片均为光学图像，与普通商业遥感卫星图像相比较，其优点是地面分辨率高，记录了当时的自然景观与人文景观，随着时间的积累，形成了一批珍贵的历史资料和大量的信息资源。由于数字计算机只能处理数字信息，这些航空像片需要经过数字化才能被计算机处理与分析。航空像片的数字化过程包括以下内容。

（一）空间采样

确定空间采样间距，一般根据奈奎斯特采样原理。例如，在水平和垂直方向上分别以 1/100 cm 间距作为采样间距，将图像进行空间分割，使之成为由多个格网单元构成的图像，每个格网单元分别代表一个像素点。

空间采样可以将航空像片具有的连续灰度（色彩）信息转换为每行有 $m$ 个单元、每列有 $n$ 个单元的像素集合。

（二）属性量化

航空像片离散采样后，可得到由多个离散像素点组合表示的图像。每个像素点对应的仍然是连续变化的亮度、颜色或者其他模拟量，它们还要进一步离散化并归并到各个区间，分别用有限个整数来表示，这称为量化。在实际操作中，一般把航空像片上连续变化的黑—灰—白的亮度量化为 64 级或 256 个灰度级。经过量化处理，可以得到每个像元的数字模拟量，这个模拟量与航空像片中对应位置上的灰度相对应。

为便于处理和分析，航空像片数字化一般采用均匀采样和等距量化处理。卫星摄影像片也可以应用这种方法进行处理。航空像片的数字化可以利用扫描仪进行，数字化质量取决于航空像片本身的质量与采样间距和属性量化精度。

采样间距与扫描仪的光学分辨率密切相关。试验表明，采用 300 dpi 的光学分辨率对航空像片取样就可以收到很好的效果，对航空像片负片（底片）需采 600 dpi 以上的光学分辨率取样，这样才能收到较好的效果。航空像片属性量化精度，应根据航空像片来确定。黑白航空像片，可以采用 8 位（bits）量化精度，它可以提供 0～255 级灰度值；彩色航空像片可以采用 24 位（bits）量化精度，分别分配给红、绿、蓝三原色各 8 位，每个颜色层面数据为 0～255 级。在数字图像彩色合成显示时，每一个像素点出现的色彩值数目将达 256×256×256 种。丰富的色彩有助于发现图像中地物的细微差异。

## 第三节 遥感图像的数字直方图

前面已讲到，数字图像无论是空间坐标还是灰度值都已离散化，它是由一系列依序排列的像元组成的一个数字矩阵。对于一幅图像，可以统计像元灰度等级的分布状态。数字图像的灰度编码为 0，1，2，…，$2^{n-1}$，每一个灰度等级值处都可以统计出整幅图像中出现的该灰度值的像元个数 $m_i$，如果整幅图像的像元总数为 $M$，则某一灰度值的频率为

$$P_i = \frac{m_i}{M} \tag{4-4}$$

### 一、数字直方图

将 $2^n$ 个 $P$ 值绘制出图 4-11 所示的统计图称为图像的数字直方图。

| | | | | | | | |
|---|---|---|---|---|---|---|---|
| 0 | 5 | 8 | 10 | 13 | 14 | 14 | 13 |
| 5 | 0 | 4 | 9 | 14 | 15 | 12 | 11 |
| 6 | 2 | 10 | 10 | 13 | 15 | 15 | 12 |
| 6 | 8 | 9 | 9 | 10 | 12 | 11 | 8 |
| 5 | 8 | 8 | 9 | 9 | 9 | 11 | 9 |
| 5 | 7 | 7 | 8 | 8 | 7 | 7 | 8 |
| 3 | 4 | 7 | 6 | 6 | 3 | 4 | 5 |
| 1 | 1 | 4 | 6 | 7 | 3 | 2 | 2 |

(a)

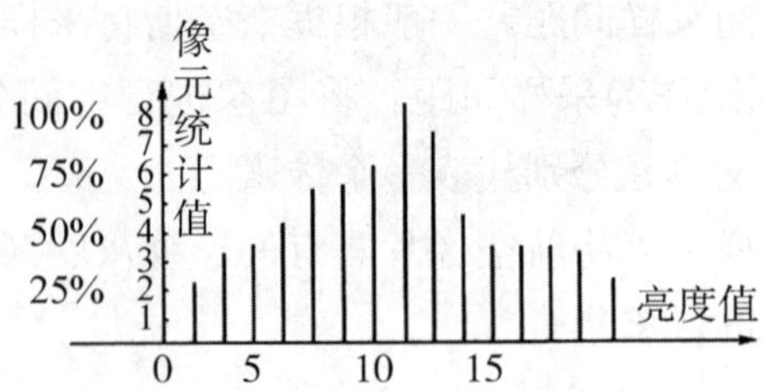


(b)

图 4-11　数字图像及其直方图

这种直方图随着图像的改变而改变，即不同的图像有不同的直方图，可以类似地看作是一个随机分布的密度函数，其分布状态也可用均值和标准差两个参数来衡量。

均值为

$$\bar{X}=\frac{1}{M \cdot N}\sum_{i=0}^{M-1}\sum_{j=0}^{N-1}X_{ij} \tag{4-5}$$

式中，$\bar{X}$ 为整幅图像灰度均值；$X_{ij}$ 为 $i$，$j$ 处的像元的灰度值；$N$ 表示列数，$M$ 表示行数。

或

$$\bar{X}=\frac{1}{M}\sum_{i=1}^{M}X_i \tag{4-6}$$

式中，$\bar{X}$ 为整幅图像灰度均值；$X_i$ 为 $i$ 处的像元的灰度值；$M$ 表示像元总数。

标准差为

$$\sigma=\sqrt{\frac{1}{M-1}\sum_{i=1}^{M}(X_i-\bar{X})^2} \tag{4-7}$$

直方图分布状态不同，图像特性不同。如图 4-12 所示，(a)的直方图均值靠近低灰度值，这种图像为低密度图像，图像显得比较淡；(b)为高密度图像，图像显得较深；(c)的标准偏差较小，为低反差图像；(d)的标准偏差较大，为高反差图像。有的图像直方图还会出现双峰，如图 4-13 所示为双峰直方图的一个例子。也有更特殊的直方图，随具体图像灰度分布特性而定。

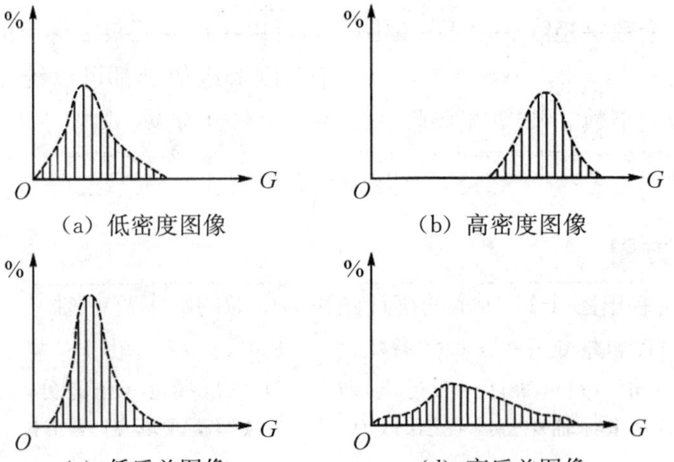


(a) 低密度图像　(b) 高密度图像

(c) 低反差图像　(d) 高反差图像

图 4-12　不同特性图像的直方图

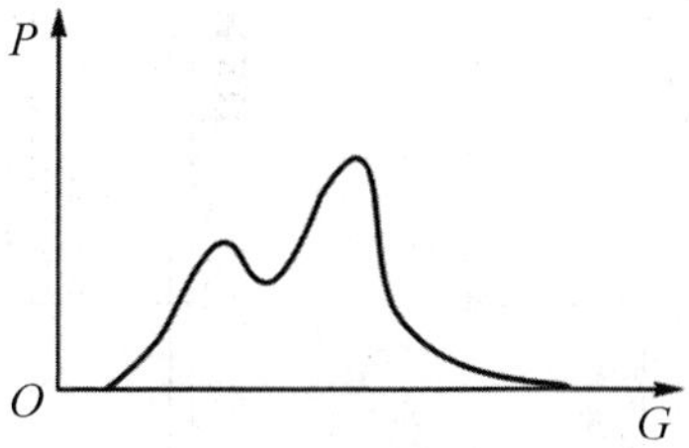


图 4-13 双峰直方图

直方图也可用表格形式表示，见表 4-4 所列。

表 4-4 直方图统计表

| 密度 | 0 | 1 | 2 | 3 | 4 | 5 | 6 | 7 |
|---|---|---|---|---|---|---|---|---|
| 频率 | 1.5 | 9.0 | 11.5 | 3.4 | 2.2 | 1.4 | 1.3 | 2.4 |
| 密度 | 8 | 9 | 10 | 11 | 12 | 13 | 14 | $2n-1$ |
| 频率 | 2.9 | 3.8 | 6.6 | 10.1 | 14.1 | 10.2 | 6.9 | 0 |

直方图中每一个元素 $P_i$ 值应大于 0 或等于 0，直方图所有频率之和应为 1，即

$$\sum_{i=0}^{2n-1} P_i = 1 \tag{4-8}$$

如果用 $F$ 表示累积分布函数，则

$$F_j = \sum_{i=0}^{j} P_i \tag{4-9}$$

上面直方图表换算成累积分布函数，见表 4-5 所列。

表 4-5 累积分布函数

| 密度 | 0 | 1 | 2 | 3 | 4 | 5 | 6 | 7 |
|---|---|---|---|---|---|---|---|---|
| 频率 | 1.5 | 9.0 | 11.5 | 3.4 | 2.2 | 1.4 | 1.3 | 2.4 |
| 累积值 | 1.5 | 10.5 | 22.0 | 25.4 | 27.6 | 29.0 | 30.3 | 32.7 |
| 密度 | 8 | 9 | 10 | 11 | 12 | 13 | 14 | $2n-1$ |
| 频率 | 2.9 | 3.8 | 6.6 | 10.1 | 14.1 | 10.2 | 6.9 | 0 |
| 累积值 | 35.6 | 39.4 | 46.0 | 56.1 | 70.2 | 80.4 | 87.3 | 100 |

直方图形态可以粗略地分析图像的质量，如图 4-14 所示。由于一幅遥感图像包含大量的像元，其像元亮度值应符合统计分布规律，即直方图应接近于正态分布［图 4-14（a）］。当直方图峰值偏向亮度坐标轴左侧或右侧时，说明图像偏暗或偏亮［图 4-14（b）、（c）］。当直方图峰值过陡过窄，则表明图像亮度值过于集中［图 4-14（d）］。这几种情况都表明图像的对比度较小，图像信息不清楚，图像质量较差。

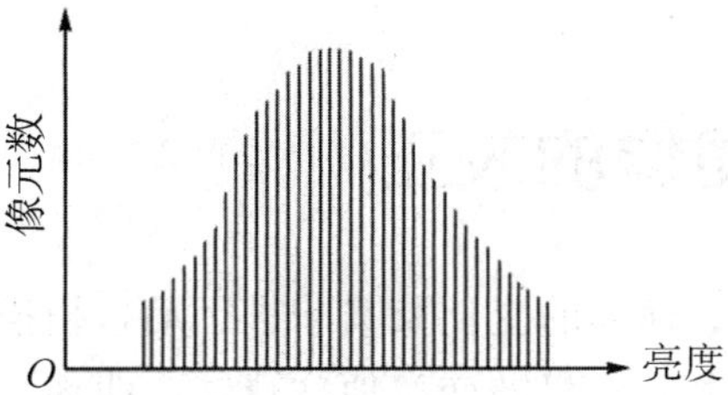


（a）正常

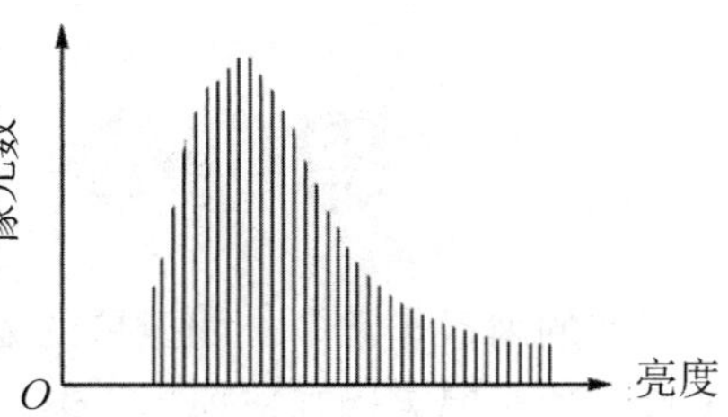


（b）偏暗

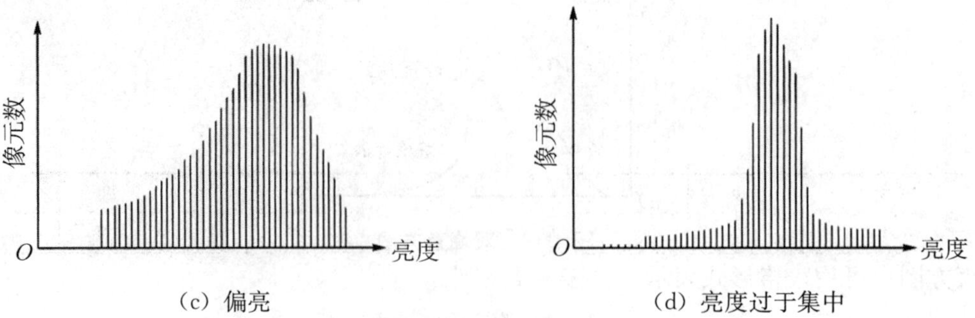


图 4-14 直方图分布

直方图的应用主要有以下几个方面。

1. 图像获取质量评价

可以根据常见图像的直方图大致判断图像的质量。

一般情况下，一幅图像应该利用全部或者大部分允许的灰度值，同时还要结合直方图的形态来评价图像质量。如果图像的直方图形态接近正态分布，则这样的图像亮度适中；如果直方图峰值位置偏向灰度值大的一边，图像偏亮；如果峰值位置偏向灰度值小的一边，图像偏暗；峰值变化过陡、过窄，则说明图像的灰度值过于集中。

2. 边界阈值的选择

直方图具有多个（两个或两个以上）波峰时，说明图像中有多类（两类或两类以上）目标地物，波峰之间的谷底灰度值可作为阈值来区分不同类别的目标地物。

3. 噪声类型判断

直方图还有助于判断图像上存在的噪声类型，可以为图像去噪声处理提供参考。

4. 计算图像信息量（熵）

$$H=-\sum_{i=0}^{L-1} P_i \log_2 P_i \tag{4-10}$$

式中，$P_i$是图像中灰度值为$i$的像素出现的频率，图像的灰度级范围为$[0, L-1]$。

## 二、累积直方图

以横轴表示灰度级，以纵轴表示每一灰度级及其以下灰度级所具有的像素数或此像素数占总像素数的比值，做出的直方图即为累积直方图。累积直方图可以看成是累积离散概率分布，计算公式为

$$I(i)=\sum_{j=0}^{k}\frac{n_j}{N},\ i=0,\ 1,\ \cdots,\ L-1 \tag{4-11}$$

式中，$I(i)$为概率密度分布；$i$为灰度级；$n_j$为灰度级$j$中的像素数；$N$为图像中总像素数。

# 第四节 遥感图像的校正

影响图像的因素非常多，如卫星的姿态、高度、速度的变化及其前进运动，扫描镜扫描速度不均，检测器采样延迟误差，波段间配准误差及全景畸变，地球自转、曲率、高程的影响，等等，这些都会引起图像的几何位置发生变化，造成几何失真。而大气的吸收、

散射，卫星传感器系统和地面系统中的仪器在接收、转换、传送、处理图像信息过程中性能不稳，非线性和非一致性故障及不可避免引入的噪声，都将使图像的亮度发生变化，出现不均匀及条纹、斑点等缺陷，造成辐射失真。在进行图像识别、分类、解释前，必须努力消除这些影响，恢复图像原来的面目。

图像恢复性处理（又叫作“预处理”），一般是指改正或补偿在成像过程中造成的辐射失真、系统噪声（如条带现象）和随机噪声、几何畸变以及高频信息的损失，具体要求需由成像系统的特性来确定。图像预处理主要包括两大部分：辐射校正和几何校正。本节将着重介绍与图像预处理相关的一些基本知识与方法。

## 一、遥感图像的辐射校正

利用遥感器观测目标物辐射或反射的电磁能量时，从遥感器得到的测量值与目标物的光谱反射率或光谱辐射亮度等物理量是不一致的，这是因为测量值中包含太阳位置及角度条件、薄雾及霭等大气条件所引起的失真。为了正确评价目标物的反射特性及辐射特性，必须消除这些失真。消除图像数据中依附在辐射亮度中的各种失真的过程叫辐射量校正。

辐射量校正包括由遥感器的灵敏度特性为起因的畸变校正和由太阳高度及地形等为起因的畸变校正、大气校正等。

### （一）辐射测量校正

陆地卫星 MSS 图像在每个波段中有 6 个传感器并排扫描，由于每个波段各传感器的辐射特性不同，如图像处理设备（IPF）利用 MSS 上的“校准楔”值推算检测器的偏移与增益，进行辐射测量校正，具体如图 4-15 所示。

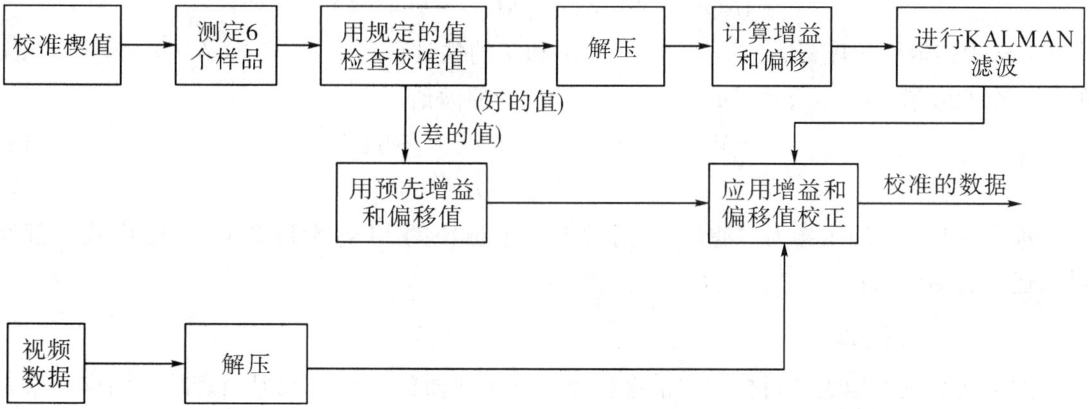


**图 4-15　辐射测量校正流程图**

整个过程是在标准数据处理机（MDP）上进行的，其所用的公式为：

$$V_c=\left[\frac{K}{Mb}(V-a)-A\right] \tag{4-12}$$

式中，$V_c$为校准的像元值；对于像元亮度值用 7 bits 表示的情况，其分布为 0～127；$V$ 为输入的像元值；对于像元亮度值用 7 bits 表示的情况，其分布为 0～127；对于“压缩”了的数据，在输入前应进行解压；$K$ 为 $V_c$的最大可能值；对于像元亮度值用 7 bits 表示的情况，其值为 127；$a$ 为滤波偏移值，其求法在下面给出；$b$ 为滤波增益值，其求法在下面给出；

$M$ 为增益修正系数；发射时 $M=1$，以后的数值将根据对一个时期的陆地卫星数据分析而得。

$A$ 为附加偏移修正；发射时 $A=0$，以后的数值将根据对一个时期的陆地卫星数据分析而得。

$M$ 和 $A$ 必须不断地修正，以平衡探测器偏移和增益的变化。$M$、$A$ 的值由 NASA 提供，记录在 SLAT 上。

对于 4、5、6、7 波段，$a$、$b$ 通过如下的方法求出其滤波值 $a(n)$、$b(n)$ 代替之。

1. 线性回归求 $\hat{a}$、$\hat{b}$

$$\hat{a}=\sum_{i=1}^{6}C_iV_i \tag{4-13}$$

$$\hat{b}=\sum_{i=1}^{6}D_iV_i \tag{4-14}$$

式中，$V_i$ 为“校准楔”的测量值，记录在 $CAL_{b,k}$ 上；$C_i$、$D_i$ 是发射 $C$ 前通过试验确定的回归系数，由 NASA 提供一套 $C_i$、$D_i$ 值表供查。卫星不同，检测器不同，$C_i$、$D_i$ 不同；波段不同，增益不同，$C_i$、$D_i$ 也不同。因此，在查表前要搞清是第几颗卫星，哪个波段，何种增益，而后查表。

2. “滤波”求 $a(n)$、$b(n)$

$$\begin{cases} a(n)=\begin{cases}\hat{a}(n), & n=1\\ a(n-1)+W(n)[\hat{a}(n)-a(n)], & n\neq 1\end{cases} \\ b(n)=\begin{cases}\hat{b}(n), & n=1\\ b(n-1)+W(n)[\hat{b}(n)-b(n-1)], & n\neq 1\end{cases}\end{cases} \tag{4-15}$$

式中，$n$ 为扫描线顺序号；$\hat{a}(n)$、$\hat{b}(n)$ 为 $a$ 和 $b$ 的估计值；$a(n-1)$、$b(n-1)$ 为 $a$ 和 $b$ 的上一个滤波值；$a(n)$、$b(n)$ 为 $a$ 和 $b$ 的新的滤波值。

$$W(n)=1/n+1 \quad (n=1\sim 15) \tag{4-16}$$

$$W(n)=1/16 \quad (n=16) \tag{4-17}$$

称式（4-15）的运算为“滤波”。通常市场上出售的 MSS 影像和 CCT 影像数据都经过上述辐射测量校正。

（二）大气校正

太阳光在到达地表的目标物之前会由于大气中物质的吸收、散射而衰减，同样，来自目标物的反射、辐射光在到达遥感器前也会被吸收、散射。地表除受到直接来自太阳的光线（直达光）照射外，也受到大气引起的散射光（天空光）的照射。同样，入射到遥感器上的除来自目标物的反射、散射光以外，还有大气引起的散射光（光路辐射）。消除这些由大气引起的影响的处理过程叫大气校正。

1. 大气散射

大气的影响因素中，我们主要研究大气散射的影响。电磁波在大气中传播时，受到大气中分子和微小粒子的作用。散射是大气中的分子和颗粒对光波多次作用的结果。散射效应随电磁波波长和散射体的大小不同而不同。散射分为选择散射和非选择散射。这里的选择指的是对波长的选择，波长越短，散射越厉害。这方面典型的例子是太阳颜色在早、中、晚的变化。中午太阳当头，穿过的大气层厚度小，选择散射相对较少，较多的短波长的光得以通过，于是人们看到太阳是白色；而早晚太阳光斜照，穿过的大气层较中午要厚得多，选择散射相对较大，较短波长的光都被散射掉，因此人们看到太阳呈红色。选择散射按引起它的大气中的颗粒大小不同而分为瑞利散射和米氏散射。瑞利散射由远小于光的波长的气体分子引起，大小与 $\lambda$ 的 4 次方成反比；米氏散射由大小与波长相当的颗粒（气溶胶，如烟、水蒸气和霾等）引起，也称“气溶胶散射”，其大小与 $\lambda^0 \sim \lambda^4$ 成反比。非选择散射由尘埃、雾、云以及大小超过光波长 10 倍的颗粒引起，对各种波长予以同等散射。散射的类型及其特性见表 4-6 所列。

**表 4-6　散射的类型及其特征**

| 散射类型 | | 引起散射的颗粒种类 | 颗粒大小（与 $\lambda$ 比较） | 与波长的关系（正比） |
|---|---|---|---|---|
| 选择性散射 | 瑞利散射 | 气体分子 | $\ll 0.1\ \mu m$ | $\propto \lambda^{-4}$ |
| | 米氏散射 | 气溶胶（烟、水蒸气） | $0.1 \sim 1.0\ \mu m$ | $\lambda^0 \sim \lambda^{-4}$ |
| 无选择性散射 | 尘埃、雾、云 | $>10$ | $\lambda^0$ | |

如图 4-16 所示，图（a）为一处仅有黑白两种色调的场景，亮度值分别为 2 和 5；图（b）、（c）给出无散射和有散射（散射使亮度增加 5 个单位）的反差比变化情况。

反差比公式定义为

$$C_r = B_{\max} / B_{\min} \tag{4-18}$$

式中，$B_{\max}$、$B_{\min}$ 为影像上最大亮度值和最小亮度值；$C_r$ 为反差比。

对于图 4-16（b），有 $C_r = 5/2 = 2.5$；对于图 4-16（c），有 $C_r = 10/7 = 1.4$。散射使影像的反差比降低，反差比降低则使影像的分辨率降低。散射作用所增加的亮度值不含任何地面信息，但却降低了反差比，这一事实表明它是一种有害的影响，应予以校正。

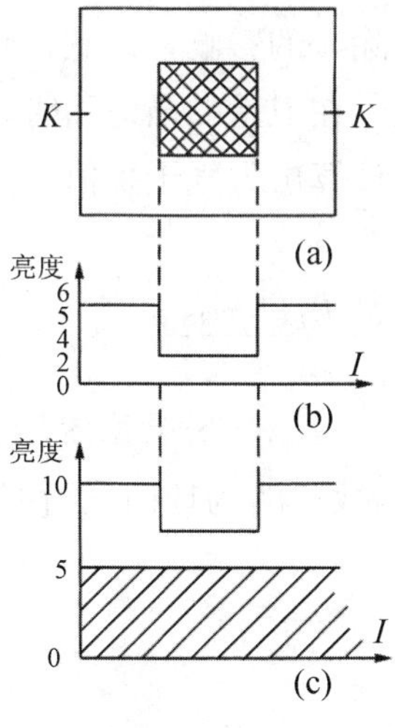


**图 4-16　散射作用降低反差比示意图**

2. 大气散射的校正

前述的辐射值校准是假定在正常大气条件下对系统辐射强度进行的校准，但与实际像场对应的大气类似。为了更精确地校正辐射值，需要进行实际像场大气的校正。所谓大气校正就是消除由大气散射引进的辐射误差的处理过程，在前期的大气校正中主要指对天空散射光的校正。第一种方法是通过将野外实地波谱测试获得的无大气影响的辐射值与卫星传感器同步观测结果进行分析计算，以确定校正量；第二种方法是测量大气参数，按理论公式求得大气干扰辐射量；第三种方法是在特殊条件下，利用某些不受大气影响或影响很小的波段来校正其他波段。以下分别介绍这三种方法。

（1）野外现场波谱测试与大气校正。野外波谱测试与卫星扫描同步进行，通常选用同类仪器测量，将地面测量结果与卫星影像对应的像元亮度值进行回归分析，如图 4-17 所示（注意，在进行比较时应将图像像元亮度值转换为辐射率）。

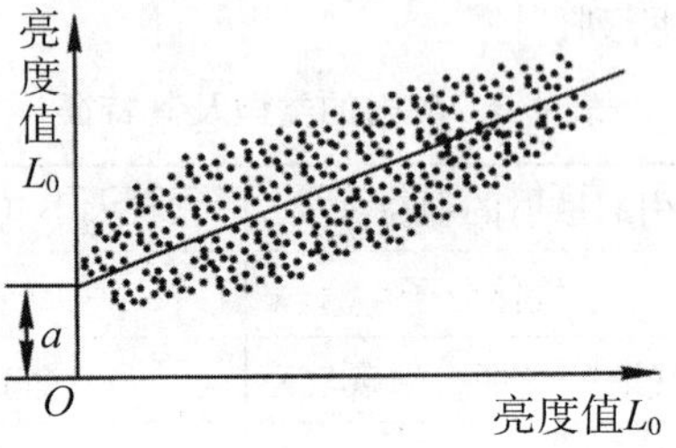


**图 4-17　回归分析图**

回归方程为

$$L=a+bR \tag{4-19}$$

式中，$a$ 为常数；$b$ 为回归系数；$R$ 为地面反射率。

令 $bR=L_G$，因而 $L=a+L_G$。$L_G$表示地面实际的辐射率，即不受大气影响的值，而 $a$ 即为大气影响的附加部分（天空光的散射），$L$ 为卫星观测结果，故 $a$ 值被确定为 $a=L-L_G$。

校正公式为

$$L_G=L-a \tag{4-20}$$

图像中的每一像元值都必须扣除 $a$ 的影响，以获得具体地区像场大气校正图像。

（2）大气参数测量与大气校正。在卫星扫描地面时，若能同时获得大气路径辐射等参数，便可按照卫星垂直观测的模型计算出大气干扰值，例如陆地卫星垂直观测的辐射率简单表达式为

$$L_i=\frac{S_kT_kH_k\cos a}{\pi}\cdot R_k+S_kL_k \tag{4-21}$$

式中，$i$ 为波段序号，$i=1$，2，3，…，$n$；$S_k$为系统增益系数；$T_k$为大气透射率；$H_k$为太阳辐照度；$\cos a$ 为太阳天顶角函数；$R_k$为地面反射率；$L_k$为大气路径辐射率。

令式（4-21）中：

$$\begin{cases}\dfrac{S_kT_kH_k\cos a}{\pi}=b_i\\ S_kL_k=a_i\end{cases} \tag{4-22}$$

则式（4-21）变为

$$L_i=a_i+b_iR_k \tag{4-23}$$

式中，$a_i$为大气引起的附加部分。

校正公式为

$$L' = b_i R_k = L_i - a_i \tag{4-24}$$

式中，$L'$为校正后的值。

(3) 波段对比分析与大气校正。由上面分析可知，大气选择散射对短波段影响大，长波段影响小。如对陆地卫星 Landsat 来说，4 波段受散射影响最严重，其次为 5 波段、6 波段，而 7 波段受散射影响最小。为了处理问题方便，我们可以认为 7 波段不受大气散射的影响。在观察若干含水地域 7 波段的数字图像后发现，许多水域（纯净而深的水）的亮度值为 0 或 1，这一事实有力地支持了上述看法。下面介绍的波段对比法的两种方法都是建立在上述看法基础上的。

①回归分析法。这种方法是在 7 波段和所要校正的波段（例如 4 波段）的影像中找出都是最黑的区域（通常为高山阴影区），在两个波段的该区域各抽取几个像元进行回归分析，于是可得一条拟合直线 $L$，具体如图 4-18 所示。

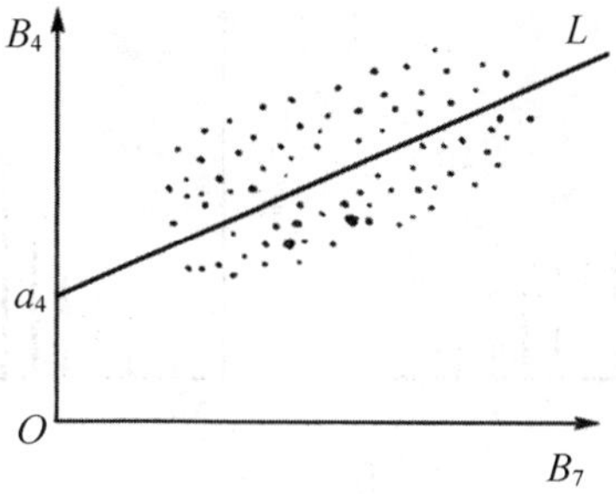


**图 4-18　回归分析进行大气散射校正**

直线 $L$ 的方程为

$$B_4 = a_4 + b_4 B_7 \tag{4-25}$$

式中，$B_4$、$B_7$分别为 4 波段、7 波段抽取像元的亮度值；$a_4$、$b_4$分别为直线 $L$ 的截距和斜率，它们由式（4-21）、式（4-22）给出：

$$\begin{aligned} b_4 &= \frac{\sum(B_7 - \bar{B}_7)(B_4 - \bar{B}_4)}{\sum(B_7 - \bar{B}_7)} \\ &= \frac{\sum B_7 \cdot B_4 - \frac{1}{n}(\sum B_7)B_4}{\sum B_7^2 - \frac{1}{n}(B_7)^2} \end{aligned} \tag{4-26}$$

式中，

$$\begin{cases} a_4 = B_4 - b_4 B_7 \\ \bar{B}_4 = \dfrac{1}{n}\sum\limits_{i=1}^{n} B_{4i} \\ \bar{B}_7 = \dfrac{1}{n}\sum\limits_{i=1}^{n} B_{7i} \end{cases} \tag{4-27}$$

式中，$\bar{B}_4$、$\bar{B}_7$ 分别为 4 波段、7 波段 $n$ 个像元的亮度均值。此时截距 $a_4$ 即为散射作用引起 4 波段所增加的亮度值。将 4 波段所有像元的亮度值减去该偏移量即实现了对大气散射的校正。

同样可求得 $a_5$、$a_6$，实现对波段 5、6 的校正。

需要注意的是，抽样区域一定要是如同高山阴影区那样在所有波段全黑的区域。因为地物的波谱响应在各波段是不同的，在一个波段黑并不意味着在另一个波段也黑，这样回归分析所得的拟合曲线就加进了地物波谱特性因素而不全是散射的影响，所以是无意义的。图像中并非总有全黑的区域使这种方法受到限制。

②直方图法。下面仍以对 4 波段的校正来介绍这种方法。

用计算机打印出 4 波段和 7 波段间隔为 1 的直方图，如图 4-19 所示。对于存在陡坡阴影的卫星图像打印出直方图后，我们发现 7 波段直方图 0 亮度值处有像元频数，4 波段直方图 0 亮度值处没有像元频数，而在 $a_4$ 亮度值处有亮度频数，则认为 $a_4$ 就是大气散射影响，于是各像元亮度值中减去 $a_4$ 即实现了校正。当卫星影像没有陡峭的地形所造成的阴影时，这种方法就不能用了，否则因为水体在 7 波段亮度值也常是 0、1 等低亮度值而造成不准。对 4、5、6 波段大气散射的校正，典型的值是 $a_4=11$，$a_5=7$，$a_6=3$。

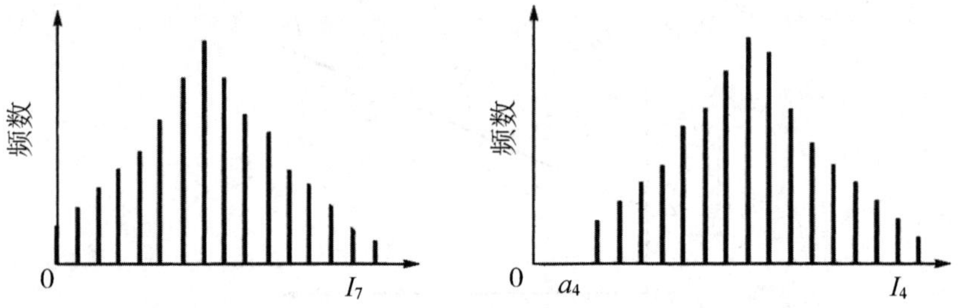


（a）7 波段直方图　　（b）4 波段直方图

**图 4-19　利用直方图进行大气散射校正**

## 二、遥感图像的几何校正

将卫星图像与地形图或其他图件进行匹配，这对图像的识别分类及解译是非常重要的。因此，几何校正是陆地卫星图像数据处理的关键问题之一。

图像的几何校正是指从具有几何畸变的图像中消除畸变的过程，也可以说是定量地确定图像上的像元坐标（图像坐标）与目标物的地理坐标（地图坐标）的对应关系（坐标变换式）。

遥感图像几何畸变的原因通常有以下几种。

（1）传感器性能误差，如摄像机的焦距变动、像主点偏移、镜头光学畸变、多光谱扫描仪扫描速度的非线性、扫描线首尾点成像的时间差引起的扫描线偏斜、采样和记录速度不均匀等。

（2）成像时的透视误差。遥感成像系统投影方式主要有中心投影（摄像机）、斜距投影（侧视雷达）、全景投影（多光谱扫描仪）和多中心投影（胶带摄影机）等。除框幅式中心投影外，由像主点或中心点向外，光轴倾斜度增大，视野变宽，比例尺缩小。不同投影方式产生不同类型的畸变。

（3）飞行器姿态变化引起图像平移、旋转、扭曲和缩放。

（4）地球自转对扫描图像的影响。

（5）地形和地物高度变化，引起像点位移和比例尺改变，如图 4-20 所示。

（6）地球曲率的影响。

(7) 大气折射，改变了光的传播方向、路径和雷达波的传播时间，如图 4-21 所示。

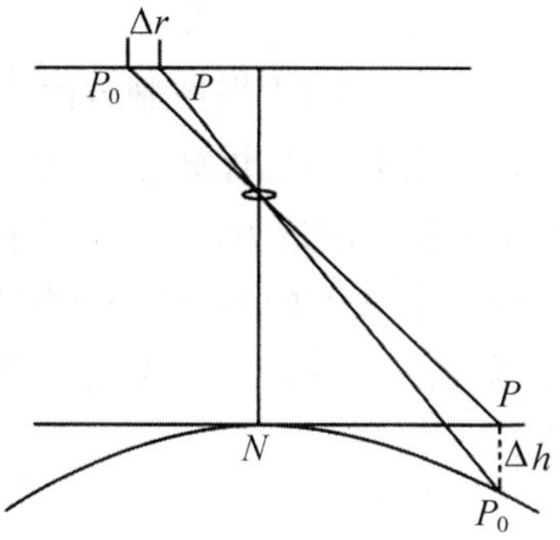


图 4-20 **像点位移**

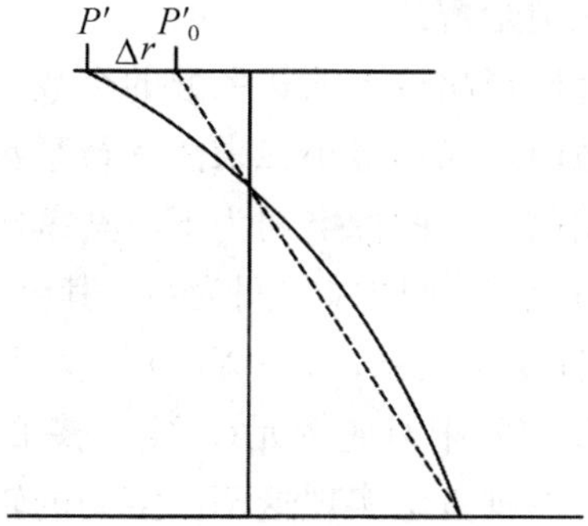


图 4-21 **大气折射**

（一）几何校正的过程

几何校正可以分为两种：针对引起几何畸变的原因进行的校正称为几何粗校正，即把传感器的标准数据、位置、姿态等量测值代入理论公式进行校正，常由卫星数据接收部门提供；利用地面控制点进行的几何校正称为几何精校正，这里所指的几何校正是几何精校正。图像的几何精校正大致包括如下步骤。

1. 空间位置的变换

确定校正方法：根据图像中所含的几何畸变的性质和可应用于校正的数据来确定校正方法。

确定校正式：确定校正式（图像坐标和地图坐标的变换式等）的结构，根据控制点数据等求出校正式的参数。

验证校正方法、校正式的有效性：检查几何畸变能否充分得到校正，探讨校正式的有效性。当判断为无效时，则选择新的校正式（校正方法）进行探讨，或对校正中所用的数据进行修改。

2. 灰度值重采样

为了使校正后的输出图像的配置与输入图像相对应，利用校正式对输入图像的图像数据重新排列。由于所计算的对应位置的坐标不是整数值，所以必须通过对周围的像元值进行内插来求出新的像元值。

控制点：在进行遥感影像几何精校正的过程中，影像上具有明显特征且在要求的精度范围内认为没有几何误差，可以用来作为几何精校正参考点的地物点。

（二）几何校正的原理与方法

几何精校正是利用地面控制点（GCP）进行的。它通过 GCP 数据对原始卫星图像的几何畸变过程进行数学模拟，建立原始的畸变图像空间与地理制图用的标准空间（亦即校正空间）之间的某种对应关系，然后利用这种对应关系把畸变图像空间中的全部元素变换到校正图像空间中去，从而实现几何校正。校正空间在我国为高斯-克里格投影空间。

控制点选择的原则：

(1) 表征空间位置的可靠性，如道路交叉点、标志物、水域的边界、山顶、小岛中心、机场等。

(2) 同名控制点要在图像上均匀分布。

（3）特征变化大的地区应多选些。

（4）应能清楚辨认。

（5）数量应当超过多项式系数的个数 $[(n+1)\times(n+2)/2]$。当控制点的个数超过多项式的系数个数时，采用最小二乘法进行系数的确定，使得到的系数最佳。

假设原始的二维图像空间为 $F$，其纵坐标轴为 $x$（卫星前进方向），横坐标轴为 $y$（扫描方向）；校正后二维图像空间为 $G$，其纵坐标轴为 $\varepsilon$（南北方向），横坐标轴为 $\eta$（东西方向）；$L$ 是某种变换关系；$f$（$X$，$Y$）为 $F$ 空间中像元 $F$（$X$，$Y$）的亮度值，$g$（$\varepsilon$，$\eta$）是该像元在 $G$ 空间中对应像元 $G$（$\varepsilon$，$\eta$）的亮度值。

通常可有两种方法实现这两个空间的转换。

1. 直接转换

首先求出原始图像空间 $F$ 中各像元 $F(X, Y)$ 在 $G$ 空间中的对应位置 $G(\varepsilon, \eta)$，然后将相应的亮度值搬移过去，即

$$G(\varepsilon, \eta)=L\{F(X, Y)\} \tag{4-28}$$

$$f(X, Y)\Rightarrow g(\varepsilon, \eta) \tag{4-29}$$

2. 间接转换

首先反求出校正图像空间中各像元 $G(\varepsilon, \eta)$ 在原始图像空间中的共轭点位置 $F(X, Y)$，如图 4-22 所示，然后利用某种方法确定这一共轭点位置的亮度值 $f(X, Y)$，最后将该亮度值搬移到校正空间中去。即

$$F(X, Y)=L^{-1}G(\varepsilon, \eta) \tag{4-30}$$

求 $f(X, Y)$：

$$f(X, Y)\Rightarrow g(\varepsilon, \eta) \tag{4-31}$$

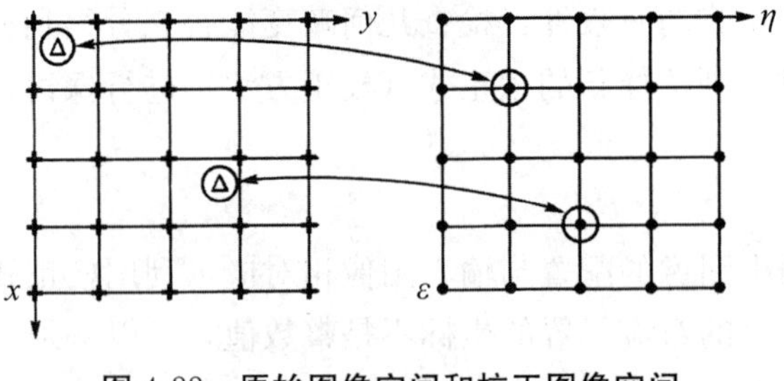


图 4-22 原始图像空间和校正图像空间

校正后的数字图像是一个均匀（指像元分布均匀）的二维图像空间矩阵。

由于原始图像空间与校正图像空间之间的对应是非线性的，这就使得两个图像空间的网格像元几乎不可能在各自的空间都均匀分布。在原始图像空间中，一组均匀分布的网点在校正图像空间中对应着一组不均匀分布的网点，因此在使用直接法时要特别注意这一点，间接法由于是从校正空间中的一组均匀分布网点出发进行的，这一问题自然就获得了解决。

目前，国内外常用间接转换法。

（三）几何位置转换和亮度值确定

间接法主要是进行几何位置的转换和亮度值的确定这两个工作，下面具体介绍。

1. 几何位置的转换

数学模型的建立：确定校正图像空间中各像元和原始图像空间中共轭点的函数关系称为几何校正中数学模型的建立。方法不同，建立的数学模型不同，常用的有如下两种方法。

（1）三角形线性法

图像的几何失真一般是非线性的，但是在一个小区域内可以认为是线性失真。基于这一假设，我们可以利用GCP构成一系列的小三角形区域，并使它们全体覆盖整个待校正区域；利用原始空间和校正空间每一对三角形区域的三个GCP（处于三角形的三个顶点），一一求出每对三角形范围内的转换关系，然后进行转换。此时数学模型为

$$X=L_1(\varepsilon,\ \eta)=a\varepsilon+b\eta+c \tag{4-32}$$

$$Y=L_2(\varepsilon,\ \eta)=d\varepsilon+e\eta+f \tag{4-33}$$

式中，$X$，$Y$ 表示原始图像空间像元坐标；$\varepsilon$，$\eta$ 表示校正图像空间网格坐标；$a$，$b$，$c$，$d$，$e$，$f$ 是六个待定系数，求得这六个系数，就建立了具体的转换关系。

如图 4-23 所示，要校正△$ABC$ 区域，我们可以利用 $A$、$B$、$C$ 这三个 $GCP$ 建立如下两个方程组：

$$\begin{cases}X_1=a\varepsilon_1+b_1\eta_1+c\\X_2=a\varepsilon_2+b_2\eta_2+c\\X_3=a\varepsilon_3+b_3\eta_3+c\end{cases} \tag{4-34}$$

$$\begin{cases}Y_1=d\varepsilon_1+e\eta_1+f\\Y_2=d\varepsilon_2+e\eta_2+f\\Y_3=d\varepsilon_3+e\eta_3+f\end{cases} \tag{4-35}$$

解方程组，即可求得六个系数 $a$，$b$，$c$，$d$，$e$，$f$。

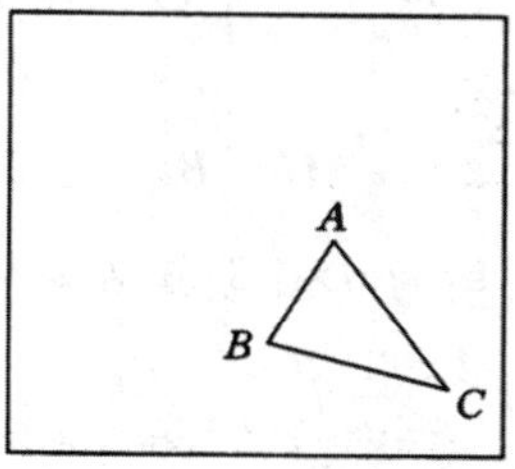


**图 4-23　三角形线性校正**

应该注意的是，所建立的关系仅适用于点 $A$，$B$，$C$ 所构成的三角形区域内，不同的三角形区域关系是不同的。

这样我们利用了小范围内线性失真的假设解决了大范围的非线性失真问题。

（2）二元多项式法。该方法以二元 $n$ 次多项式来描述几何失真的情况，数学模型为

$$\begin{cases}X=L_1(\varepsilon,\ \eta)=\sum\limits_{i=0}^{n}\sum\limits_{j=0}^{n-i}a_{ij}\varepsilon^i\eta^j\\Y=L_2(\varepsilon,\ \eta)=\sum\limits_{i=0}^{n}\sum\limits_{j=0}^{n-i}b_{ij}\varepsilon^i\eta^j\end{cases} \tag{4-36}$$

式中，$X$，$Y$ 为原始图像空间像元坐标；$\varepsilon$，$\eta$ 为校正图像空间网格坐标；$a_{ij}$，$b_{ij}$ 为待定系

数；$n$ 为二元多项式次数。用最小二乘法通过 GCP 数据进行曲面拟合求系数。

令

$$\varepsilon=\sum_{j=1}^{L}(X_l-\sum_{i=0}^{n}\sum_{j=0}^{n-i}a_{ij}\varepsilon^{i}\eta^{j})^2=\min \tag{4-37}$$

由

$$\frac{\partial \varepsilon}{\partial a_{st}}=\sum_{l=1}^{L}2(\sum_{i=0}^{n}\sum_{j=0}^{n-i}a_{ij}\varepsilon^{i}\eta^{j}-X_l)\varepsilon_l^{i}\eta_l^{l}=0 \tag{4-38}$$

有

$$\sum_{l=1}^{L}(\sum_{i=0}^{n}\sum_{j=0}^{n-i}a_{ij}\varepsilon^{i}\eta^{j})\varepsilon_l^{i}\eta_l^{l}=\sum_{l=0}^{L}X_l\varepsilon_l^{s}\eta_l^{l} \tag{4-39}$$

同理可得

$$\sum_{l=1}^{L}(\sum_{i=0}^{n}\sum_{j=0}^{n-i}b_{ij}\varepsilon_l^{i}\eta_l^{t})=\sum_{l=1}^{L}Y_l\varepsilon_l^{s}\eta_l^{t} \tag{4-40}$$

式中，$s=0$，1，2，…，$n$；$t=0$，1，2，…，$n-s$；$s+t\leqslant n$ 为 GCP 个数。

式（4-39）、式（4-40）是两组各含有 $M$ 个未知数的线性方程组，这样 $MM=(n+1)\cdot(n+2)/2$ 为待求系数的个数，分别解之即可求得 $a_{ij}$，$b_{ij}$，从而具体地确定数学模型（4-39），进行空间转换。我们以二元二次多项式为例来具体说明，对于二元二次多项式，$M=6$，方程组（4-40）为

$$\begin{cases}a_{00}\sum 1+a_{01}\sum\eta_l+a_{02}\sum\eta_l^2+a_{10}\sum\varepsilon_1+a_{11}\sum\varepsilon_l\eta_l+a_{20}\sum\varepsilon_l^2=\sum X_l\\ a_{00}\sum\eta_l+a_{01}\sum\eta_l^2+a_{02}\sum\eta_l^3+a_{10}\sum\varepsilon_1\eta_l+a_{11}\sum\varepsilon_l\eta_l^2+a_{20}\sum\varepsilon_l^2\eta_l=\sum X_l\eta_l\\ a_{00}\sum\eta_l^2+a_{01}\sum\eta_l^3+a_{02}\sum\eta_l^4+a_{10}\sum\varepsilon_1\eta_l^2+a_{11}\sum\varepsilon_l\eta_l^3+a_{20}\sum\varepsilon_l^2\eta_l^2=\sum X_l\eta_l^2\\ a_{00}\sum\varepsilon_1+a_{01}\sum\varepsilon_l\eta_l+a_{02}\sum\varepsilon_l\eta_l^2+a_{10}\sum\varepsilon_l^2+a_{11}\sum\varepsilon_l^2\eta_l+a_{20}\sum\varepsilon_l^3=\sum X_l\varepsilon_1\\ a_{00}\sum\varepsilon_l\eta_l+a_{01}\sum\varepsilon_l\eta_l^2+a_{02}\sum\varepsilon_l\eta_l^3+a_{10}\sum\varepsilon_l^2\eta_l+a_{11}\sum\varepsilon_l^2\eta_l^2+a_{20}\sum\varepsilon_l^4=\sum X_l\varepsilon_1\eta_l\\ a_{00}\sum\varepsilon_l^2+a_{01}\sum\varepsilon_l^2\eta_l+a_{02}\sum\varepsilon_l^2\eta_l^2+a_{10}\sum\varepsilon_l^3+a_{11}\sum\varepsilon_l^3\eta_l+a_{20}\sum\varepsilon_l^4=\sum X_l\varepsilon_l^2\end{cases} \tag{4-41}$$

这里所有的$\sum$都是$\sum_{l=1}^{L}$的简写，$L$ 为 GCP 个数，在 $X$ 方向上，式（4-41）可以写成矩阵形式，记为

$$\boldsymbol{AU}_1=\boldsymbol{B}_1 \tag{4-42}$$

这里的 $\boldsymbol{A}$ 为$\sum_{l=1}^{L}$阶矩阵，$\boldsymbol{U}_1$，$\boldsymbol{B}_1$ 均为 6×1 阶矩阵：

$$\boldsymbol{A}=\begin{bmatrix}\sum 1 & \sum\eta & \sum\eta^2 & \sum\varepsilon & \sum\varepsilon\eta & \sum\varepsilon^2\\ \sum\eta & \sum\eta^2 & \sum\eta^3 & \sum\varepsilon\eta & \sum\varepsilon\eta^2 & \sum\varepsilon^2\eta\\ \sum\eta^2 & \sum\eta^3 & \sum\eta^4 & \sum\varepsilon\eta^2 & \sum\varepsilon\eta^3 & \sum\varepsilon^2\eta^2\\ \sum\varepsilon & \sum\varepsilon\eta & \sum\varepsilon\eta^2 & \sum\varepsilon^2 & \sum\varepsilon^2\eta & \sum\varepsilon^3\\ \sum\varepsilon\eta & \sum\varepsilon\eta^2 & \sum\varepsilon\eta^3 & \sum\varepsilon^2\eta & \sum\varepsilon^2\eta^2 & \sum\varepsilon^3\eta\\ \sum\varepsilon^2 & \sum\varepsilon^2\eta & \sum\varepsilon^2\eta^2 & \sum\varepsilon^3 & \sum\varepsilon^3\eta & \sum\varepsilon^4\end{bmatrix} \tag{4-43}$$

$$\boldsymbol{U}_1=\begin{bmatrix}a_{00}\\ a_{01}\\ a_{02}\\ a_{10}\\ a_{11}\\ a_{20}\end{bmatrix} \tag{4-44}$$

$$U_1 = \begin{bmatrix} \sum X \\ \sum X\eta \\ \sum X\eta^2 \\ \sum X\varepsilon \\ \sum X\varepsilon\eta \\ \sum X\varepsilon^2 \end{bmatrix} \tag{4-45}$$

这里所有$\sum$同样都是$\sum\limits_{l=1}^{L}$的简写。同时为了书写方便，将 $X$，$Y$，$\varepsilon$，$\eta$ 的下标也都省略。类似地，在 $Y$ 方向上，方程组（4-41）可以矩阵的形式，记为

$$\boldsymbol{A}\boldsymbol{U}_2=\boldsymbol{B}_2 \tag{4-46}$$

这里的 $\boldsymbol{A}$ 同式（4-43），$\boldsymbol{U}_2$，$\boldsymbol{B}_2$ 也均为 $6\times1$ 阶矩阵：

$$U_1 = \begin{bmatrix} b_{00} \\ b_{01} \\ b_{02} \\ b_{10} \\ b_{11} \\ b_{20} \end{bmatrix} \tag{4-47}$$

$$U_1 = \begin{bmatrix} \sum Y \\ \sum Y\eta \\ \sum Y\eta^2 \\ \sum Y\varepsilon \\ \sum Y\varepsilon\eta \\ \sum Y\varepsilon^2 \end{bmatrix} \tag{4-48}$$

解方程组（4-42）和方程组（4-46），即可求得二元二次多项式的系数 $a_{00}$，$a_{01}$，$a_{02}$，$a_{10}$，$a_{11}$，$a_{20}$和 $b_{00}$，$b_{01}$，$b_{02}$，$b_{10}$，$b_{11}$，$b_{20}$。

2. 确定亮度值

校正空间网格上的亮度值等于原始图像空间共轭点的亮度值，即

$$g(\varepsilon,\ \eta)=f(X,\ Y) \tag{4-49}$$

通常有三种方法确定共轭点的亮度值 $f(X,Y)$。

（1）最近邻点法。该方法取离共轭点最近的像元的亮度值作为该网格的亮度值。如图4-24 所示，共轭点为 $A$，则取像元 1 的亮度值作为校正空间网格点的亮度值。这种方法带来的平均误差为采样间隔和扫描线间隔的一半，计算量小，有一定精度，是一种简单而有效的方法；缺点是处理后的图像亮度具有明显的不连续性，其计算式为

$$f(X,\ Y)=\{f[\mathrm{IFIX}(X+0.5),\ \mathrm{IFIX}(Y+0.5)]\} \tag{4-50}$$

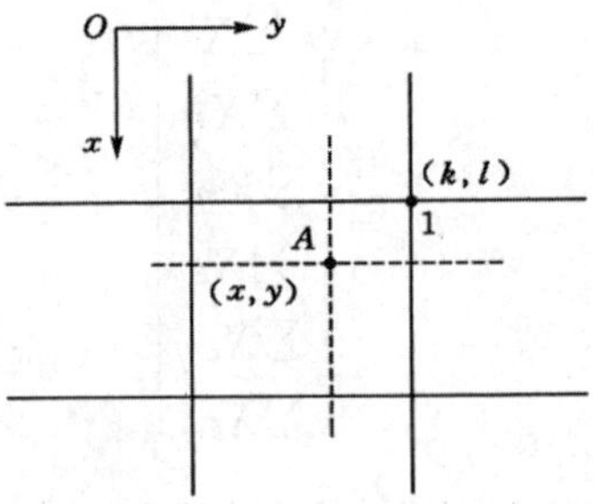


图 4-24　最近邻点法

（2）双向线性插值法。该方法利用对共轭点的四个邻近像元进行双向线性插值求出该点的亮度值，即在一方向进行一次线性插值，在另一方向也进行一次线性插值。计算量较最近邻点法大，但避免了最近邻点法灰度不连续性的缺点。其计算式为

$$\begin{aligned} f(X,Y)=&(1-U)(1-V)f(I,J)+(1-U)(1-V)f(I,J+1)\\ &+U(1-V)f(I+1,J)+UVf(I+1,J+1) \end{aligned} \tag{4-51}$$

式中，各符号的意义如图 4-25 所示，$U=X-1$，$V=Y-1$，$1-U=(I+1)-X$，$1-V=(J+1)-Y$。

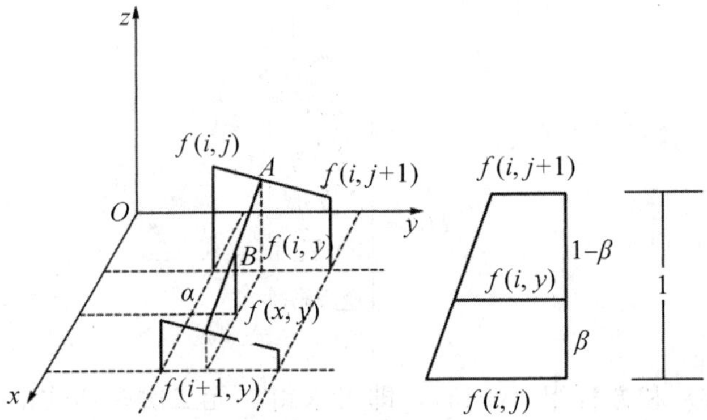


图 4-25　双向线性插值法

双向线性插值法具有低通滤波性质，这一特性使得高频成分受损失，出现图像轮廓模糊的现象。

（3）三次卷积法。该方法是利用一个三次多项式：

$$S(\omega)=\begin{cases} 1-2|\omega|^2+|\omega|^3 & |\omega|<1 \\ 4-8|\omega|+5|\omega|^2-|\omega|^3 & 1\leqslant|\omega|<2 \\ 0 & 2\leqslant|\omega| \end{cases} \tag{4-52}$$

来近似理论上的最佳插值函数 sin（$\omega$）函数［sin（$\omega$）$=\sin c(\omega)/\omega$］的，其曲线如图 4-26 所示。它的计算是采用共轭点周围的 16 个邻点来进行的，如图 4-27 所示。

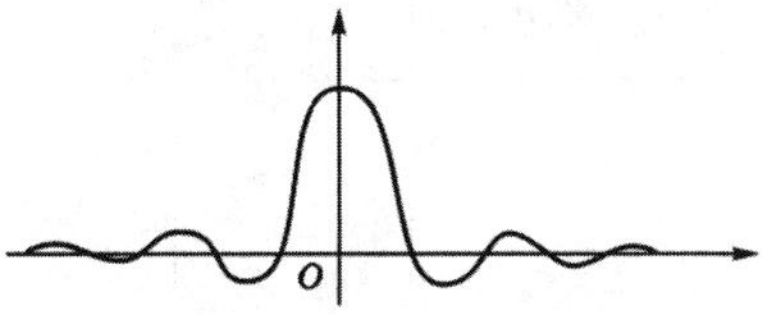


图 4-26 $S(\omega)$ 函数曲线

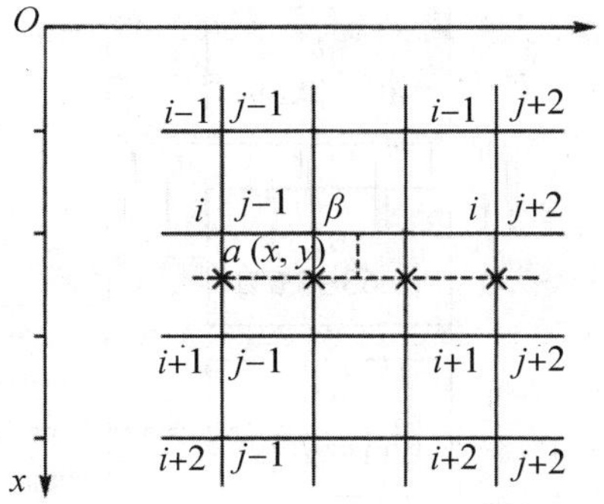


图 4-27 三次卷积法利用 16 个邻点求亮度值

这种方法虽然计算量大，但克服了最近邻点法图像亮度不连续、双向线性插值法滤除高频成分的缺点。其计算公式为

$$f[X, Y]=\begin{bmatrix}s(Y_1)\\s(Y_2)\\s(Y_3)\\s(Y_4)\end{bmatrix}\begin{bmatrix}f(I-1, J-1) & f(I-1, J) & f(I-1, J+1) & f(I-1, J+2)\\f(I, J-1) & f(I, J) & f(I, J+1) & f(I, J+2)\\f(I+1, J-1) & f(I+1, J) & f(I+1, J+1) & f(I+1, J+2)\\f(I+2, J-1) & f(I+2, J) & f(I+2, J+1) & f(I+2, J+2)\end{bmatrix}\begin{bmatrix}s(X_1)\\s(X_2)\\s(X_3)\\s(X_4)\end{bmatrix} \tag{4-53}$$

式中，$X_1=1+U$，$X_2=U$，$X_3=1-U$，$X_4=2-U$，$Y_1=1+V$，$Y_2=V$，$Y_3=1-V$，$Y_4=2-V$；$s(Y_i)$，$s(X_i)$（$i=1, 2, 3, 4$），应用式（4-52）进行求解。

# 第五节 遥感图像增强处理

## 一、彩色增强处理

人眼对灰度级别的观察是很有限的，至多 20 级，但对彩色差异的分辨能力却要高得多。因而，我们可以使用不同的彩色和色调的变化来代替图像黑白灰度级别的变化，以达到突出图像信息空间分布的目的。假彩色合成、假彩色密度分割技术的使用，都使图像经过彩色处理之后提高了图像信息识别效果。

### （一）假彩色合成

由于地物波谱辐射在不同的波段上的反映是不同的，如果能把这种地物在不同波段上的信息差异综合反映出来，图像上的地物信息差别就显著扩大了，从而提高了识别效果。根据彩色合成原理，可以选取同一目标的 3 个多光谱数据合成一幅彩色图像。当合成图像的红、绿、蓝三色与 3 个多光谱段相吻合，也就是说红代表了红波段，绿代表了绿波段，蓝代表了蓝波段，这幅图像就再现了地物的彩色原型，是真彩色合成；否则为假彩色合成，如图 4-28 所示。由于大气瑞利散射对可见光蓝光波段的影响强烈，太空中的传感器几乎无法接收来自地物反射的蓝光信息。因此，航天遥感图像几乎无法重现真彩色模型，绝大多数是假彩色合成图像。一般将近红外波段赋予红色，红波段赋予绿色，绿波段赋予蓝色组成的假彩色合成图像称为标准假彩色合成。多光谱假彩色合成时要注意选取彼此相关性小的波段，这样合成的图像信息更丰富。同时，不同的波段组合往往对不同目标物有良好的显示，因此要根据工作目的选择合成波段组合。

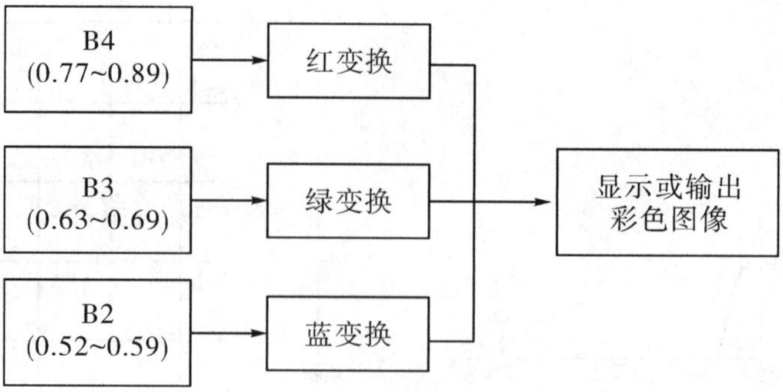


图 4-28　假彩色合成示意图

（二）假彩色密度分割

在目视分析灰度图像时，尽管可能存在 256 级灰阶差异，但由于人眼对于灰度的变化分辨能力有限，难以充分利用这些信息。如果借助于彩色来代替灰度图像的灰阶，无疑对图像的解析能力有极大的提高，这是假彩色密度分割技术的基本出发点。它的原理如图 4-29所示，假定把一幅图像看成是一个二维的灰度函数，可以假想有一个平面，不妨叫作密度分割平面，使其平行于图像的坐标平面，这样密度分割平面和二维灰度函数相交，就对灰度函数进行了横割分层。密度分割平面在 $g(x, y)=L_i$ 处把灰度函数分为上下两部分，也就分成了两个灰度级，如果用多个密度分割平面平行分割，那么在灰度函数 $g(x, y)$的灰度轴上就可以得到多个不同的级别 $L_i$，对于这些不同的 $L_i$ 级别规定以不同的彩色，那么原来灰度图像就变换为彩色图像了。进行密度分割时，灰度与彩色的变换关系可以根据专业知识和经验以及考虑地物波谱的特性等来决定。灰度与彩色可以是等间隔的线性变换关系，也可以是不等间隔的。这种假彩色密度分割有时为区别于假彩色合成，也可以称为“伪彩色规定”。可以通过一个彩色编码表形象说明，见表 4-7 所列，对应每个灰阶可通过规定 R、G、B 三色数值来确定色调，也可以规定若干个灰阶为一种颜色。这种灰阶与颜色的对应关系可以根据专业规定，也可以依据制图需要。这样的彩色模型又称为“索引彩色”，根据灰阶的分级又有索引 256 色、索引 64 色……

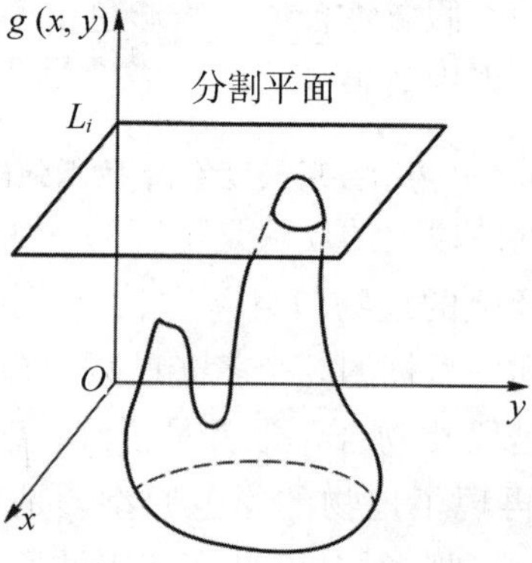


图 4-29　假彩色密度分割示意图

**表 4-7 彩色编码表**

| 灰度 | R | G | B |
|---|---|---|---|
| 0 | 111 | 140 | 200 |
| 1 | 120 | 0 | 255 |
| 2 | 133 | 203 | 150 |
| … | … | … | … |
| 150 | 211 | 155 | 80 |
| 151 | 211 | 155 | 70 |
| 152 | 211 | 158 | 75 |
| … | … | … | … |

## 二、空间域增强处理

空间域是指图像平面所在的二维空间，空间域增强是指在图像平面上应用某种数学模型，通过改变图像像元灰度值达到增强效果，这种增强并不改变像元的位置。

### （一）反差增强

反差增强又称“对比度增强”，是计算机图像处理中最基本、最常用的增强技术。反差增强主要通过改变图像灰度分布态势，扩展灰度分布区间，达到增加反差的目的。由于反差增强处理是按像元逐次进行的，故有时又称“点增强”。

1. 线性增强

若增强前后灰度函数关系符合以下线性关系式，则称为线性增强，也称“线性拉伸”。

$$g'_{ij}=kg_{ij}+b \tag{4-53}$$

式中，$g'_{ij}$为增强后灰度值；$g_{ij}$为增强前灰度值；$b$为常数；$k$为斜率，$k=(g'_{max}-g'_{min})/(g_{max}-g_{min})$。其中，$g'_{max}$，$g'_{min}$分别为增强后灰度最大值与最小值；$g_{max}$，$g_{min}$为增强前灰度最大值与最小值。

这一变换过程和结果可通过图 4-30 形象地表示出来，设增强前灰度最大值为 62，最小值为 10，通过直方图可以断定此图像反差小、层次少且比较暗。现令其灰度分布于整个灰级区间，即增强后最大值为 255，最小值为 0，则

$$\begin{cases} k=(g'_{max}-g'_{min})/(g_{max}-g_{min})=255/52=4.9 \\ b=g'_{ij}-kg_{ij}=0-49=-49 \end{cases}$$

变换函数为 $g'_{ij}=4.9g_{ij}-49$，依此对每个像元逐个计算其输出值，就会得到一幅新图像。

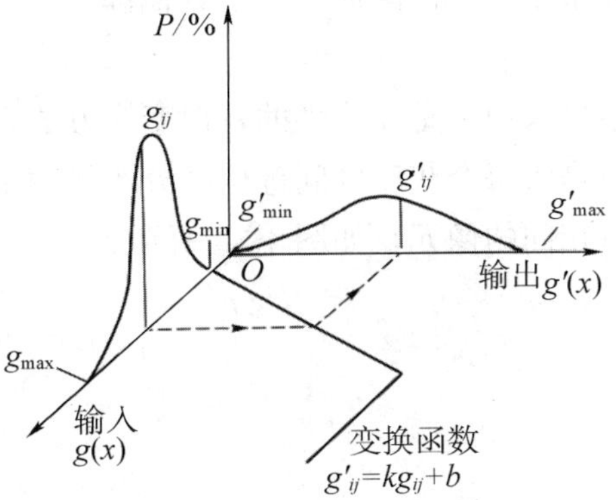


图 4-30 线性变换过程和结果

图 4-31 表示了三种不同情况下拉伸的灰度区间。分段线性增强相当于通过改变斜率实现增强目的。图中 $g'$ 表示增强后灰度值；$g$ 表示增强前灰度值。

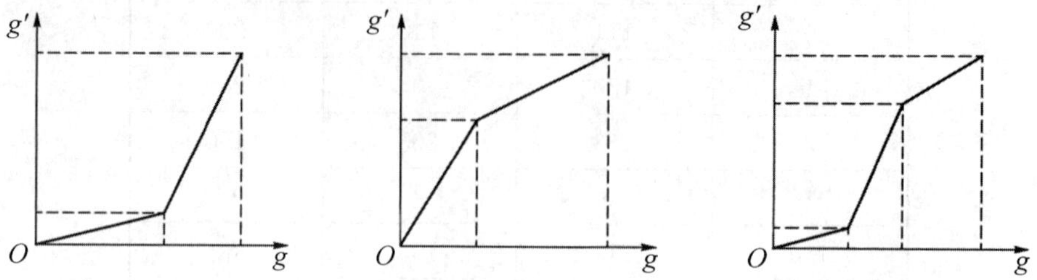


（a）高值区拉伸　　（b）低值区拉伸　　（c）中间值区拉伸

**图 4-31　分段线性拉伸**

2. 非线性增强

非线性增强（如对数增强和指数增强）指变换函数为线性方程以外的初等函数。

对数增强是采用对数为变换函数计算输出，从图 4-32 中可直观看出，对数变换的结果使中间灰度得到较大增强，其数学表达式为

$$g'_{ij}=a+b\ln(c\cdot g_{ij}+d) \tag{4-55}$$

式中，$g_{ij}$，$g'_{ij}$ 分别为增强前后灰度值；$a$，$b$，$c$，$d$ 为根据需要确定的参数。

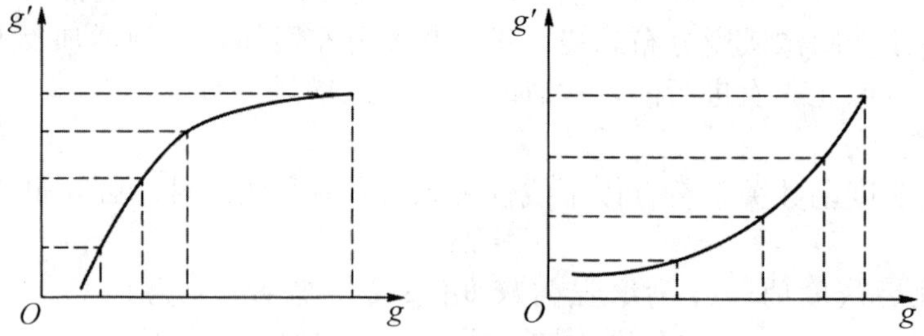


（a）对数增强　　（b）指数增强

**图 4-32　非线性增强示意图**

指数增强也是一种非线性关系，一般来说，增强后中间部分亮度降低更为明显，其数学表达式为

$$g'_{ij}=a+b\cdot e^{(c\cdot g_{ij}+d)} \tag{4-56}$$

式中，$g_{ij}$，$g'_{ij}$，$a$，$b$，$c$，$d$ 的意义与式（4-55）相同。

许多图像处理软件提供了将线性增强和非线性增强结合起来的简便方法，用户可通过调整直方图，根据需要增强某个灰度区间而不影响其他部分。

3. 直方图均衡化

直方图均衡化从增强结果来说也是非线性的，但变换方法又有别于借助简单的初等函数。简言之，它的基本做法是将每个灰度区间等概率分布代替了原来的随机分布，即增强后的每个灰度级内均有数目相同的像元，如图 4-33 所示。

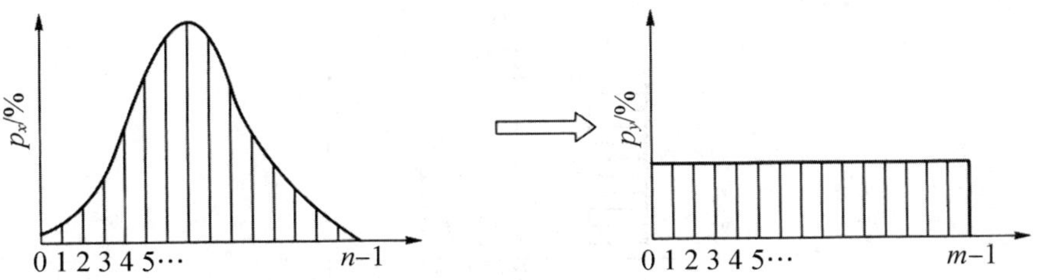


（a）均衡化前直方图 （b）均衡化后直方图

**图 4-33 直方图均衡化示意图**

图 4-33（a）为均衡化前直方图，每个均等的灰度区间概率 $P_x=P_0$，$P_1$，$P_2$，…，$P_{n-1}$；

图 4-33（b）为均衡化后直方图，每个均等的灰度区间概率 $P_y=P'_0$，$P'_1$，$P'_2$，…，$P_{m-1}$。

由于均衡化后 $P_0=P_1=P_2=P_{m-1}=1/m$，且均衡化前后像元总数未变，即

$$\sum_{i=0}^{n-1}p_i=\sum_{j=0}^{m-1}p_j=1 \tag{4-57}$$

直观地看，图 4-33（a）中曲线下面积等于图 4-33（b）矩形面积。为实现均衡化目的，可以从均衡化前直方图最低处开始，累计每个小灰度区间（小格子）的 $P_x$ 即 $P_0+P_1+P_2+\cdots=1/m$，待其达到 $1/m$ 时，将这些小格子的所有像元归为图 4-33（b）第一个格子并取其灰度值；再如此计算应归入图 4-33（b）中第 2 个格子的像元，以此类推。最后将图 4-33（a）均衡化成图 4-33（b）。也可以通过均分图 4-33（a）的累计曲线来确定在原直方图下曲线面积等于 $1/m$ 的区间端点。可以看出，均衡化处理后的图像上灰度较为均匀，频率最高的像元灰度被拉开，像元数目较少的灰度区间被压缩。

也可以通过累计直方图来说明均衡化原理，如图 4-34 所示，这对解释后面直方图匹配很有用处。图 4-34 中（a）与（b）意义相当于图 4-33 中均衡化前后两图，只不过图 4-34（b）向左旋转了 90°，两图可以通过均衡化前图像的累计曲线图联系起来。从累计曲线的意义可以看出，对于任意的一个 $x_i$ 取值都可以通过累计曲线找到一个均衡化后对应的 $y_i$ 值，使得在图 4-34（a）曲线下的面积等于图 4-34（b）中边长为原点到 $y_i$ 的矩形面积。因此，累计曲线代表的函数 $F(x)$ 正是我们要找的变换函数。换句话说，原图像概率密度函数 $P_x(x)$ 的分布函数 $F(x)$ 就是均衡化的变换函数。从图中可知，均衡化后最大和最小灰度值分别为 $g_{\max}$ 和 $g_{\min}$，（$g_{\max}-g_{\min}$）即为变换后直方图长度，又由于曲线下面积为 1，均衡化后的等概率密度 $P_y(y)$ 相当于矩形高度，

$$P_y(y)=1/(g_{\max}-g_{\min}) \tag{4-58}$$

又由于均衡化前后像元总数不变（曲线下面积等于整个矩形面积），即

$$\int_0^y P_y(y)\mathrm{d}y=\int_{x_1}^{x_2}P_x\mathrm{d}x \tag{4-59}$$

将式（4-58）代入式（4-59），对左端积分，右端采取离散化形式，得

$$\frac{y-g_{\min}}{g_{\max}-g_{\min}}=\sum_{k=0}^{x}p_x(k) \tag{4-60}$$

整理后得

$$y=g_{\min}+(g_{\max}-g_{\min})\sum_{k=0}^{x}p_x(k) \tag{4-61}$$

此式即直方图均衡化计算公式。

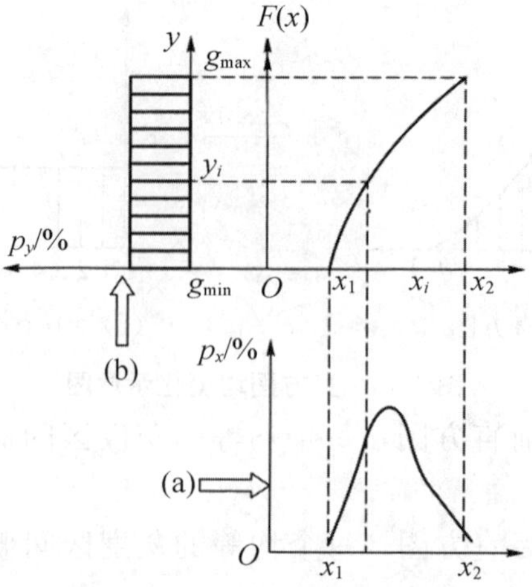


（a）均衡化前直方图；（b）均衡化后直方图。

**图 4-34　直方图均衡化示意图**

4．直方图匹配

直方图匹配又可称“直方图规定化”，是把原图像的直方图变换为某种指定形态的直方图或某一参考图像的直方图，然后按照已知的指定形态的直方图调整原图像各像元的灰级，最后得到一个直方图匹配的图像。经常使用的直方图匹配模板有正态拉伸匹配、暗区拉伸匹配、亮区拉伸匹配等。正态分布直方图的拉伸匹配变换后的结果可使原图像直方图两侧灰级拉伸展开，而将直方图中部峰值附近区域压缩；暗区拉伸匹配使原图像变换后低灰级值的像元灰级展开；亮区拉伸匹配可将高灰级值的像元灰级展开。至于如何具体地运用哪一种形态的直方图来匹配原图像，就要根据具体情况决定。例如，要研究海底地形或海水污染，就可以应用暗区拉伸匹配，这种形态的直方图将海域像元灰级拉伸展开，变换后的图像海域色调丰富，有层次感，有利于分析和解译。

直方图匹配方法主要应用在有一幅很好的图像作为标准的情况下，对另一幅不满意的图像用标准图像的直方图进行匹配处理，以改善被处理图像的质量。在相邻两幅数字图像镶嵌时，重叠区影像色调由于时相等原因差异往往很大，利用直方图匹配这一方法处理后可以改善重叠区影像色调过渡。如果镶嵌图像时相相差不大，完全可以作到无缝镶嵌。通过图 4-34 可以介绍直方图匹配的简单原理。直方图匹配首先要将原始图像进行均衡化，设均衡化后的图像为 $y(u, v)$，其直方图设为 $p_y(y)$，相当于图 4-34（b）。右上角标明变换函数的曲线，即指定变换目标图像的累计直方图，只要按左图直方图等间隔引平行线与指定变换目标图像的累积直方图相交，即找到与均衡化图像灰度值 $y$ 对应的匹配后的灰度值 $x$。图 4-34（a）即匹配后的图像 $x(u, v)$ 直方图。

（二）邻域法增强

前面所讲的增强运算都可以看作对图像灰度所做的增强，有人称其为辐射增强。辐射增强是按像元逐点运算的，并不考虑周围像元的影响。而邻域法增强是根据周围的像元点的关系做邻域运算。这种邻域运算的范围又常称为“$M \times N$ 窗口”或“模板”，其原理与方法可通过图 4-35 说明。

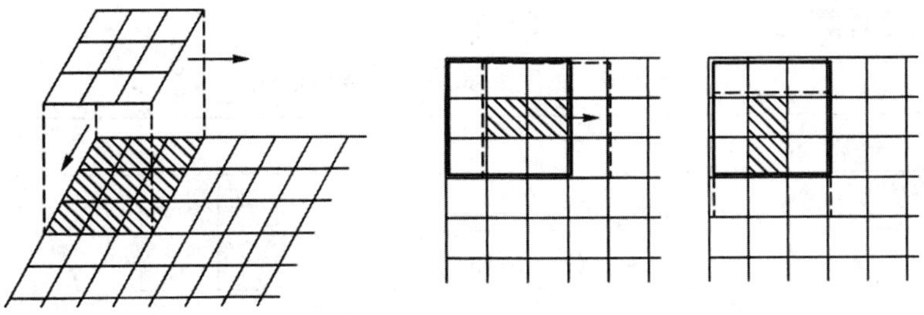

(a)　　　　(b)

**图 4-35　邻域法增强处理示意图**

图 4-35 (a)在图像上开一个 3×3 邻域窗口，图 4-35 (b)表示 3×3 窗口移动方向及计算方法，每次将计算结果赋予中心像元，待移动后重新计算，将计算结果赋予另一个中心像元，以此类推。计算图像最外侧的行与列时可分别在原图像上增加与之相同的一行和一列像元，滤波完成再去掉，以免漏掉边缘行列像元。

1. 平滑

平滑处理又称“平滑滤波”，可以滤掉孤立的“单点噪声”和一些细节，突出图像的基本结构。基本做法是开一个 $M\times N$ 窗口（$M$，$N$ 须为奇数，当 $M$，$N$ 其中一个为 1 时是一维模板），根据一定准则计算窗口内所有像元均值，然后赋予中心像元，如此计算，直至全图完毕，计算公式为

$$g'(L,\ S)=\frac{1}{M\times N}\sum_{i=1}^{M}\sum_{j=1}^{N}g\left(L-\frac{M+1}{2}+i,\ S-\frac{N+1}{2}+j\right) \tag{4-62}$$

式中，$g'(L,\ S)$ 为中心像元平滑后灰度值；$L$，$S$ 为图像行列号，$L=1$，2，3，…，直到最后一行，$S=1$，2，3，…，直到最后一列。

不论是二维平滑滤波还是一维平滑滤波，在计算机上实现时都是用一个滤波窗口模板和对模板赋予一定的权值来实现的。这些模板（图 4-36）通过权值的有无和权值的不同排列起到一定的掩模作用，从而达到不同的平滑滤波的目的。为了满足式（4-62）的平均含义，在具体进行平滑处理时，每一个模板还要除以模板各权值之和，如果设模板各权值之和为 $M$，则整个模板就应乘 $1/M$。对于图 4-36 中的模板 $a$，$b$ 实际就应是

$$1/9\begin{bmatrix}1 & 1 & 1\\1 & 1 & 1\\1 & 1 & 1\end{bmatrix}\qquad 1/8\begin{bmatrix}1 & 1 & 1\\1 & 0 & 1\\1 & 1 & 1\end{bmatrix}$$

| | | |
|---|---|---|
| 1 | 1 | 1 |
| 1 | 1 | 1 |
| 1 | 1 | 1 |

(a) 3×3 平滑滤波（含中心像元）

| | | |
|---|---|---|
| 1 | 1 | 1 |
| 1 | 0 | 1 |
| 1 | 1 | 1 |

(b) 3×3 平滑滤波（不含中心像元）

| | | |
|---|---|---|
| 0 | 1 | 0 |
| 0 | 1 | 0 |
| 0 | 1 | 0 |

(c) 一维列滤波

| | | |
|---|---|---|
| 0 | 0 | 0 |
| 1 | 1 | 1 |
| 0 | 0 | 0 |

(d) 一维行滤波

**图 4-36　各种平滑滤波模板**

通过实例计算可以加深对模板平滑过程的理解。设一数字图像局部灰度值为表 4-8，其中，第 5 行第 3 列像元灰度值为 200，明显亮于周围像元，用图 4-36 (a) 的模板计算

（假设前面像元已计算完毕），按式（4-62）有

表 4-8 数字图像局部灰度值示例

| | | | | | |
|---|---|---|---|---|---|
| 30 | 32 | 28 | 40 | 25 | 31 |
| 10 | 29 | 36 | 37 | 23 | 42 |
| 43 | 50 | 36 | 43 | 220 | 38 |
| 44 | 44 | 41 | 35 | 27 | 39 |
| 40 | 43 | 200 | 50 | 40 | 43 |
| 54 | 26 | 32 | 39 | 50 | 28 |

$$g'(3\times3)=\frac{1}{9}\sum_{i=1}^{3}\sum_{j=1}^{3}g(3+i,\ 1+j)=\frac{1}{9}\times510\approx57$$

显然与平滑前相比，灰度差异明显降低。如果用图4-36（b)的模板计算，相当于忽略该像元影响，计算结果 $g'(3\times3)=39$，可见平滑程度更明显。一维模板相当于只做列或行方向的平滑。

中位数滤波也是一个很好的平滑方法。做法是采用所开窗口内灰度值大小位于所有像元中间的数赋给被滤波像元。其余如滤波方法、窗口等和平滑滤波相似。

一般来说，平滑滤波窗口越大，平滑效果越明显。

2. 边缘增强

边缘增强又称“锐化”，其作用在于提高边缘灰度值的变化率，使界线更加清晰。一般有两种方法实现：一种是梯度法，另一种是拉普拉斯算法。

（1）梯度法与 Roberts（罗伯特）梯度

不同地物的界线（边缘）在图像上是以灰度或色调表现出来的，在数字图像上，边缘附近必然存在较为明显的灰度值变化，这种灰度变化率称为梯度。可以用一阶微分的形式表示梯度矢量。

$$\boldsymbol{G}[f(x,\ y)]=\begin{bmatrix}\dfrac{\partial f}{\partial x}\\[2ex]\dfrac{\partial f}{\partial y}\end{bmatrix}\tag{4-63}$$

用绝对值近似表示为

$$\boldsymbol{G}[f(x,\ y)]\approx|f(x,\ y)-f(x+1,\ y)|+|f(x,\ y)-f(x,\ y+1)|\tag{4-64}$$

令

$$t_1=|f(x,\ y)-f(x+1,\ y)|\tag{4-65}$$

$$t_2=|f(x,\ y)-f(x,\ y+1)|\tag{4-66}$$

则式（4-64）可表示为

$$\boldsymbol{G}[f(x,\ y)]\approx|t_1|+|t_2|\tag{4-67}$$

对式（4-64）做些调整，采用交叉差分方法，即 Roberts 梯度，表达式为

$$\boldsymbol{G}[f(x,\ y)]\approx|f(x,\ y)-f(x+1,\ y+1)|+|f(x+1,\ y)-f(x,\ y+1)|\tag{4-68}$$

令

$$t_1 = |f(x,\ y) - f(x+1,\ y+1)| \tag{4-69}$$

$$t_2 = |f(x+1,\ y) - f(x,\ y+1)| \tag{4-70}$$

则

$$\boldsymbol{G}[f(x,\ y)] \approx |t_1| + |t_2| \tag{4-71}$$

用 2×2 模板表示以上的梯度增强算法，如图 4-37 所示。

梯度法模板

$t_1=$

| | |
|---|---|
| 1 | 0 |
| -1 | 0 |

$t_2=$

| | |
|---|---|
| 1 | -1 |
| 0 | 0 |

Roberts梯度模板

$t_1=$

| | |
|---|---|
| 1 | 0 |
| 0 | -1 |

$t_2=$

| | |
|---|---|
| 0 | -1 |
| 1 | 0 |

**图 4-37　2×2 锐化模板**

(2) Prewitt（普瑞维特）梯度和 Sobel（索贝尔）梯度。这两种梯度算法考虑的是八邻域，可以用 3×3 模板表示，如图 4-38 所示。Sobel 梯度是在 Prewitt 梯度基础上，对邻域元素采用了加权方法进行差分，对边缘检测更加精确。

Prewitt模板

$t_1=$

| | | |
|---|---|---|
| -1 | -1 | -1 |
| 0 | 0 | 0 |
| 1 | 1 | 1 |

$t_2=$

| | | |
|---|---|---|
| -1 | 0 | 1 |
| -1 | 0 | 1 |
| -1 | 0 | 1 |

Sobel模板

$t_1=$

| | | |
|---|---|---|
| -1 | 0 | 1 |
| -2 | 0 | 2 |
| -1 | 0 | 1 |

$t_2=$

| | | |
|---|---|---|
| -1 | -2 | -1 |
| 0 | 0 | 0 |
| 1 | 2 | 1 |

**图 4-38　3×3 锐化模板**

(3) 拉普拉斯算法。拉普拉斯算法相当于二阶差分，是通过拉普拉斯算子实现的。

$$\nabla^2 g(x,\ y) = \frac{\partial^2 g}{\partial x^2} + \frac{\partial^2 g}{\partial y^2} \tag{4-72}$$

拉普拉斯算子是线性导数运算，对被运算的图像，它满足各向同性的要求，这对于图像的边界增强处理是非常有利的。略去复杂推导，对于离散的数字图像，拉普拉斯算子中的二阶偏微商可以用差分形式来具体表示，如图 4-39 所示，图中共有以 $g(i,\ j)$ 为中心的 5 个像元，$\Delta x$ 与 $\Delta y$ 分别表示 $g(i,\ j)$ 与其他 4 个点的灰度增量。$g(i,\ j)$ 点的二阶偏微分等于周围 4 个相邻点灰度值之和减去自身灰度值 4 倍，即

$$\nabla^2 g = g(i,\ j+1) + g(i,\ j-1) + g(i+1,\ j) + g(i-1,\ j) - 4g(i,\ j) \tag{4-73}$$

拉普拉斯算法增强也可以通过模板运算来实现，如图 4-39 所示。

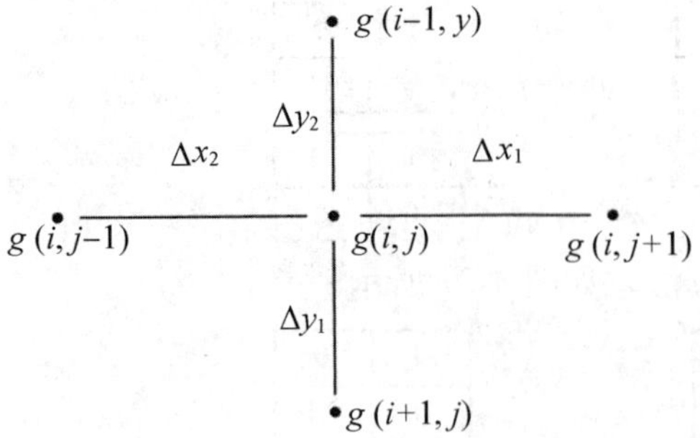


| | | |
|---|---|---|
| 0 | 1 | 0 |
| 1 | –4 | 1 |
| 0 | 1 | 0 |

拉普拉斯模板

**图 4-39　拉普拉斯算法示意图**

（三）图像运算

图像运算通过对图像多波段进行代数运算及逻辑运算达到增强目的。图像运算实际上是多波段单点处理，可以是简单的四则运算，也可以是复杂的代数运算。

1. 四则运算

四则运算表达式如下

$$A(x, y)+B(x, y)=C(x, y) \tag{4-74}$$

$$A(x, y)-B(x, y)=C(x, y) \tag{4-75}$$

$$A(x, y)\times B(x, y)=C(x, y) \tag{4-76}$$

$$A(x, y)\div B(x, y)=C(x, y) \tag{4-77}$$

式中，$A(x, y)$，$B(x, y)$ 为输入图像像元灰度值；$C(x, y)$ 为输出图像像元灰度值。

图像相加可用来把同一地物多重影像加起来求平均，以减少随机噪声，也可以为某种目的而把多幅图像叠加起来。图像相减可以检测影像之间变化，这对环境变化监测特别有用，也可以在辐射校正中减去一个常数，相当于直方图平移。图像相乘常用在卷积运算中。图像相除即求比值图像，可以用来消除地形起伏带来的阴影。

在作物估产中常用多波段数据的四则运算作为各种植被指数，例如，用近红外波段和红光波段的比值作为植被绿度指数，还可用植被绿度指数来监测森林病虫害。

2. 混合运算

加减乘除混合运算及其他初等数学运算在图像处理中运用很多，如求各种植被指数、绿度等。常见的有归一化植被指数和归一化水汽指数等。

归一化植被指数

$$\mathrm{NDVI}=(\rho_{\mathrm{nir}}-\rho_{\mathrm{red}})/(\rho_{\mathrm{nir}}+\rho_{\mathrm{red}}) \tag{4-78}$$

式中，$\rho_{\mathrm{nir}}$代表近红外反射辐射通量；$\rho_{\mathrm{rea}}$代表红光反射辐射通量。

归一化水汽指数

$$\mathrm{NDVI}=(\rho_{\mathrm{nir}}-\rho_{\mathrm{swir}})/(\rho_{\mathrm{nir}}+\rho_{\mathrm{swir}}) \tag{4-79}$$

式中，$\rho_{\mathrm{nir}}$代表近红外反射辐射通量；$\rho_{\mathrm{swir}}$代表短波红外反射辐射通量。

## 三、频率域增强处理

在图像中，像元的灰度值随位置变化的频繁程度可以用频率来表示，被看成一种随位置变化的空间频率。对于边缘、线条、噪声等特征，如河流或湖泊的边界、道路等差异较大的地表覆盖交界处具有较高的空间频率，即在较短的像元距离内灰度值变化的频率大。

而均匀分布的地物大面积的稳定结构，如植被类型一致的平原、大面积的沙漠、海面等具有低的空间频率，即在较长的像元距离内灰度值逐渐变化。据此，图像空间域变化可以通过频率域适当的函数来表达，通过对其运算实现图像增强目的。根据需要，利用平滑方法保留图像的低频分量，抑制高频分量；也可以利用锐化方法保留图像的高频分量而削弱低频分量。

频率域增强，首先将空间域图像 $f(x,y)$ 通过傅里叶变换为频率域图像 $F(u,v)$，然后选择合适的滤波器 $H(u,v)$ 对 $F(u,v)$ 的频谱成分进行增强，得到图像 $G(u,v)$，再经过傅里叶逆变换将 $G(u,v)$ 变回空间域，得到增强后的图像 $g(x,y)$。

（一）傅里叶变换

傅里叶理论认为，任何一个连续函数 $f(x)$ 都可以用一系列不同空间频率的正弦函数之和表示，可以通过 $f(x)$ 的傅里叶变换来实现

$$F(u)=\int_{-\infty}^{+\infty} f(x)\mathrm{e}^{-2\pi iux}\mathrm{d}x \tag{4-80}$$

式中，e=2.718 28，为自然对数的底；i 是复数的基本单位 $\sqrt{-1}$；$u$ 是空间频率；$F(u)$ 是一个频率域函数。

而空间域函数 $f(x)$ 可以通过对 $F(u)$ 的傅里叶逆变换得到

$$f(x)=\int_{-\infty}^{+\infty} F(u)\mathrm{e}^{-2\pi iux}\mathrm{d}u \tag{4-81}$$

为了在数字图像处理中应用傅里叶变换，将以上两种变换扩展到二维函数 $f(x,y)$ 和 $F(u,v)$，式(4-81) 变为

$$F(u,v)=\int_{-\infty}^{+\infty}\int_{-\infty}^{+\infty} f(x,y)\mathrm{e}^{-2\pi i(ux+vy)}\mathrm{d}x\mathrm{d}y \tag{4-82}$$

推广到离散函数，傅里叶变换的计算公式为

$$F(u,v)=\sum_{x=0}^{N-1}\sum_{y=0}^{M-1} f(x,y)\mathrm{e}^{-2\pi i\left(\frac{ux}{N}+\frac{vy}{M}\right)} \tag{4-83}$$

式中，$N$ 为 $x$ 方向的像元数；$M$ 为 $y$ 方向的像元数；$(u,v)$ 为空间频率变量。

傅里叶逆变换的计算公式为

$$f(x,y)=\frac{1}{NM}\sum_{u=0}^{N-1}\sum_{v=0}^{M-1} F(u,v)\ \mathrm{e}^{2\pi i\left(\frac{ux}{N}+\frac{vy}{M}\right)} \tag{4-84}$$

式中参数含义同式（4-83）。

通过傅里叶变换可以得到一幅图像的频率域函数，就可以通过频率域的滤波等处理得到空间域处理无法实现的结果，再通过傅里叶逆变换得到空间域图像。

（二）频率域平滑

由于图像上的噪声主要集中在高频分量上，为了去除噪声、改善图像质量，采用的滤波器 $H(u,v)$ 必须削弱或抑制高频分量而保留低频分量，这种滤波器称为低通滤波器。应用它可以达到平滑图像的目的，常用的低通滤波器有以下四种，如图 4-40 所示。

1. 理想低通滤波器

设在频率域平面内，理想低通滤波器距远点的截止频率为 $D_0$，某一点到原点的距离为

$$D(u,v)=(u^2+v^2)^{\frac{1}{2}} \tag{4-85}$$

则理想低通滤波器的传递函数为

$$H(u,v)=\begin{cases}1, & D(u,v)\leqslant D_0\\ 0, & D(u,v)>D_0\end{cases} \quad D_0\geqslant 0 \tag{4-86}$$

由图 4-40（a）中可以看出，$H(u,v)$ 是个二值函数，当 $D\leqslant D_0$（可以根据需要确定 $D_0$）时，低频信息无损通过，高频信息全部滤除。这样经傅里叶逆变换得到的图像会是一幅边界模糊的平滑图像。

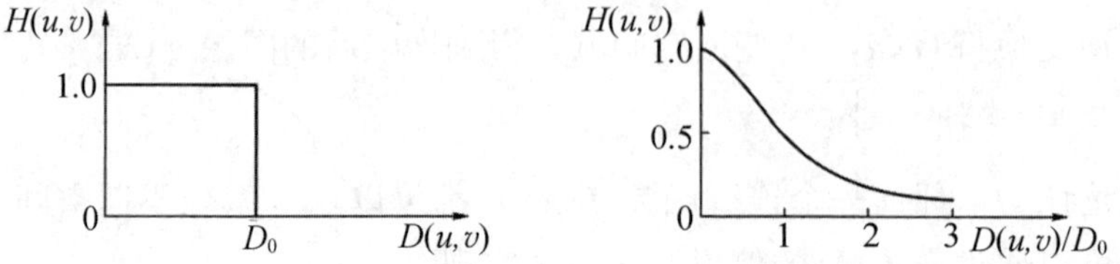


（a）理想低通滤波器　　（b）Butterworth 低通滤波器

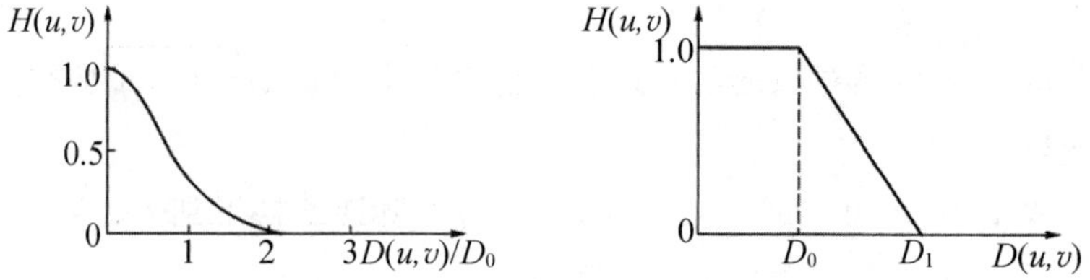


（c）指数低通滤波器　　（d）梯形低通滤波器

**图 4-40　低通滤波器剖面示意图**

2. Butterworth（巴特沃斯）低通滤波器

Butterworth 低通滤波器的传递函数为

$$H(u,v)=\frac{1}{1+\left(\frac{D(u,v)}{D_0}\right)^{2n}} \quad (n=1,2,3,\cdots) \tag{4-87}$$

3. 指数低通滤波器

指数低通滤波器的传递函数为

$$H(u,v)=\mathrm{e}^{-\left(\frac{D(u,v)}{D_0}\right)^{2n}} \quad (n=1,2,3,\cdots) \tag{4-88}$$

采用指数低通滤波器在抑制噪声的同时，图像边缘的模糊程度比 Butterworth 滤波器大。

4. 梯形低通滤波器

设 $D_0$ 为截止频率，再设定 $D_1$，令 $D_1>D_0$，则梯形低通滤波器的传递函数为

$$H(u,v)=\begin{cases}1, & (D(u,v)<D_0)\\ \dfrac{D(u,v)-D_1}{D_0-D_1}, & (D_0\leqslant D(u,v)\leqslant D_1)\\ 0, & (D(u,v)>D_1)\end{cases} \tag{4-89}$$

梯形低通滤波器的传递函数的剖面如图 4-40（d）所示，它介于理想低通滤波器和指数低通滤波器之间，处理后的图像边缘有一定的模糊度。

（三）频率域锐化

为了突出图像边缘和轮廓，采用高通滤波器让高频分量通过，阻止削弱低频分量，达

到图像锐化的目的。高通滤波器与低通滤波器相似，主要有以下四种，如图 4-41 所示。

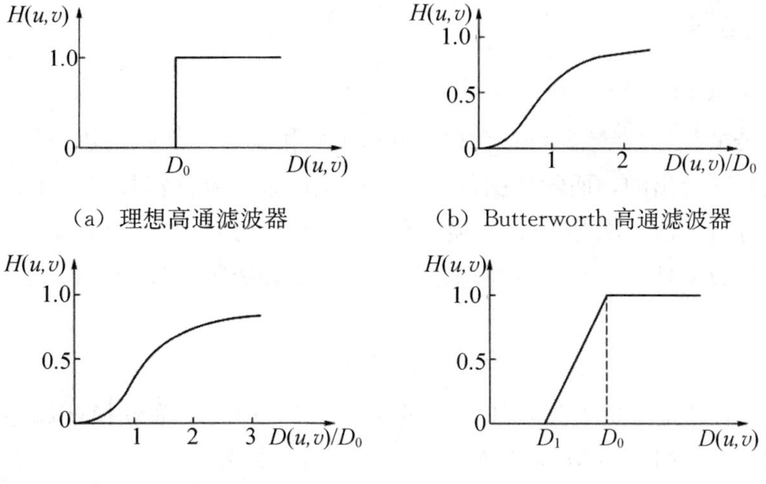


（a）理想高通滤波器　（b）Butterworth 高通滤波器

（c）指数高通滤波器　（d）梯形高通滤波器

**图 4-41　高通滤波器剖面示意图**

1. 理想高通滤波器

理想高通滤波器的剖面如图 4-41（a）所示。理想高通滤波器的传递函数为

$$H(u,v)=\begin{cases}1, & (D(u,v)>D_0)\\ 0, & (D(u,v)\leqslant D_0)\end{cases} \tag{4-90}$$

式中，$H(u,v)=\sqrt{u^2+v^2}$，$D_0$ 可根据需要具体确定。该滤波器与理想低通滤波器相反，$D>D_0$ 的高频分量全部通过，$D\leqslant D_0$ 的低频分量则全部被去除，但其处理的图像边缘有抖动现象。

2. Butterworth 高通滤波器

Butterworth 高通滤波器的剖面如图 4-41（b）所示，表达式为

$$H(u,v)=\frac{1}{1+\left(\dfrac{D_0}{D(u,v)}\right)^{2n}} \quad (n=1,2,3,\cdots) \tag{4-91}$$

3. 指数高通滤波器

指数高通滤波器的剖面如图 4-41（c）所示，表达式为

$$H(u,v)=\mathrm{e}^{-\left(\frac{D_0}{D(u,v)}\right)^{2n}} \quad (n=1,2,3,\cdots) \tag{4-92}$$

4. 梯形高通滤波器

梯形高通滤波器的剖面如图 4-41（d）所示，表达式为

$$H(u,v)=\begin{cases}1, & (D(u,v)>D_0)\\ \dfrac{D(u,v)-D_1}{D_0-D_1}, & (D_1\leqslant D(u,v)\leqslant D_0)\\ 0, & (D(u,v)<D_1)\end{cases} \tag{4-93}$$

以上四种高通滤波器各有优缺点。理想高通滤波器处理的图像边缘有抖动；Butterworth 高通滤波器锐化效果较好，边缘抖动现象不明显，但计算复杂；指数高通滤波器比 Butterworth 高通滤波器效果差些，边缘抖动现象不明显；梯形高通滤波器会产生轻微抖

动现象，但计算简单，故常被使用。

## 四、图像变换

### （一）K-L 变换

K-L 变换是由芬兰数学家卡亨宁（Karhunen）和法国数学家络伊（Loeve）对随机过程作为级数展开而引出的，而随机图像序列是由美国数学家霍特林（Hotelling）首先研究出来的一种主分量方法，因此 K-L 变换又称“主分量变换”“Hotelling 变换”。K-L 变换用于多波段遥感数据处理，其基本原理是求出一个变换矩阵，经变换形成一组新的主分量波段，其公式为

$$\boldsymbol{Y}=\boldsymbol{AX} \tag{4-94}$$

式中，$\boldsymbol{Y}$ 为变换后的主分量矢量，如主分量 1，2，3，…；$\boldsymbol{X}$ 为变换前原始图像矢量，如陆地卫星图像波段 TM1，TM2，TM3，…；$\boldsymbol{A}$ 为变换矩阵。

变换矩阵 $\boldsymbol{A}$ 是由原始图像矢量的协方差矩阵导出的，它使得变换后的主分量图像矢量的协方差矩阵具有如下特点：

$$\boldsymbol{C}_y=\begin{bmatrix}\lambda_1 & & & \\ & \lambda_2 & & 0 \\ & & \ddots & \\ & 0 & & \\ & & & \lambda_n\end{bmatrix} \tag{4-95}$$

式中，$\lambda_1$，$\lambda_2$，…，$\lambda_n$ 为原始图像的协方差矩阵特征值，且 $\lambda_1>\lambda_2>\cdots>\lambda_n$。从式（4-95）可以看出，除对角线元素外，其余元素均为零，这表明变换后的主分量彼此之间没有关联，相互独立。由 $\lambda_1>\lambda_2>\cdots>\lambda_n$ 还可以看出，各主分量信息载荷不同。

表 4-9 是一幅 TM 5 个波段经 K-L 变换后的信息载荷分析结果。

**表 4-9　K-L 变换主成分信息分析表**

| 主成分 | 信息量/% |
|---|---|
| 1 | 73.5 |
| 2 | 17.3 |
| 3 | 8.4 |
| 4 | 0.6 |
| 5 | 0.2 |

可以看出，第一主分量占全部信息的 73.5%，第二主分量、第三主分量依次减少，前三个主量占有全部信息的 99.2%。

K-L 变换的意义也可以通过坐标系旋转变来解释。以二维空间为例，假设一个两波段图像像元在组成的坐标系中呈椭圆状分布，如图 4-42 所示。K-L 变换的几何意义在于通过旋转坐标系，使得新坐标系两轴分别平行于椭圆的长短轴。这样，图像信息在新坐标系中得到重新分布，平行于椭圆长轴的第一主分量方向集中了原图像的大部分信息。推广到 $n$ 维空间，椭圆变成一个椭球体，图像信息在变换后的主分量 $n$ 维空间中依次集中分布于

前三个主分量上。

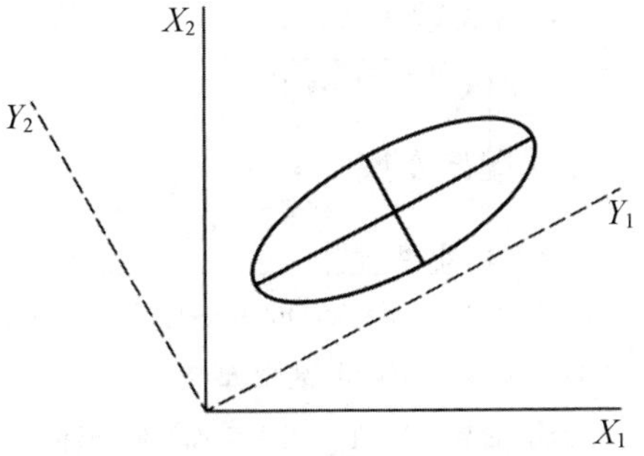


图 4-42 K-L 变换示意图

多光谱数据各波段之间往往存在一定程度的相关性，应用 K-L 变换可以达到去除相关性、突出地物特征、压缩数据的目的。同时，由于 K-L 变换后信息载荷量随主分量顺序迅速减少，噪声信息更加突出。利用这一特点，在动态监测中，许多变化信息可以通过在主分量里被当作“噪声”的信息提取出来。

（二）K-T 变换

K-T 变换是美国学者考特（Kauth）和托马斯（Thomas）根据美国早期陆地卫星 MSS 数据研究多光谱信息与自然景观要素特征间的关系而建立的一种特定变换，1984 年，美国学者克里斯特（Crist）和西科内（Cicone）又将其移植到 TM 数据，并用于农作物长势监测，国内译成“缨帽变换”。K-T 变换同样是通过一变换矩阵来实现的，其公式为

$$\boldsymbol{Y}=\boldsymbol{A}\boldsymbol{X} \tag{4-96}$$

以 TM 数据为例，Crist 和 Cicone 计算出新的变换矩阵如下

$$\boldsymbol{A}=\begin{bmatrix} 0.3037 & 0.2793 & 0.4743 & 0.5585 & 0.5082 & 0.1863 \\ -0.2848 & -0.2435 & -0.5436 & 0.7243 & 0.0840 & -0.1800 \\ 0.1509 & 0.1973 & 0.3279 & 0.3406 & -0.7112 & -0.4572 \\ -0.8242 & -0.0849 & 0.4392 & -0.0580 & 0.2012 & -0.2768 \\ -0.3280 & -0.0549 & 0.1075 & 0.1855 & -0.4357 & 0.8085 \\ 0.1084 & -0.9022 & 0.4120 & 0.0573 & -0.0251 & 0.0238 \end{bmatrix} \tag{4-97}$$

变换后得到 6 个分量，前 3 个分别称为 $Y_1$ 亮度，$Y_2$ 绿度，$Y_3$ 湿度，后 3 个分量没发现有特定指示意义。这样，TM1，2，3，4，5，7 这 6 个波段数据经过 K-T 变换提取出有特定含义的 3 个分量，在植被和土壤分类以及作物估产研究中都有重要作用。

国内在应用 K－T 变换时又做了一些新的发展与变化，特别是在变换矩阵的计算方法上，此处不一一介绍了。

TM 数据 K-T 变换后的景观意义可通过图 4-43 形象说明，图中 1，2，3，4 分别代表作物从发芽到枯黄生长的不同阶段。绿度与亮度组成的二维空间称植被视面，它反映了植被从破土发芽到生长旺盛阶段随叶面积增加而绿度值增加，之后开始成熟枯黄，绿度也逐渐降到最低点。湿度与亮度组成的平面为土壤视面，绿度与湿度组成的平面称过渡区视面，都不同程度地反映了作物生长过程中植被与土壤的变化信息。

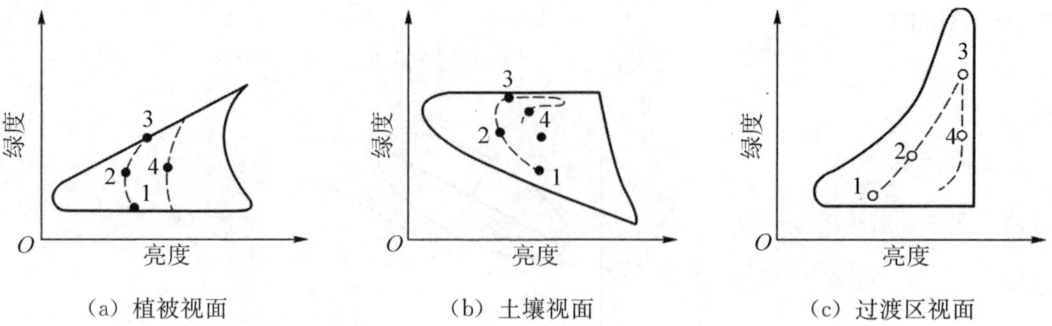


1—裸土（种子破土前）；2—生长；3—植被最大覆盖；4—衰老。

**图 4-43　TM 数据 K-T 变换景观意义**

## 五、图像融合

不同传感器获取的信息有不同的特点，有的光谱分辨率高但几何分辨率低，有的恰恰相反。同一种传感器很难做到两种分辨率同时提高，于是出现采用各种方法将不同数据类型“融合”成一幅图像的做法。常见的是高分辨率的全色波段与其他多光谱波段，航摄像片与卫星遥感影像，也有雷达图像与其他数据融合的报道，有人将此方法归结为多种信息复合。具体融合方案有多种，此处以我国高分 1 号卫星 PMS 多光谱相机数据（8 m 分辨率）与 PMS 高分辨率全色 PAN 波段（2 m 分辨率）为例，介绍两种方法。

首先将两幅图像经过几何校正进行配准，分辨率以高分辨率的 PAN 图像为准；再对 PMS 多光谱数据的所有波段进行主成分变换；然后用高分辨率 PAN 全色波段代换变换后的某一个主成分，将代换后的所有波段再做一次主成分变换的反变换。

另外一种方法是对 RGB 假彩色合成的 PMS 多光谱数据 3 个波段实行 HIS 变换，然后用 PAN 波段代换变换后的 $I$ 分量，将代换后的 3 个波段再做 HIS 到 RGB 的反变换。这种融合处理方法既保持了原有 PMS 多光谱数据的光谱分辨率，又增加了 PAN 的高空间分辨率的特点，大大提高了数据质量。

# 第五章　遥感图像自动识别分类

遥感图像的计算机分类，是模式识别技术在遥感技术领域中的具体运用。遥感图像的计算机分类，就是利用计算机对地球表面及其环境在遥感图像上的信息进行属性的识别和分类，从而达到识别图像信息相应的实际地物，提取所需地物信息的目的。与遥感图像的目视判读技术相比较，它们的目的是一致的，但手段不同，目视判读是直接利用人类的自然识别智能，而计算机分类是利用计算机技术来人工模拟人类的识别功能。遥感图像的计算机分类是模式识别中的一个方面，它的主要识别对象是遥感图像及各种变换之后的特征图像，识别目的是国土资源与环境的调查。

目前，遥感图像的自动识别分类主要采用决策理论（或统计）方法，按照决策理论方法，需要从被识别的模式（即对象）中，提取一组反映模式属性的量测值（称为特征），并把模式特征定义在一个特征空间中，进而利用决策的原理对特征空间进行划分，以区分具有不同特征的模式，达到分类的目的。遥感图像模式的特征主要表现为光谱特征和纹理特征两种。基于光谱特征的统计分类方法是遥感应用处理在实践中最常用的方法，也是本章的主要内容；而基于纹理特征的统计分类方法则是作为光谱特征统计分类方法的一个辅助手段来运用，目前还不能单纯依靠这种方法来解决遥感应用的实际问题。

## 第一节　基础知识

### 一、模式与模式识别

所谓“模式”是指某种具有空间或几何特征的事物。“模式”通俗的含义是某种事物的标准形式。一个模式识别系统对被识别的模式做一系列的测量，然后将测量结果与“模式字典”中一组“典型的”测量值相比较。若和字典中某一“词目”的比较结果是吻合或比较吻合，则我们就可以得出所需要的分类结果。这一过程称为模式识别，对于模式识别来说，这一组测量值就是一种模式，不管这组测量值是不是属于几何或物理范畴的量值。

图 5-1 为一种简单的模式识别系统的模型。对于遥感技术来说，图中接收器可以是各类遥感传感器，接收器输出的是一组 $n$ 个测量值，每一个测量值可对应多光谱扫描仪的一个通道。这一组几个测量值可以看作 $n$ 维空间（测量空间或称“特征空间”）中一个确定的坐标点，测量空间中的任何一点，都可以用具有 $n$ 个分量的测量矢量 $\boldsymbol{X}$ 来表示：

$$\boldsymbol{X}=[x_1 \quad x_2 \quad \cdots \quad x_n]^{\mathrm{T}}$$

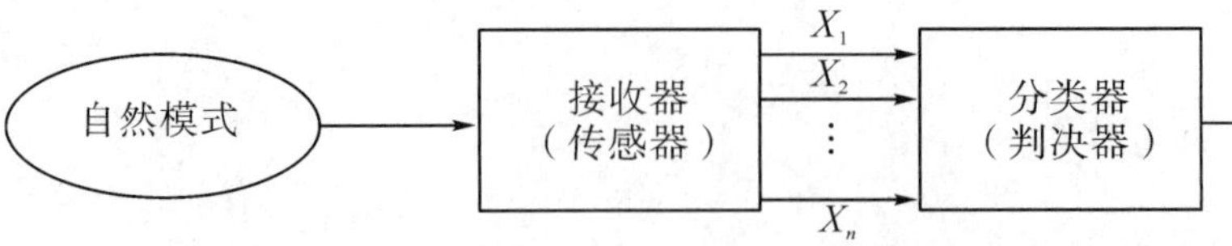


图 5-1　模式识别系统的模型

图中的分类器（或称“判决器”），可以根据一定的分类规则，把某一测量矢量 $\boldsymbol{X}$ 划入某一组预先规定的类别中去。

## 二、光谱特征空间及地物在特征空间中聚类的统计特性

遥感图像的光谱特征通常是以地物在多光谱图像上的亮度体现出来的，即不同的地物在同一波段图像上表现的亮度一般互不相同；同时，不同的地物在多个波段图像上亮度的呈现规律也不同，这就构成了我们在图像上赖以区分不同地物的物理依据。同名地物点在不同波段图像中亮度的观测量将构成一个多维的随机向量 $\boldsymbol{X}$，称为光谱特征向量。即

$$\boldsymbol{X}=[x_1 \quad x_2 \quad \cdots \quad x_n]^{\mathrm{T}} \tag{5-1}$$

式中，$n$ 为图像波段总数；$x_i$ 为地物图像点在第 $i$ 波段图像中的亮度值。

为了度量图像中地物的光谱特征，建立一个以各波段图像的亮度分布为子空间的多维光谱特征空间。这样，地面上任一点通过遥感传感器成像后对应于光谱特征空间上一点各种地物由于其光谱特征（光谱反射特征或光谱发射特征）不同，将分布在特征空间的不同位置上。图 5-2 所示为地物与光谱特征空间的关系。图中小方块表示每类地物的一个像元。地面地物通过传感器生成多光谱遥感影像（图中以两个波段为例），由于地物的反射光谱特性不同，三类地物的每个像元的亮度不同。如果以两个波段的影像亮度值作为特征空间的两个子空间（两个坐标轴），从图 5-2 中可以看出，三对同名像元对应特征空间三个不同的点。

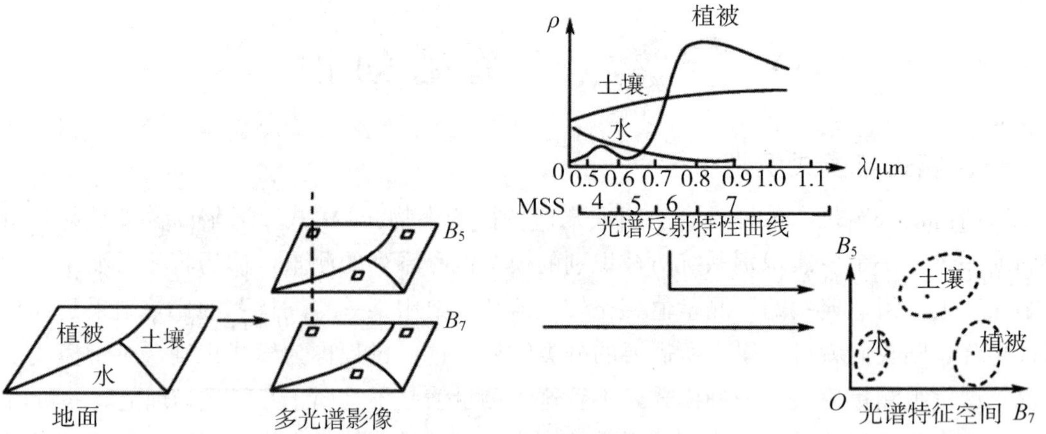


图 5-2　地物与光谱特征空间的关系

由于随机性因素（如大气条件、背景、地物朝向、传感器本身的“噪声”等）影响，同类地物的各取样点在光谱特征空间中的特征点将不可能只表现为同一点，而是形成一个相对聚集的点集群，如图 5-2 中虚线所示，而不同类地物的点集群在特征空间内一般是相互分离的。特征点集群在特征空间中的分布大致可分为如下三种情况。

理想情况——不同类别地物的集群至少在一个特征子空间中的投影是完全可以相互区

分开的。

典型情况——不同类别地物的集群，在任一子空间中都有相互重叠的现象存在，但在总的特征空间中是可以完全区分的。这时可采用特征变换使之变成理想情况进行分类。

一般情况——无论在总的特征空间中，还是在任一子空间中，不同类别的集群之间总是存在重叠现象。这时重叠部分的特征点所对应的地物，在分类时总会出现不同程度的分类误差，这是遥感图像中最常见的情况。

地物在特征空间的聚类通常是用特征点（或其相应的随机矢量）分布的概率密度函数 $P(\boldsymbol{X})$ 来表示的。假设特征点的统计分布属于正态分布，则其概率密度函数可表达为：

$$P(\boldsymbol{X})=\frac{|\Sigma|^{-1/2}}{(2\pi)^{n/2}}\exp\left[-\frac{1}{2}(\boldsymbol{X}-\boldsymbol{M})^{\mathrm{T}}\cdot\boldsymbol{\Sigma}^{-1}(\boldsymbol{X}-\boldsymbol{M})\right] \tag{5-2}$$

式中，$\boldsymbol{X}$ 是由式（5-1）表达的特征向量；$\boldsymbol{M}=[m_1 \quad m_2 \quad \cdots \quad m_n]$ 为均值向量。

$$m_i=\frac{1}{N}\sum_k x_{ik} \tag{5-3}$$

式中，$\boldsymbol{\Sigma}$为协方差矩阵，即

$$\boldsymbol{\Sigma}=\begin{bmatrix}\delta_{11} & \delta_{12} & \cdots & \delta_{1n}\\ \delta_{21} & \delta_{22} & \cdots & \delta_{2n}\\ \vdots & \vdots & & \vdots\\ \delta_{n1} & \delta_{n2} & \cdots & \delta_{nn}\end{bmatrix}$$

式中，

$$\delta_{ij}=\frac{1}{N}\sum_k(x_{ik}-m_i)(x_{jk}-m_j)$$

式中，$x_{ik}$ 表示第 $i$ 特征的第 $k$ 个特征值；$N$ 为第 $i$ 特征的特征值总个数。

## 第二节 特征变换及特征选择

遥感图像自动识别分类主要依据地物的光谱特性，也就是传感器所获取的地物在不同波段的光谱测量值。随着遥感技术的发展，获得的遥感图像不断增加，例如，MSS 数据有 4 个波段，而 TM 数据增加到 7 个波段，现在的成像光谱仪的波段数更是达到数百之多，能够用于计算机自动分类的图像数据非常多。虽然每一种图像数据都可能包含了一些可用于自动分类的信息，但是就某些指定的地物分类而言，并不是全部获得的图像数据都有用，如果不加区别地将大量原始图像直接用来分类，不仅数据量太大，计算复杂，而且分类的效果也不一定好。所以，为了设计出效果好的分类器，一般需要对原始图像数据进行分析处理，主要有两种方法。一种方法称为特征变换，它是将原有的 $m$ 个测量值集合并通过某种变换，产生 $n$ 个（$n\leqslant m$）新的特征。特征变换的作用表现在两个方面：一方面，减少特征之间的相关性，使得用尽可能少的特征来最大限度地包含所有原始数据的信息；另一方面，使得待分类别之间的差异在变换后的特征中更明显，从而改善分类效果。另一种方法称为特征选择，即从原有的 $m$ 个测量值集合中，按某一准则选择出 $n$ 个特征。这两种方法一方面能减少参加分类的特征图像的数目；另一方面从原始信息中抽取能更好进行分类的特征图像，是遥感图像自动分类前一个很重要的处理过程。

## 一、特征变换

特征变换将原始图像通过一定的数字变换生成一组新的特征图像，这一组新图像信息集中在少数几个特征图像上，这样，数据量有所减少。遥感图像自动分类中常用的特征变换有主分量变换、穗帽变换、比值变换、生物量指标变换以及哈达玛变换等。

### （一）主分量变换

主分量变换也称“K-L 变换”，是一种线性变换，是就均方误差最小来说的最佳正交变换；是在统计特征基础上的线性变换。对于遥感多光谱图像来说，波段之间往往存在很大的相关性，从直观上看，不同波段图像之间很相似。从信息提取角度来看，有相当大的数据量是多余的，重复的。K-L 变换能够把原来多个波段中的有用信息尽量集中到数目尽可能少的特征图像组中去，达到数据压缩的目的；同时，K-L 变换还能够使新的特征图像之间互不相关，也就是使新的特征图像包含的信息内容不重叠，增加类别的可分性。

主分量变换计算步骤如下：

（1）计算多光谱图像的均值向量 $\boldsymbol{M}$ 和协方差矩阵 $\boldsymbol{\Sigma}$。

（2）计算矩阵 $\boldsymbol{\Sigma}$ 的特征值 $\lambda_r$ 和特征向量 $\boldsymbol{\varphi}_r$（$r=1, 2, \cdots, m$），$m$ 为多光谱图像的波段数；

（3）将特征值 $\lambda_r$ 按由大到小的次序排列，即 $\lambda_1>\lambda_2>\cdots>\lambda_m$；

（4）选择前 $n$ 个特征值对应的 $n$ 个特征向量构造变换矩阵 $\phi_n$；

（5）根据 $\boldsymbol{Y}=\phi_n\boldsymbol{X}$ 进行变换，得到的新特征影像就是变换的结果，$\boldsymbol{X}$ 为多光谱图像的一个光谱特征矢量。

此时，新的特征图像组 $\boldsymbol{Y}$ 就是一个特征维数得到压缩的 $n$ 维特征矢量（$n<m$）。原始数据经过主分量变换后，其方差分布主要集中在前面几个特征，方差的大小反映了模式的散布情况。由于特征向量的方向指向特征空间中集群分布的结构轴方向，所以该变换的几何意义是把原始特征空间的特征轴旋转到平行于混合集群结构轴的方向上去。如图 5-3 所示，使得第一分量方差分布最广，集中最多信息，第二分量次之。

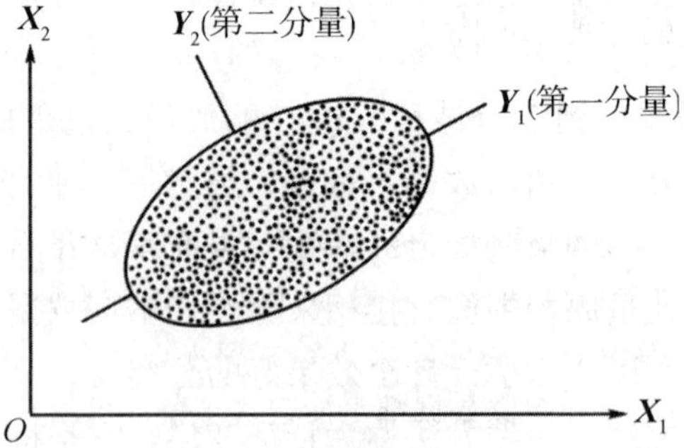


**图 5-3　主分量变换原理**

主分量变换具有以下优良性质。

（1）变换后的矢量 $\boldsymbol{Y}$ 的协方差矩阵是对角矩阵，对角矩阵表明新特征矢量之间彼此不相关。

（2）经过主分量变换后得到几个变量，可以证明此时具有的均方误差在所有正交变换中是最小的。由于 $n<m$，这样就用比较少的变量代替了原来的几个变量，实现了数据压缩。

主分量变换后，有的特征影像反差拉大，信息集中，整个影像上离散度变大；而另一些特征影像上离散度变小，出现更多的噪声。根据统计，对于 Landsat MSS 四个波段的影像，经主分量变换后，在第一主分量 PC1 图像中占有 90%左右的总信息量，第二主分量 PC2 图像中占有 7%，PC3 和 PC4 共占 3%左右。表 5-1 列出了一个具体的 MSS 影像的主分量变换统计表，可见 PC1 上集中了 94.1%的信息量。

**表 5-1 主分量变换前后的信息量分布**

| 光谱波段 | 方差 | 占总信息量/% | 主分量结构轴 | 方差 | 占总信息量/% |
|---|---|---|---|---|---|
| 4 | 74.2 | 12.6 | 1 | 533.3 | 94.1 |
| 5 | 249.9 | 42.5 | 2 | 29.9 | 5.1 |
| 6 | 219.5 | 37.3 | 3 | 3.7 | 0.6 |
| 7 | 44.5 | 7.6 | 4 | 1.2 | 0.2 |

对于多波段影像分类时，常选用第一、二主分量进行联合处理，以减少总的数据处理量。

（二）缨帽变换

缨帽变换又称“K-T 变换”，是一种线性特征变换。在 MSS 图像中，土壤类地物各波段亮度值的比值相对地不受太阳入射角、大气蒙雾或土壤类型的变化影响，这就意味着土壤在特征空间（光谱空间）的集群，随亮度的变化趋势沿从坐标原点出发的同一根辐射线方向上出现。第二个特点是，若把土壤和植被的混合集群投影到 MSS-5 和 MSS-6 波段图像所组成的特征子空间中，将形成一个近似的帽状三角形，如图 5-4 所示。土壤亮度变化轴（上面讲的辐射线）$I_{SB}$为缨帽的底边，帽上面各部分反映了植物生长变化状况，植物株冠的绿色发展到顶点（最旺盛时在帽顶）以后逐渐枯黄，枯黄过程是从帽顶沿着一些称为帽穗的路径回归到土壤底线。

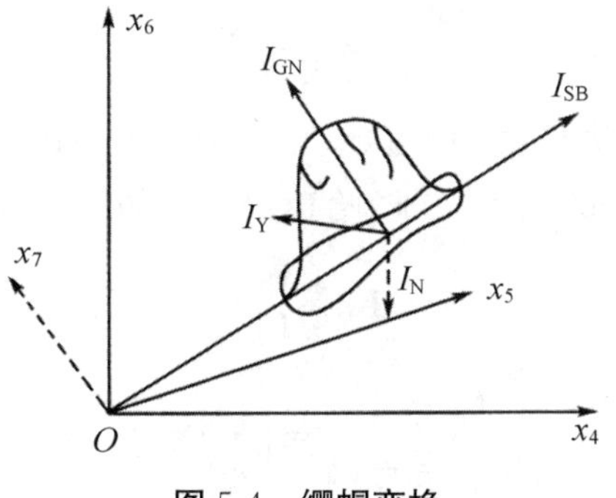


**图 5-4 缨帽变换**

帽中各部位还受土壤背景的反射率、植物主要属种以及植物的混合比例等因素的影响。缨帽变换的变换矩阵根据经验确定。Kauth 和 Thomas 研究出的矩阵 **A** 具有如下形式：

$$\boldsymbol{A}=\begin{bmatrix} 0.433 & 0.632 & 0.586 & 0.264 \\ -0.290 & -0.562 & 0.600 & 0.491 \\ -0.824 & 0.533 & -0.050 & 0.185 \\ 0.223 & 0.012 & -0.543 & 0.809 \end{bmatrix} \tag{5-4}$$

变换成为：

$$\begin{cases}\boldsymbol{Y}=\boldsymbol{A}\cdot\boldsymbol{X}\\ \boldsymbol{Y}=(\boldsymbol{I}_{\mathrm{SB}}\quad \boldsymbol{I}_{\mathrm{GV}}\quad \boldsymbol{I}_{\mathrm{Y}}\quad \boldsymbol{I}_{\mathrm{N}})^{\mathrm{T}}\\ \boldsymbol{x}=(x_4\quad x_5\quad x_6\quad x_7)\end{cases} \tag{5-5}$$

式中，$\boldsymbol{I}_{\mathrm{SB}}$为土壤亮度轴的像元亮度值；$\boldsymbol{I}_{\mathrm{GV}}$为植物绿色指标轴的像元亮度值；$\boldsymbol{I}_{\mathrm{Y}}$为黄色轴；$\boldsymbol{I}_{\mathrm{N}}$为噪声轴；$x_i$为地物在 MSS 四个波段上的亮度值。

SB 分量和 GV 分量一般情况下等价于主分量变换中的第一主分量 PC1 和第二主分量 PC2；其比值类似于生物量指标变换。SB 分量集中了大部分土壤信息，所以对土壤的分类是有效的，并且其中亮度的变化主要反映了不同土壤类别的变化；GV 分量对植被的分类是有效的。

（三）比值变换和生物量指标变换

比值变换图像用作分类有许多优点，它可以增强土壤、植被、水之间的辐射差别，抑制地形坡度和方向引起的辐射量变化。由于地形的影响，一般情况下各种地物光谱反射率$\rho_i$乘一个相近的地形影响因子 α，当使用比值变换时：

$$R_{12}=\frac{x_1}{x_2}=\frac{\alpha\rho_1}{\alpha\rho_2}=\frac{\rho_1}{\rho_2} \tag{5-6}$$

可见，地形影响因子 α 在比值中消去。另外设计某种比值形式，如差分比值还能近似地改正大气影响，同时消去地形影响。如

$$R_{123}=\frac{x_1-x_2}{x_1-x_3}=\frac{(\alpha\rho_1+b)-(\alpha\rho_2+b)}{(\alpha\rho_1+b)-(\alpha\rho_3+b)}=\frac{\rho_1-\rho_2}{\rho_1-\rho_3} \tag{5-7}$$

比值变换影像，例如 MSS-5 与 MSS-7 的比值广泛用于调查植物的稠密度，它与地面生物量之间有很强的相关性。

另一种特殊的比值变换称为生物量指标变换，其形式为

$$\boldsymbol{I}_{\mathrm{bio}}=\frac{\mathrm{x}_7-\mathrm{x}_5}{\mathrm{x}_7+\mathrm{x}_5} \tag{5-8}$$

式中，$\boldsymbol{I}_{\mathrm{bio}}$为生物量变换后的亮度值；$x_7$，$x_5$为 MSS-7 和 MSS-5 图像的像元亮度值。

式（5-8）实际上可以看成一阶(二维)哈达玛变换的第二分量对第一分量的比值。即

$$\boldsymbol{I}_{\mathrm{bio}}=\frac{\boldsymbol{I}_{H_2}}{\boldsymbol{I}_{H_1}}$$

$$\begin{pmatrix}\boldsymbol{I}_{H_1}\\ \boldsymbol{I}_{H_2}\end{pmatrix}=\begin{pmatrix}1 & 1\\ 1 & -1\end{pmatrix}=\begin{pmatrix}x_7\\ x_5\end{pmatrix}=\begin{pmatrix}x_7+x_5\\ x_7-x_5\end{pmatrix}$$

该变换的几何意义是地物集群沿辐射方向在 $\boldsymbol{I}_{H_1}=1$ 的直线上的投影，如图 5-5 所示。从图中可以看出，植物与土壤在 7 波段上有混淆；植物与水在 5 波段上有混淆。经变换后，植物、土壤和水都分离开来，因此可独立地对绿色植物量进行统计。

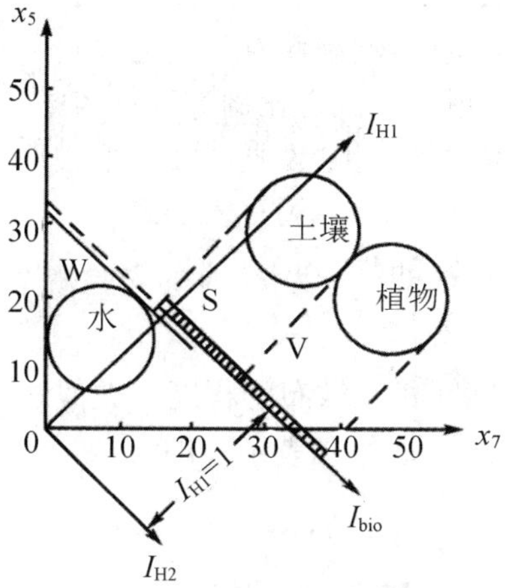


图 5-5　生物量指标变换

## 二、特征选择

遥感图像自动分类不仅使用原始遥感图像进行，还使用如上所述的经过多种特征变换之后的影像。我们总希望能用最少的影像数据最好地进行分类。这样就需在这些特征影像中，选择一组最佳的特征影像进行分类，这就是特征选择。

特征选择的问题与所希望区分的类别及影像本身的特征有关，比如当希望研究植被类别、生长情况等，选择生物量指标变换影像及缨帽变换中 GV 分量影像就比较有利；研究土壤类别问题时，使用缨帽变换中的 SB 分量比较有利。区分两类类似的地物（如玉米和大豆），则选取用适宜时间的影像进行分类，又如对山地植被分类选用比值变换后影像能消去地形影响。在变换的影像中，有的分量包含的信息量大，有的分量噪声很大。比如主分量变换，大量信息集中在第一、第二分量中，一般只选择这两个影像参加分类。

除了以上的特征选择方法之外，更多时候必须借助一些定量的方法来进行。通常使用距离测度和散布矩阵测度来进行。

### （一）距离测度

距离是最基本的类别可分性测度，如果所选择的一组特征能使感兴趣类别的类内距离最小，而与其他类别的类间距离最大，那么根据距离测度，用这组特征设计的分类器分类效果最好。实际可使用标准化距离，类别均值间的标准化距离公式为

$$d_{\text{norm}}=\frac{|\mu_1-\mu_2|}{\sigma_1+\sigma_2} \tag{5-9}$$

式中，$\mu_1$，$\mu_2$ 分别为类别 1 和类别 2 的均值；$\sigma_1$，$\sigma_2$ 分别为类别 1 和类别 2 的标准偏差。

从式（5-9）可以看出，如果 $\sigma_1+\sigma_2$ 不变，均值间距离的绝对值越大，类间离散度越大，可分性越好；当均值间距离不变时，$\sigma_1$ 和 $\sigma_2$ 越小，类内离散度越小，可分性越好。总的来说，类间标准化距离越大的特征影像可分性越好。还有其他的距离表达方式，这里不再一一列举。

### （二）散布矩阵测度

除了距离测度之外，实际应用中还经常采用一种散布矩阵的方式来度量类别的可分性，它是用矩阵形式来表示模式类别在特征空间中的散布情况。

1. 类内散布矩阵 $\boldsymbol{S}_w$

类内散布矩阵表示属于某一类别的模式在其均值周围的散布情况，对于 $m$ 类别情况，总的类内散布矩阵可以写成各类别类内散布矩阵的先验概率 $P(w_i)$ 加权和，即

$$\boldsymbol{S}_w = \sum_{i=1}^{m} P(w_i)\boldsymbol{\Sigma}_i \tag{5-10}$$

式中，$m$ 为所关心的类别总数；$P(w_i)$ 为 $w_i$ 类的先验概率；$\boldsymbol{\Sigma}_i$ 为 $w_i$ 类的协方差矩阵。

2. 类间散布矩阵 $\boldsymbol{S}_b$

类间散布矩阵表示不同类别间相互散布的程度。类似地，对于 $m$ 类别情况，总的类间散布矩阵也采用先验概率 $P(w_i)$ 加权和表示，即

$$\boldsymbol{S}_b = \sum_{i=1}^{m} P(w_i)(\boldsymbol{M}_i - \boldsymbol{M}_0)(\boldsymbol{M}_i - \boldsymbol{M}_0)^{\mathrm{T}} \tag{5-11}$$

式中，$\boldsymbol{M}_0$ 为全体模式的均值向量；$\boldsymbol{M}_i$ 为 $w_i$ 的均值向量。

3. 总体散布矩阵 $\boldsymbol{S}_m$

对于多类别情况，有时也采用所谓的总体散布矩阵来表示类别可分性，可以证明：

$$\boldsymbol{S}_m = E\{(\boldsymbol{M}_i - \boldsymbol{M}_0)(\boldsymbol{M}_i - \boldsymbol{M}_0)^{\mathrm{T}}\} = \boldsymbol{S}_w + \boldsymbol{S}_b \tag{5-12}$$

显然，$\boldsymbol{S}_w$ 的行列式值越小，$\boldsymbol{S}_b$ 的行列式值越大，表示类别的可分性越好。因此，用散布矩阵进行特征选择，其准则的表示形式有

行列式方式：

$$J_1 = \det(\boldsymbol{S}_w^{-1}\boldsymbol{S}_b) = \prod_i \lambda_i \tag{5-13}$$

迹方式：

$$J_2 = \mathrm{tr}(\boldsymbol{S}_w^{-1}\boldsymbol{S}_b) = \sum_i \lambda_i \tag{5-14}$$

式中，$\lambda_i$ 为矩阵 $(\boldsymbol{S}_w^{-1}\boldsymbol{S}_b)$ 的第 $i$ 个特征值。

由式（5-13）和式（5-14）可知，使 $J_1$ 或 $J_2$ 为最大的特征子集就是最好的分类物征。

除了距离测度和散布矩阵测度之外，还有一种能反映分类误差大小的可分性测度，即散度准则，有兴趣可参阅其他文献。

至此，已完成了分类前预处理的一项重要工作，特征变换和特征选择，下面就进入分类处理阶段的工作。

## 第三节 监督分类

前面所述内容主要为分类前的预处理。遥感图像自动识别分类的最终目的是让计算机识别感兴趣的地物，并将识别的结果输出及对识别正确率进行评价。预处理工作结束后，就将参与分类的数据准备好，接下来的工作就是从这些数据提供的信息中让计算机“找”出所需识别的类别，其方式有两种：一种是监督分类法，另一种是非监督分类法。这节先介绍监督分类法。

我们事先已经知道样本区类别的信息，这种信息可以通过对分类地区的目视判读，实地勘查或结合 GIS 信息获得。例如一幅卫星影像，我们还可以通过目视判读得到水体所占整个图像比例的信息，这时我们就有了水体的先验知识。在这种情况下对非样本数据进行分类的方法称为监督分类。监督分类是基于我们对遥感图像上样本区内地物的类别已知，于是可以利用这些样本类别的特征作为依据来识别非样本数据的类别。

监督分类的思想是：首先，根据已知的样本类别和类别的先验知识，确定判别函数和相应的判别准则，其中利用一定数量的已知类别的样本的观测值求解待定参数的过程称为学习或训练，然后，将未知类别的样本的观测值代入判别函数，再依据判别准则对该样本的所属类别做出判定。在进一步讨论之前，我们先对判别函数和判别规则进行说明。

## 一、判别函数和判别规则

本章第一节中已讲到地物在特征空间中分布在不同的区域，并且以集群的现象出现，这样就可能把特征空间的某些区域与特定的地面覆盖类型联系起来。如果要判别某一个特征矢量 $\boldsymbol{X}$ 属于哪一类，只要在类别之间画上一些合适的边界，将特征空间分割成不同的判别区域。当特征矢量 $\boldsymbol{X}$ 落入某个区域时，这个地物单元就属于那一类别。

各个类别的判别区域确定后，某个特征矢量属于哪个类别可以用一些函数来表示和鉴别，这些函数就称为判别函数。这些函数不是集群在特征空间形状的数学描述，而是描述某一未知矢量属于某个类别的情况，如属于某个类别的条件概率。一般不同的类别都有各自不同的判别函数。当计算完某个矢量在不同类别判别函数中的值后，我们要确定该矢量属于某类就必须给出一个判断的依据。如若所得函数值最大则该矢量属于最大值对应的类别。这种判断的依据，我们称为判别规则。下面介绍监督法分类中常用的两种判别函数和判别规则。

### （一）概率判别函数和贝叶斯判别规则

根据前面介绍的特征空间概念可知，地物点可以在特征空间找到相应的特征点，并且同类地物在特征空间中形成一个从属于某种概率分布的集群。由此，我们可以把某特征矢量 $\boldsymbol{X}$ 落入某类集群 $w_i$ 的条件概率 $P(w_i/\boldsymbol{X})$ 当成分类判别函数（概率判别函数），$\boldsymbol{X}$ 落入某集群的条件概率最大的类为 $\boldsymbol{X}$ 的类别，这种判别规则就是贝叶斯判别规则。贝叶斯判别是以错分概率或风险最小为准则的判别规则。

假设同类地物在特征空间服从正态分布，则类别 $w_i$ 的概率密度函数如式（5-2）所示。根据贝叶斯公式，可得

$$P(w_i/\boldsymbol{X})=\frac{P(\boldsymbol{X}/w_i)\cdot P(w_i)}{P(\boldsymbol{X})} \tag{5-15}$$

式中，$P(w_i)$ 为 $w_i$ 类出现的概率，也称“先验概率”；

$P(\boldsymbol{X}/w_i)$ 为在 $w_i$ 类中出现 $\boldsymbol{X}$ 的条件概率，也称“$w_i$ 类的似然概率”；

$P(w_i/\boldsymbol{X})$ 为 $\boldsymbol{X}$ 属于 $w_i$ 的后验概率。

由于 $P(\boldsymbol{X})$ 对各个类别都是一个常数，故可略去，所以判别函数可用下式表示：

$$d_i(\boldsymbol{X})=P(\boldsymbol{X}/w_i)P(w_i) \tag{5-16}$$

根据判别函数的概念，分类时函数列形式不是唯一的。如果用 $f(d_i(\boldsymbol{X}))$ 取代每一个 $d_i(\boldsymbol{X})$，只要 $f(\cdot)$ 是一个单调增函数，则最后的分类结果仍旧不变。为了计算方便，将式（5-16）取对数，即

$$d_i(\boldsymbol{X})=\ln P(\boldsymbol{X}/w_i)+\ln P(w_i) \tag{5-17}$$

再将式（5-2）代入式（5-17），得贝叶斯判别函数：

$$d_i(\boldsymbol{X})=-\frac{1}{2}(\boldsymbol{X}-\boldsymbol{M}_i)^{\mathrm{T}}\boldsymbol{\Sigma}_i^{-1}(\boldsymbol{X}-\boldsymbol{M}_i)-\frac{n}{2}\ln 2\pi-\frac{1}{2}\ln|\boldsymbol{\Sigma}_i|+\ln P(w_i)$$

去掉与 $i$ 值无关的项，对分类结果没有影响。因此，式（5-17）可简化为

$$d_i(\boldsymbol{X})=-\frac{1}{2}(\boldsymbol{X}-\boldsymbol{M}_i)^{\mathrm{T}}\boldsymbol{\Sigma}_i^{-1}(\boldsymbol{X}-\boldsymbol{M}_i)-\frac{1}{2}\ln|\boldsymbol{\Sigma}_i|+\ln P(w_i) \tag{5-18}$$

相应的贝叶斯判别规则为：若对于所有可能的 $j=1, 2, \cdots, m$；$j\neq i$ 有 $d_i$（$\boldsymbol{X}$）$>$ $d_j$（$\boldsymbol{X}$），则 $\boldsymbol{X}$ 属于 $w_i$类。

由以上分析可知，概率判别函数的判别边界为 $d_1$（$\boldsymbol{X}$）$=d_2$（$\boldsymbol{X}$）（假设有两类）。当使用概率判别函数实行分类时，不可避免地会出现错分现象，分类错误的总概率由后验概率函数重叠部分下的面积给出，如图 5-6 所示。错分概率是类别判别分界两侧做出不正确判别的概率之和。很容易看出，贝叶斯判别边界使这个数错误为最小，因为这个判别边界无论向左还是向右移都将包括不是 1 类便是 2 类的一个更大的面积，从而增加总的错分概率。由此可见，贝叶斯判别规则是错分概率最小的最优准则。

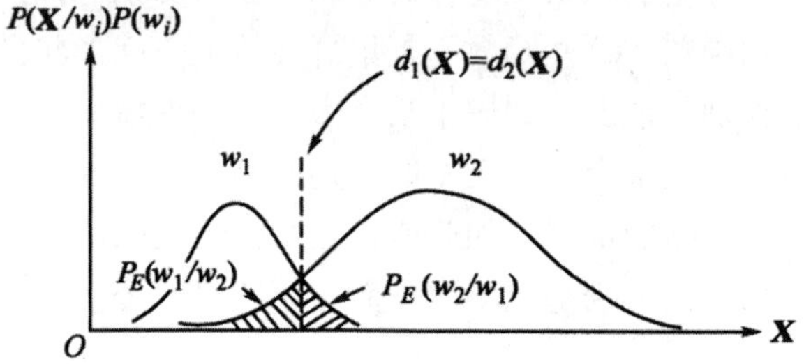


**图 5-6　最大似然法分类的错分概率**

根据概率判别函数和贝叶斯判别规则来进行的分类通常称为最大似然分类法。

（二）距离判别函数和判别规则

基于距离判别函数和判别规则，在实践中以此为原理的分类方法称为最小距离分类法。距离判别函数的建立是以地物光谱特征在特征空间中按集群方式分布为前提的，它的基本思想是设法计算未知矢量 $\boldsymbol{X}$ 到有关类别集群之间的距离，哪类离它最近，该未知矢量就属于哪类。

距离判别函数不像概率判别函数那样偏重集群分布的统计性质，而是偏重几何位置。但它又可以从概率判别函数出发，通过概念的简化而导出，而且在简化的过程中，其判别函数的类型可以由非线性转化为线性。距离判别规则是按最小距离判别的原则进行的。其判别规则如下：

若对于所有的比较类 $j=1, 2, \cdots, m$；$j\neq i$，有 $d_i$（$\boldsymbol{X}$）$>d_j$（$\boldsymbol{X}$），则 $\boldsymbol{X}$ 属于 $w_i$类。其中，$d_i(\boldsymbol{X})$为 $\boldsymbol{X}$ 到第 $i$ 类集群间的距离。

最小距离分类法中通常使用以下三种距离判别函数。

（1）马氏距离 $d_{\mathrm{M}i}$。由式（5-18）出发，假定下列条件成立：

$$P(w_i)=P(w_j), \quad |\boldsymbol{\Sigma}_i|=|\boldsymbol{\Sigma}_j| \tag{5-19}$$

则式（5-18）中的后两项是常数，剩下的部分为

$$d_{\mathrm{M}_i}=(\boldsymbol{X}-\boldsymbol{M}_i)^{\mathrm{T}}\boldsymbol{\Sigma}_i^{-1}(\boldsymbol{X}-\boldsymbol{M}_i) \tag{5-20}$$

这就是马氏距离，其几何意义是 $\boldsymbol{X}$ 到 $w_i$类重心 $\boldsymbol{M}_i$之间的加权距离，其权系数为多维方差或协方差 $\sigma_{ij}$。马氏距离判别函数实际是在各类别先验概率$P(w_i)$和集群体积$|\boldsymbol{\Sigma}|$都相同（或先验概率与体积的比为同一常数）的情况下的概率判别函数。

（2）欧氏距离 $d_{\mathrm{E}_i}$。若将协方差矩阵限制为对角的，即所有特征均为非相关的，并且

沿每一特征轴的方差均相等，则式（5－18）进一步简化为

$$d_{E_i}=(\boldsymbol{X}-\boldsymbol{M}_i)^{\mathrm{T}}(\boldsymbol{X}-\boldsymbol{M}_i)=\|\boldsymbol{X}-\boldsymbol{M}_i\|^2 \tag{5-21}$$

$d_{E_i}(\boldsymbol{X})$即为欧氏距离。欧氏距离是马氏距离用于分类集群的形状都相同情况下的特例。

（3）计程距离 $d_{T_i}$。计程距离判别函数是欧氏距离的进一步简化。其目的是避免平方（或开方）计算，从而用 $\boldsymbol{X}$ 到集群中心 $\boldsymbol{M}_i$ 在多维空间中距离的绝对值之总和来表示，即

$$d_{T_i}=\sum_{j=1}^{m}|\boldsymbol{X}_j-\boldsymbol{M}_{ij}| \tag{5-22}$$

由于计算简单的特点，计算距离在分类实践中得以经常使用。

下面分析一下最大似然法和最小距离法分类的错分概率问题。我们从一维特征空间进行说明，设有两类 $w_1$ 和 $w_2$，其后验概率分布如图 5-7 所示。其中的最小距离法是以欧氏距离和计程距离为例说明的，因为马氏距离不仅与均值向量有关，还与协方差矩阵有关，考虑起来要复杂些。从图中可以看出，最大似然法总的错分概率小于最小距离法总的错分概率。对于马氏距离来说，判别边界有可能不是两个均值向量的中点，其判别边界与集群的分布形状大小有关。

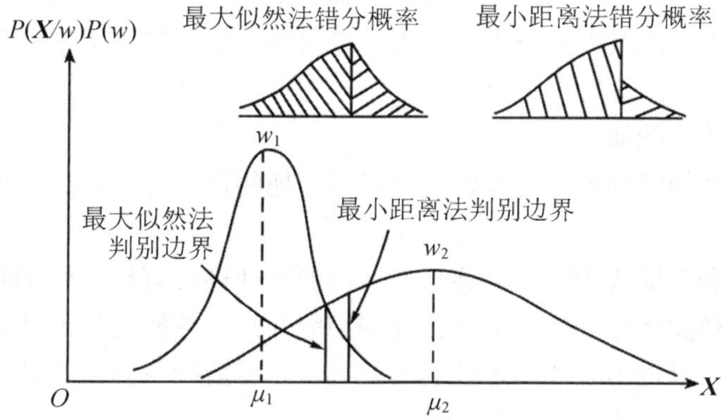


**图 5-7 最大似然法与最小距离法错分概率及判别边界**

### （三）其他的判别函数和判别规则

除了最大似然法和最小距离法分类以外，还有许多其他的判别函数和判别规则。这里介绍一种称为盒式分类法的判别函数及其对应的判别规则。盒式分类法的基本思想是首先通过训练样区的数据找出每个类别在特征空间的位置和形状，然后以一个包括该集群的“盒子”作为该集群的判别函数。判别规则为：未知矢量 $\boldsymbol{X}$ 落入该“盒子”，则 $\boldsymbol{X}$ 分为此类，否则再与其他盒子比较，如图 5-8 所示。例如，对于 A 类盒子，其边界（最小值和最大值）分别是 $x_1=a$，$x_1=b$；$x_2=c$，$x_2=d$。这种分类法在盒子重叠区域有错分现象。错分与比较盒子的先后次序有关。

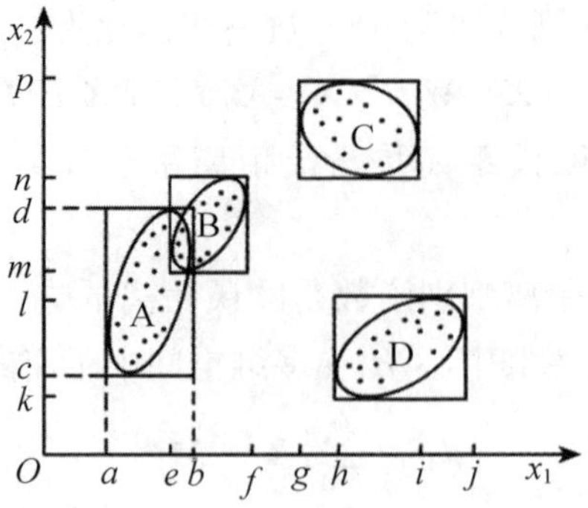


图 5-8　盒式分类法

## 二、分类过程

选择判别函数和判别规则以后，下一步的工作就是计算每一类别对应的判别函数中的各个参数，如使用最大似然法进行分类，必须知道判别函数中的均值向量和协方差矩阵。而这些参数的计算是通过使用训练样区的数据来获取的。监督法分类意味着对类别已有一定的先验知识，根据这些先验知识，就可以有目的地选择若干个训练样区。这些训练样区的类别是已知的。利用训练样区的数据去“训练”判别函数就建立了每个类别的分类器，然后按照分类器对未知区域进行分类。分类的结果不仅使不同的类别区分开，而且也知道了类别的属性。

监督分类的主要步骤如下：

（1）确定感兴趣的类别数。首先确定要对哪些地物进行分类，这样就可以建立这些地物的先验知识。

（2）特征变换和特征选择。根据感兴趣地物的特征进行有针对性的特征变换，这部分内容在前面特征选择和特征变换一节有比较详细的介绍。变换之后的特征影像和原始影像共同进行特征选择，以选出既能满足分类需要，又尽可能少参与分类的特征影像，加快分类速度，提高分类精度。

（3）选择训练样区。训练样区指的是图像上那些已知其类别属性，可以用来统计类别参数的区域。因为监督分类关于类别的数字特性都是从训练样区获得的，所以训练样区的选择一定要保证类别的代表性。训练样区选择不正确便无法得到正确的分类结果。训练样区的选择要注意准确性、代表性和统计性三个问题。准确性就是要确保选择的样区与实际地物的一致性；代表性一方面指所选择区为某一地物的代表，另一方面还要考虑到地物本身的复杂性，所以必须在一定程度上反映同类地物光谱特性的波动情况；统计性是指选择的训练样区内必须有足够多的像元，以保证由此计算出的类别参数符合统计规律。实际应用中，每一类别的样本数都在 $10^2$ 数量级左右。

（4）确定判别函数和判别规则。一旦训练样区被选定后，相应地物类别的光谱特征便可以用训练区中的样本数据进行统计。如果使用最大似然法进行分类，就可以用样本区中的数据计算判别函数所需的参数 $\boldsymbol{M}_i$ 和 $\boldsymbol{\Sigma}_i$。同理，对于最小距离法计算 $\boldsymbol{\Sigma}_i$ 和 $\boldsymbol{M}_i$，具体计算方法见式（5-3）。如果使用盒式分类法，则用样本区数据算出盒子的边界，判别函数确定之后，再选择一定的判别规则就可以对其他非样本区的数据进行分类。

（5）根据判别函数和判别规则对非训练样区的图像区域进行分类。这一步结束之后便完成了监督分类的主要工作——分类编码。

完成以上步骤，我们可以提取一幅分类后的编码影像，每一编码对应的类别属性也是已知的。也就是说，不仅达到了类别之间区分的目的，而且类别也被识别出来。

## 第四节　非监督分类

非监督分类是指人们事先对分类过程不施加任何先验知识，而仅凭遥感影像地物的光谱特征的分布规律，即自然聚类的特性进行“盲目”的分类。其分类的结果只是对不同类别达到了区分，但并不能确定类别的属性。其类别的属性是通过分类结束后目视判读或实地调查确定的。非监督分类也称“聚类分析”。一般的聚类算法是先选择若干个模式点作为聚类的中心，每一中心代表一个类别，按照某种相似性度量方法（如最小距离方法）将各模式归于各聚类中心所代表的类别，形成初始分类；然后由聚类准则判断初始分类是否合理，如果不合理就修改分类，如此反复迭代运算，直到合理为止。

与监督法的先学习后分类不同，非监督法是边学习边分类，通过学习找到相同的类别然后将该类与其他类区分开。但是非监督法与监督法都是以图像的灰度为基础的，通过统计计算一些特征参数，如均值、协方差等进行分类的。所以也有一些共性，下面介绍几种常用的非监督分类方法。

### 一、*K*-均值聚类法

*K*-均值算法的聚类准则是使每一聚类中多模式点到该类别的中心的距离的平方和最小。其基本思想是，通过迭代，逐次移动各类的中心，直至得到最好的聚类结果为止。其算法框图如图 5-9 所示。

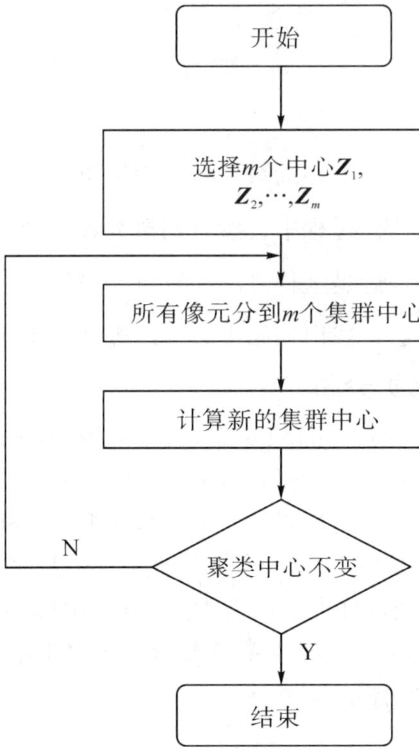


**图 5-9　*K*-均值算法框图**

具体计算步骤如下：

假设图像上的目标要分为 $m$ 类，$m$ 为已知数。

第一步：适当地选取 $m$ 个类的初始中心 $\boldsymbol{Z}_1^{(1)}$，$\boldsymbol{Z}_2^{(1)}$，…，$\boldsymbol{Z}_m^{(1)}$，初始中心的选择对聚类结果有一定的影响，初始中心的选择一般有如下几种方法。

（1）根据问题的性质和经验确定类别数 $m$，从数据中找出直观上看来比较适合的 $m$ 个类的初始中心。

（2）将全部数据随机地分为 $m$ 个类别，计算每类的重心，将这些重心作为 $m$ 个类的初始中心。

第二步：在第 $k$ 次迭代中，对任一样本 $X$ 按如下方法把它调整到 $m$ 个类别中的某一类别中去。对于所有的 $i \neq j$，$i=1$，2，…，$m$，如果 $\| \boldsymbol{X}-\boldsymbol{Z}_j^{(k)} \| \quad \| \boldsymbol{X}-\boldsymbol{Z}_i^{(k)} \|$，则 $\boldsymbol{X} \in \boldsymbol{S}_{\mathrm{j}}^{(\mathrm{k})}$，其中，$\boldsymbol{S}_{\mathrm{j}}^{(\mathrm{k})}$ 是以 $\boldsymbol{Z}_j^{(k)}$ 为中心的类。

第三步：由第二步得到 $S_j^{(k)}$ 类新的中心

$$\boldsymbol{Z}_j^{(k+1)}，\boldsymbol{Z}_j^{(k+1)}=\frac{1}{N_j}\sum_{X \in S_j^{(k)}} \boldsymbol{X} \tag{5-23}$$

式中，$N_j$ 为 $\boldsymbol{S}_{\mathrm{j}}^{(\mathrm{k})}$ 类中的样本数。

$\boldsymbol{Z}_j^{(k+1)}$ 是按照使 $J$ 最小的原则确定的，$J$ 的表达式为

$$J=\sum_{j=1}^{m} \sum_{\boldsymbol{X} \in \boldsymbol{S}_{\mathrm{j}}^{(\mathrm{k})}} \| \boldsymbol{X}-\boldsymbol{Z}_j^{(k+1)} \|^2 \tag{5-24}$$

第四步：对于所有的 $i=1$，2，…，$m$，如果 $\boldsymbol{Z}_j^{(k+1)}=\boldsymbol{Z}_j^{(k)}$，则迭代结束，否则转到第二步继续迭代。

这种算法的结果受到所选聚类中心的数目和其初始位置以及模式分布的几何性质和读入次序等因素的影响，并且在迭代过程中又没有调整类数的措施，因此可能产生不同的初始分类，进而得到不同的结果，这是这种方法的缺点。可以通过其他的简单的聚类中心试探方法，如最大最小距离定位法，找出初始中心，以提高分类效果。

## 二、ISODATA 算法聚类分析

ISODATA（iterative self-organizing data analysis techniques algorithm）算法也称为“迭代自组织数据分析算法”。它与 $K$-均值算法有两点不同：第一，它不是每调整一个样本的类别就重新计算一次各类样本的均值，而是在每次把所有样本都调整完毕之后才重新计算一次各类样本的均值，前者称为逐个样本修正法，后者称为成批样本修正法；第二，ISODATA 算法不仅可以通过调整样本所属类别完成样本的聚类分析，而且可以自动地进行类别的“合并”和“分裂”，从而得到类数比较合理的聚类结果。

ISODATA 算法过程框图如图 5-10 所示。

具体算法步骤如下：

第一步：将 $N$ 个模式样本 $\{X_i，i=1，2，3，…，N\}$ 读入。

预选 $N_c$ 个初始聚类中心 $\{\boldsymbol{Z}_1, \boldsymbol{Z}_2, \cdots, \boldsymbol{Z}_{N_c}\}$，它可以不必等于所要求的聚类中心的数目，其初始位置亦可从样本中任选一些代入。

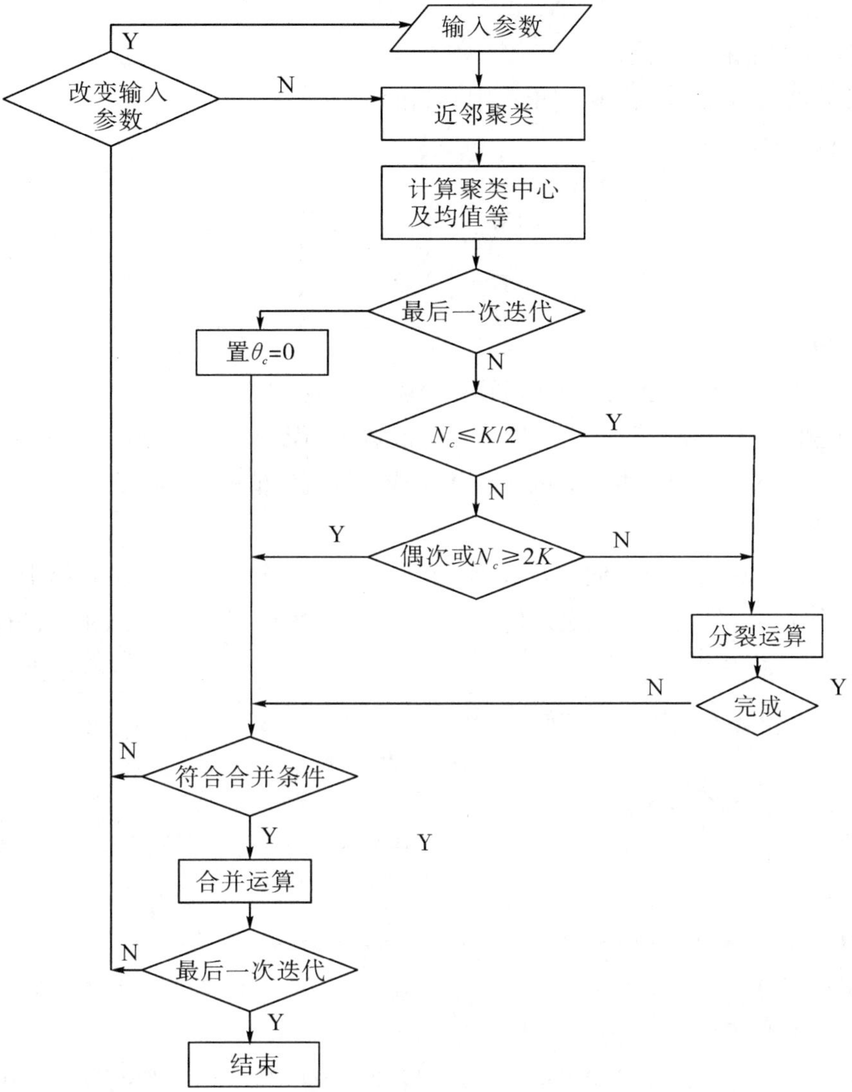


**图 5-10　ISODATA 算法过程框图**

预选：$K$=预期的聚类中心数目；

$\theta_N$=每一聚类域中最少的样本数目，即若少于此数就不作为一个独立的聚类；

$\theta_S$=一个聚类域中样本距离分布的标准差；

$\theta_c$=两聚类中心之间的最小距离，如小于此数，两个聚类进行合并；

$L$=在一次迭代运算中可以合并的聚类中心的最多对数；

$I$=迭代运算的次数序号。

第二步：将 N 个模式样本分给最近的聚类 $S_j$，假如

$$D_j = \min(\|\boldsymbol{X}-\boldsymbol{Z}_i\|, i=1, 2, \cdots, N_c), \tag{5-25}$$

即 $\|\boldsymbol{X}-\boldsymbol{Z}_i\|$ 的距离最小，则 $x \in S_j$。

第三步：如果 $S_j$ 中的样本数目 $N_j < \theta_N$，取消该样本子集，这时 $N_c$ 减去 1。

第四步：修正各聚类中心值。

$$\boldsymbol{Z}_j=\frac{1}{N_j}\sum_{X\in S_j}\boldsymbol{X},\ j=1,\ 2,\ \cdots,\ N_c \tag{5-26}$$

式中，$N_j$为$S_j$类中的样本数。

第五步：计算各聚类域$S_j$中诸聚类中心间的平均距离。

$$\bar{D}_j=\frac{1}{N_j}\sum_{X\in S_j}\|\boldsymbol{X}-\boldsymbol{Z}_j\|,\ j=1,\ 2,\ \cdots,\ N_c \tag{5-27}$$

第六步：计算全部模式样本与其相应聚类中心的总平均距离。

$$\bar{\boldsymbol{D}}=\frac{1}{N}\sum_{j=1}^{N_c}N_j\bar{D}_j \tag{5-28}$$

式中，$N$为样本总数。

第七步：判别分裂、合并及迭代运算等步骤。

（1）如迭代运算次数已达$I$次，即最后一次迭代，置$\theta_c=0$，跳到第十一步。

（2）如$N_c\leqslant K/2$，即聚类中心的数目等于或不到规定值的一半，则进入第八步，将已有的聚类分裂。

（3）如迭代运算的次数是偶次，或$N_c\geqslant 2K$，不进行分裂处理，跳到第十一步；如不符合以上两个条件（即既不是偶次迭代，也不是$N_c\geqslant 2K$），则进入第八步，进行分裂运算处理。

第八步：计算每聚类中样本距离的标准差向量。

$$\sigma_j=(\sigma_{1j}\quad\sigma_{2j}\quad\cdots\quad\sigma_{n_j})^{\mathrm{T}} \tag{5-29}$$

其中，向量的各个分量为

$$\sigma_{ij}=\sqrt{\frac{1}{N_j}\sum_{x\in S_j}(x_{ik}-\boldsymbol{z}_{ij})^2} \tag{5-30}$$

式中，维数$i=1,\ 2,\ \cdots,\ n$；聚类数$j=1,\ 2,\ \cdots,\ N_c$；$k=1,\ 2,\ \cdots,\ N_j$。

第九步：求每一标准差向量$\{\sigma_j,\ j=1,\ 2,\ \cdots,\ N_c\}$中的最大分量，以$\{\sigma_{j\max},\ j=1,\ 2,\ \cdots,\ N_c\}$代表。

第十步：在任一最大分量集$\{\sigma_{j\max},\ j=1,\ 2,\ \cdots,\ N_c\}$中，如有$\sigma_{j\max}>\theta_S$（该值给定），同时又满足以下条件中之一：

（1）$\bar{D}_j>D$和$N_j>2(\theta_N+1)$，即$S_j$中样本总数超过规定值1倍以上。

（2）$N_c\leqslant K/2$。

则将$z_j$分裂为两个新的聚类中心$\boldsymbol{z}_j^+$和$\boldsymbol{z}_j^-$，且$N_c$加1。$\boldsymbol{z}_j^+$中相当于$\sigma_{j\max}$的分量，可加上$k\sigma_{j\max}$，其中$0<k\leqslant 1$；$\boldsymbol{z}_j^-$中相当于$\sigma_{j\max}$的分量，可减去$k\sigma_{j\max}$。如果本步完成了分裂运算，则跳回第二步；否则，继续。

第十一步：计算全部聚类中心的距离。

$$D_{ij}=\|\boldsymbol{Z}_i-\boldsymbol{Z}_j\|;\ i=1,\ 2,\ \cdots,\ N_c-1;\ j=i+1,\ \cdots,\ N_c \tag{5-31}$$

第十二步：比较$D_{ij}$与$\theta_c$值，将$D_{ij}<\theta_c$的值按最小距离次序递增排列。即

$$\{D_{i1j1},\ D_{i2j2},\ \cdots,\ D_{iLjL}\} \tag{5-31}$$

式中，$D_{i1j1}<D_{i2j2}<\cdots<D_{iLjL}$。

第十三步：如将距离为 $D_{i1j1}$ 的两个聚类中心 $z_{i1}$ 和 $z_{j1}$ 合并，得新中心为

$$\boldsymbol{Z}_l^* = \frac{1}{N_{il}+N_{jl}}[N_{il}\boldsymbol{Z}_{il}+N_{jl}\boldsymbol{Z}_{jl}]\ i=1,\ 2,\ \cdots,\ L \tag{5-32}$$

式中，被合并的两个聚类中心向量，分别以其聚类域内的样本数加权，使 $\boldsymbol{Z}_l^*$ 为真正的平均向量，且 $N_c$ 减去 $L$。

第十四步：如果是最后一次迭代运算（即第 $I$ 次），算法结束。否则转至第一步——如果需由操作者改变输入参数；或转至第二步——如果输入参数不变。在本步运算里，迭代运算的次数每次应加 1。

## 三、平行管道法聚类分析

这种方法比较简单，它以地物的光谱特性曲线为基础，假定同类地物的光谱特性曲线相似作为判别的标准。设置一个相似阈值，这样，同类地物在特征空间上表现为以特征曲线为中心，以相似阈值为半径的管子，此即为所谓的“平行管道”，如图 5-11 所示。这种聚类方法实质上是一种基于最邻近规则的试探法。

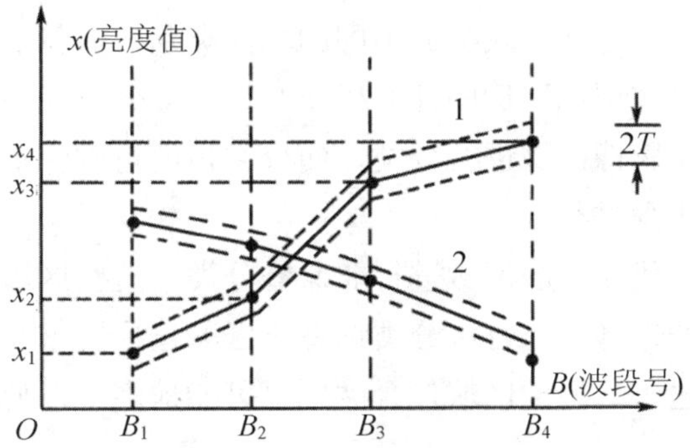


图 5-11　平行管道分类法

具体算法步骤如下：

第一步：从多光谱遥感图像中任选一个样本矢量（分量为各波段亮度值）作为第一类的特征矢量，同时将该样本矢量对应的像元标为第一类。

第二步：设置光谱响应相似性度量阈值 $T$。

第三步：依次从多光谱遥感图像中读取样本矢量，设为 $\boldsymbol{X}$，$\boldsymbol{X}=[x_1,\ x_2,\ x_3,\ x_4]^{\mathrm{T}}$（假设取 4 个波段的遥感图像）。与已经形成的各个类别的特征矢量 $x_i$（$i=1$，2，…，已形成的类别数），$\boldsymbol{X}_i=[x_{i1},\ x_{i2},\ x_{i3},\ x_{i4}]^{\mathrm{T}}$ 比较，分别计算：

$$d_1=|x_1-x_{i1}|;\ d_2=|x_2-x_{i2}|;\ d_3=|x_3-x_{i3}|;\ d_4=|x_4-x_{i4}| \tag{5-33}$$

若 $d_1$ 与 $d_2$ 与 $d_3$ 与 $d_4 \leqslant T$，则将该样本矢量对应的像元标记为第 $i$ 类，重复第三步，否则转入第四步。

第四步：将 $\boldsymbol{X}$ 设为第 $i+1$ 类的特征矢量，同时将 $\boldsymbol{X}$ 对应的像元标记为第 $i+1$ 类。类别数加 1，转至第三步。

第五步：所有像元聚类完毕，输出标记类别图像。

可以看出这种算法的结果与第一个聚类中心的选取、阈值 T 的大小有关。这种方法的优点是计算简单。

还有许多聚类分析的方法，在此不一一列举。

非监督分类在整个分类过程中不受类别先验知识的影响，因此分类所得的每一类别究竟代表什么实际地物仍然不清楚。要确定这些类别与实际地物之间的关系还需进行归纳分析，通常在类别中进行抽样，然后到实地进行辨认，或者根据有关的旧图或其他参考资料确定所分类别的属性。此外，没有类别的先验知识也很难保证分类中所有的特征是对被分类别最具判断能力的特征。采用监督分类方法可以在一定程度上解决这些问题。监督分类方法以实际地物类别的先验知识为基础，根据每一类别的具体情况进行分类特征处理及判别函数计算。因此，分类所得的每一类别都有其实际物理意义。监督分类法是遥感图像计算机分类中最常用的方法。

### 四、非监督分类与监督分类的结合

监督分类与非监督分类各有优缺点。实际工作中，常常将监督法分类与非监督法分类相结合，取长补短，使分类的效率和精度进一步提高。基于最大似然原理的监督法分类的优势在于，如果空间聚类呈现正态分布，那么它会减小分类误差且分类速度较快。监督法分类的主要缺陷是必须在分类前圈定样本性质单一的训练样区，而这可以通过非监督法来进行。即通过非监督法将一定区域聚类成不同的单一类别，监督法再利用这些单一类别区域“训练”计算机。通过“训练”后的计算机将其他区域分类完成，这样避免了使用速度比较慢的非监督法对整个影像区域进行分类，使分类精度得到保证的前提下，分类速度得到提高。具体可按以下步骤进行。

第一步：选择一些有代表性的区域进行非监督分类。这些区域尽可能包括所有感兴趣的地物类别。这些区域的选择与监督法分类训练样区的选择要求相反：监督法分类训练样区要求尽可能单一；而这里选择的区域包含类别尽可能地多，以便使所有感兴趣的地物类别都能得到聚类。

第二步：获得多个聚类类别的先验知识。这些先验知识可以通过判读和实地调查来获取。聚类的类别作为监督分类的训练样区。

第三步：特征选择。选择最适合的特征图像进行后续分类。

第四步：使用监督法对整个影像进行分类。根据前几步获得的先验知识以及聚类后的样本数据设计分类器，并对整个影像区域进行分类。

第五步：输出标记图像。由于分类结束后影像的类别信息也已确定，所以可以将整幅影像标记为相应类别输出。

## 第五节　分类后处理和精度评定

分类完成后须对分类后的影像进一步处理，使结果影像效果更好。另外，对分类的精度要进行评价，以供分类影像进一步使用时参考。

## 一、分类后处理

### （一）分类后专题图像的格式

遥感影像经分类后形成的专题图，用编号、字符、图符或颜色表示各种类别。它还是由原始影像上一个个像元组成一个二维专题地图，但像元上的数值、符号或色调代表的已不再是地面物体的亮度值，而是地面物体的类别。它在计算机中一般以数字或字符表示像元的类别号。输出的专题图除了直接输出编码的专题图，还有一般用图符或颜色分别代表各类别的打印专题图和彩色专题图。

以上介绍的是栅格图像的后处理，也可将栅格图像转变成矢量格式表示的专题图。

### （二）分类后处理

用光谱信息对影像的逐个像元进行分类，在结果的分类地图上会出现“噪声”，产生噪声的原因有原始影像本身的噪声，在地物交界处的像元中包括多种类别，其混合的辐射量造成错分类以及其他原因等。另外还有一种现象，分类是正确的，但某种类别零星分布于地面，占的面积很小，我们对大面积的类型感兴趣，对占很小面积的地物不感兴趣，因此希望用综合的方法使它从图面上消失。

分类平滑技术可以解决以上问题。这种平滑技术采用邻区处理法，所取平滑窗口可以是 3×3 或 5×5 大小。但它不是代数运算，而是采用逻辑运算。如图 5-12 所示为平滑窗口从影像中取出的类别及平滑的过程。图中是从分类图上取出 9 个像元，三种类别占的数量分别为 A 类 6 个，B 类 1 个，C 类 2 个。A 类占绝对优势，因此，中心像元由 C 改为 A。这就是所谓的“多数平滑”。平滑时中心像元值取周围占多数的类别；将窗口在分类图上逐列逐行地推移运算，完成整幅分类图的平滑。

| | | |
|---|---|---|
| A | A | A |
| A | C | B |
| C | A | A |

→

| | | |
|---|---|---|
| A | A | A |
| A | A | B |
| C | A | A |

**图 5-12 多数平滑过程**

虽然在分类前先对影像平滑，然后再分类也能达到消除噪声的效果，但有以下一些缺点：使影像模糊，分辨率下降；使类别空间边界上混类现象严重；计算时间将花得更多。

## 二、分类后的精度评定

分类后专题图的正确分类程度（也称“可信度”）的检核，是遥感图像定量分析的一部分。一般无法检核整幅分类图的每个像元的正误，而是利用一些样本对分类误差进行估计。

采集样本的方式有三种：来自监督分类的训练样区，专门选定的试验场，随机取样。

第一种方式对纯化监督训练样区比较有用，但作为检核最后分类图精度不是最好的方式。第二种方式比较好，它是特定的一些供分析用的试验场。可有目的地、均匀地分布于各个区域，也有不少场地是随机分布的，数量较多，类别也较多，测定的数据储存在计算机中，有些尚需实时测定。第三种方式完全随机取样，当然也要根据特殊应用中研究区域的性质和制图类别而设计采样区，一般不是取单个像元，而是取随机像元群，因为这样容易在航摄像片或地图上确定样区位置。样区内的信息由地面测量，在航摄像片或地图中提取。

一般采用混淆矩阵来进行分类精度的评定。对检核分类精度的样区内所有像元，统计其分类图中的类别与实际类别之间的混淆程度，实际类别可用上面介绍的几种方法得到，比较结果可以用表格的方式列出混淆矩阵，见表 5-2 所列。

**表 5-2　混淆矩阵**

| 类别 | 1 | 2 | … | $j$ | 合计 |
|---|---|---|---|---|---|
| 1 | $p_{11}$ | $p_{21}$ | | $p_{j1}$ | $p_{+1}$ |
| 2 | $p_{12}$ | $p_{22}$ | | $p_{j2}$ | $p_{+2}$ |
| … | | | | | … |
| $i$ | $p_{1i}$ | $p_{2i}$ | | $p_{ij}$ | $p_{+j}$ |
| 合计 | $p_{1+}$ | $p_{2+}$ | | $p_{i+}$ | $p$ |

其中：

$p_{ij}$ 为第 $i$ 类错分到 $j$ 类的个数；

$p_{i+}=\sum_{j=1}^{n}p_{ij}$ 为分类所得到的第 $i$ 类的总和；

$p_{+j}=\sum_{i=1}^{n}p_{ij}$ 为实际观测的第 $j$ 类的总和；

$p$ 为样本总数。

根据混淆矩阵可以计算用户精度、制图精度以及总体精度。

用户精度：

$p_{u_j}=p_{ii}/p_{i+}$，所有被分为该类的像元中，正确分类的比例。

制图精度：

$p_{A_j}=p_{jj}/p_{+j}$，该类的所有真实参考像元中，被正确分类的比例。

总体精度：

$p_i=\dfrac{\sum_{k=1}^{n}p_{kk}}{p}$，被正确分类的像元总和除以总像元数。

地表真实图像或地表真实感兴趣区限定了像元的真正分类。被正确分类的像元沿着混淆矩阵的对角行分布，它显示出被分类到正确地表真实分类的像元数。像元总数是所有参与地表真实分类的像元总和。

Kappa 系数是另外一种计算分类精度的方法。它是通过所有地表真实分类中的像元总数（$N$）乘混淆矩阵对角行的和 $X_{KK}$，再减去一类中地表真实像元的总和（$X_{K\Sigma}$）与这一类中被分类的像元总数（$X_{\Sigma K}$）的积，再除以总的像元数的平方减去这一类中地表真实像元与这一类被分类的像元总数的积得到的。公式如下：

$$K=\frac{N\sum_{K}X_{KK}-\sum_{K}X_{K\Sigma}X_{\Sigma K}}{N^2-\sum_{K}X_{K\Sigma}X_{\Sigma K}} \tag{5-34}$$

# 第六节 非光谱信息在遥感图像分类中的应用

前面介绍的各种方法都是利用地物的光谱特征进行分类，一些非光谱形成的特征，如地形、纹理结构等与地物类型的关系也十分密切。因此也可以将这些信息的空间位置与影像配准，然后作为一个特征参与分类。

## 一、高程信息在遥感图像分类中的应用

地形起伏的影响会使地物的光谱反射特性产生变化，并且不同地物的生长地域往往受海拔高度或坡度、坡向的制约，所以将高程信息作为辅助信息参与分类将有助于提高分类的精度。比如，引入高程信息有助于针叶林和阔叶林的分类，因为针叶林与阔叶林的生长与海拔高度有密切关系；另外，像土壤类型、岩石类型、地质类型、水系及水系类型都与地形有密切关系。

地形信息可以用地形图数字化后的数字地面模型作为地面的一个高程“影像”。地面高程“影像”可以直接与多光谱影像一起对分类器进行训练，也可以将地形分成一些较宽的高程带，将多光谱影像按高程带切片（或分层），然后分别进行分类。

高程信息在分类中的应用主要体现在不同地物类别在不同高程中出现的先验概率不同。假设高程信息的引入并不显著地改变随机变量的统计分布特征，则带有高程信息的贝叶斯判别函数只需将新的先验概率代替原来的先验概率即可，余下的运算相同。这种方法在实际处理时，根据地面高程“影像”确认每个像元的高程，然后选取相应的先验概率，根据一般的监督分类法进行分类。而按照前述的高程带分层有所谓的按高程分层分类法。这种方法将高程带的每一个带区作为掩膜图像，并用数字过滤的方法把原始图像分割成不同的区域图像。每个区域图像对应某个高程带，并独立地在每个区域图像中实施常规的分类处理，最后把各带区分类结果图像拼合起来形成最终的分类图像。两种方法的实质是一样的。

同理，可利用坡度、坡向等其他地形信息进行分类。

## 二、纹理信息在遥感图像分类中的应用

纹理特征有时也用来提高分类的效果，特别是在地物光谱特性相似，而纹理特征差别较大的场合。如树林与草皮，草皮的纹理比树林的纹理要细密得多，但二者的光谱特性相似，这时候加入纹理信息辅助分类是比较有效的。提取纹理的方法较多，在此不赘述。

纹理信息参与分类的方法与前面讲述的引入高程参与分类的方法类似，也是通过改变判别函数中的先验概率实现的，通过计算每个像元的纹理特性选取不同的先验概率达到对不同纹理地物加不同权，使分类结果更加合理。另一种方法是先利用多光谱信息对遥感图像进行自动分类，再利用纹理特征对光谱分类的结果进一步细分。例如，可在光谱数据分类的基础上，对属于每一类的像素，再利用纹理特征进行二次分类。

# 第六章 遥感技术的应用

## 第一节 遥感应用模式与流程

遥感技术从20世纪60年代提出至今，在遥感平台与观测技术、定位技术、处理技术以及应用领域均得到了快速发展。特别是在应用需求的推动下，遥感在多领域、多层次的深入应用，推动了遥感应用的拓展和深入。

### 一、遥感应用的基本模式

根据分析角度的不同，遥感应用模式有不同的划分方式，常见的有以下几种。

#### （一）基于数据（信息）的应用模式

遥感应用的核心内容是数据，应用模式可以分成五种：地理底图、地理要素、即时信息、定量信息、地表形变信息。每种应用模式涉及众多的应用。

地理底图是以遥感传感器获取的原始数据为基础，用于编绘专题地图的基础底图，它是专题内容在地图上定向、定位的地理骨架，是遥感应用的最基本模式。

地理要素是通过遥感图像处理与分析，从遥感数据中获取的地理信息。地理要素的应用需要对原始遥感数据进行信息提取，信息提取的方法包括遥感人工目视解译和计算机自动提取方法，如土地覆被/土地利用、植被分类等。

即时信息的应用模式不仅要求对遥感数据及时进行信息提取，而且往往对数据获取的时间分辨率具有一定的要求。这种应用模式主要发生在突发性自然灾害或城市变化研究中，如火山爆发，滑坡、泥石流等灾害暴发，海洋表面的石油污染等。

定量信息是在原始遥感数据分析的基础上，根据一定的物理模型或经验模型进行定量分析的遥感数据产品。这种应用模式主要集中在与人类活动和社会发展相关的资源及生态环境领域的研究中，如植被的生物量、地面气温、耕地面积、水资源储量等。

地表形变信息是在对一种或多种遥感数据产品的综合分析、判断的基础上，对地球表层发生的各种变化信息进行提取的应用模式，是遥感应用的最高应用模式。它不仅对原始遥感数据进行预处理、信息提取和定量分析，还对多种数据进行综合分析以获取地表变化信息，揭示地表信息的分布情况和变化规律。

在传统的遥感发展中，主要以遥感数据为主导，更多地关注遥感信息提取和图像预处理过程，也就是遥感应用模式的地理底图。随着遥感应用的扩大和普及，遥感的主导开始转向以数据为基础的信息提取和遥感数据产品，其应用也逐渐扩展到以定量遥感产品为主的地理要素及其即时信息获取的应用模式中，用户也将遥感产品应用到了更广阔的地理环境及变化分析的应用领域。

（二）基于应用方法的应用模式

综合当前遥感的主要应用领域与应用方法，遥感应用可分为目视解译、遥感分类、参数反演、统计分析、动态监测和遥感制图等几种模式。

1. 基于遥感图像目视解译或专题信息提取的单要素识别分析

对于一些简单的、精度要求不高的应用可以通过对图像目视解译、交互编辑进行识别分析。如提取水域、城乡边界、主要道路等，可由对该地区比较熟悉、具有一定解译知识和经验的人员或应用人员进行目视解译。

目视解译一方面受图像质量、解译人员个人能力的影响，另一方面与交互绘制边界等的精度有关，因此，基于专题信息提取的单要素识别分析也是一种常用的处理方法，如建筑用地提取、植被提取、水体提取等。首先提取图像上的一定区域并进行统计分析，获得该类别的特征值（如灰度、NDVI 等），进而依据该特征值建立提取模型（一般可用简单的数学运算表达式实现），实现专题信息提取。

2. 基于遥感分类的地表多要素识别分析

图像分类是遥感应用中最重要的处理内容，如土地利用/覆盖分类、地理信息采集等。通过遥感影像分类，判定每一像素归属的类别，为进一步的分析提供依据。遥感分类后，可以基于分类结果进行制图（影像地图或矢量地图），也可以以分类结果为基础进行进一步处理。

3. 地表参数遥感定量反演

应用遥感图像（特别是多波段遥感数据）之间的关系，或者遥感数据与地表参数之间的关系，实现地表参数反演也是遥感应用的重要模式之一。遥感的主要目标是从遥感信息中估计地表目标的状态参数信息。在遥感信息提取中，反演遥感物理模型往往需要利用遥感数据提供的信息与遥感物理模型，融合一定的先验知识来实现对地表参数真实状态的估计。因此，地表参数遥感定量反演主要是用一种或多种遥感反演方法，针对某一个具体的地表参数，如雪水当量、地表反射率、LAI（叶面积指数）等详细阐述反演流程，其关键是反演模型的建立、图像处理以及反演精度检验等。

4. 遥感数据与辅助信息结合的统计分析

单纯的遥感数据分析虽然可以从状态分布的角度定量反映地表现象、地表参数的静态属性和动态规律，但对于地学过程与相关背景因子的关联规则、地学过程的驱动机制与演变模式、地学现象与地学过程的影响因素等问题却无能为力。因此，有必要将遥感数据分析的结果与各种辅助信息及背景数据（如地理、气候、地质、交通、社会、经济、人文等方面的信息）结合，一方面反映状态，另一方面揭示影响因素、动力学规律与驱动机制，从而更好地为模拟、反演、预测与调控服务。

5. 遥感动态监测

遥感动态监测就是从不同时期的遥感数据中，定量地分析和确定地表变化的特征与过程。它通过多时相遥感影像分类后比较或者变化检测后进行分类统计，实现从动态的角度研究地学过程，如城市扩展、水土流失、土地利用变化的动态、趋势，并将这些变化与相关因子结合，发现过程演变的规律与驱动机制。它涉及变化类型、分布状况与变化量，即需要确定变化前后的地表类型、界线及变化趋势，提供地物的空间分布及其变化的定性和定量信息。

6. 遥感制图

遥感制图主要体现在两个方面：一是地形制图，即通过遥感获取反映地形起伏的信息，当前主要的应用方式是通过遥感图像处理构建数字高程模型，如应用遥感立体像对或应用 InSAR 技术生成 DEM 等；二是进行地表覆盖制图与更新，以生成和更新普通地图和各种专题地图。

（三）基于技术的应用模式

遥感应用的技术模式包括图像预处理、遥感信息提取、遥感信息制图、影像管理、业务化遥感平台开发、云计算等。

## 二、遥感应用技术流程

遥感应用的技术流程总体上可分为问题分析与遥感信息源选择、遥感图像处理、数据统计分析与建模、结果解释表达与应用四个阶段，如图 6-1 所示。

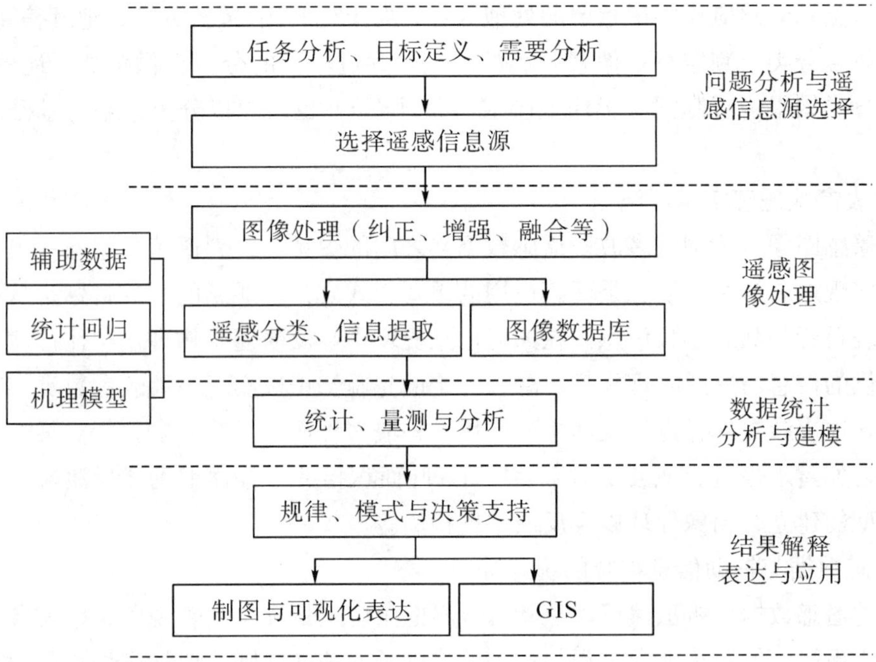


**图 6-1　遥感应用的技术流程**

（一）问题分析与遥感信息源选择

首先应对任务进行分析、定义。遥感应用的任务可以分为地面覆盖分类、专题信息提取与典型目标识别、遥感制图与基础空间信息采集、地表参数反演、遥感动态监测、遥感模型建立六大类，每一类应用都有其规律、性质和适用的信息源。通过对任务的分析，明确所要达到的目标，特别是从需求结果、要求精度、成果方式等方面进行综合考虑，从获取时间、空间分辨率、波段组合、成像方式以及性价比等方面选择合适的遥感信息源。

（二）遥感图像处理

遥感图像处理是整个遥感应用中最关键、最重要的一环。影像系统处理工作一般已在遥感数据提供机构实施完毕，所以，这一阶段主要是进行应用处理，主要包括几何纠正、参考数据获取、特征提取与选择、分类（或信息提取）等几个方面。

（三）数据统计分析与建模

遥感图像处理结果往往以分类图、专题图、变化矩阵等方式表达。对结果进行统计、分析与处理，进而与模型相结合以提供更高层次的信息是这一阶段的主要任务。图像处理结果的统计分析常常与 GIS 相结合，通过空间分析实现对规律、动态的分析。多时相遥感数据通过分类后比较转移矩阵，可以对动态过程进行分析。主成分分析等可以对过程的主要影响因子等进行分析。一些领域模型则可以进一步对遥感数据的生态环境效应等进行分析。通过遥感数据与计量模型的结合，可以进行预测、模拟，建立相应的分析模型。

（四）结果解释表达与应用

通过以上的分析处理，可以专题图、综合图、影像图、效果图、图表、统计数据等表达方式提供分析结果，如何应用结果进行相应的分析、评价，进而为决策、管理服务，则是这一阶段的主要任务。这一阶段往往要充分应用多学科领域的知识，特别是从应用领域出发，对遥感分析结果进行深层次的挖掘和推理，从而为决策的科学性、合理性和先进性提供支持。

目前，遥感的主要应用领域有资源普查、城市遥感、环境监测、灾害监测及农业遥感监测等很多方面。

## 第二节 资源遥感

资源遥感是以地球资源的探测、开发、利用、规划、管理和保护为主要内容的遥感技术及其应用过程。资源可以通过多平台、多时相、多波段的数据采集，直接或间接地由遥感信息表达出来，因而对遥感数据进行图像处理，可以从遥感数据中获取隐含在遥感信息内的自然资源的数量、空间分布和随时间变化的信息。资源与人类生活和社会发展密不可分，因此资源遥感可以通过对资源分布的位置、条件和数量等分布状态进行综合评价，了解某一地区资源对人类活动和社会发展需求的满足情况，并确定资源匮乏或富足程度。例如，某一地区的耕地和水资源是否满足人类基本生活需求，区域内铜矿分布位置及给城市带来的经济效益，某一区域有哪些条件适合发展旅游等，这些问题都可以直接或间接地通过资源遥感方法得到很好的解决。

资源遥感过程包括获取资源与环境数据的过程及综合研究和系统分析数据的过程。其中，资源与环境数据获取过程是资源遥感的基础环节，综合研究和系统分析数据过程是资源遥感的核心环节。资源遥感应用的具体步骤如下：

(1) 分析资源的形成条件、赋存环境、分布状态。

(2) 根据有利于资源调查的最佳时间及波段，选择遥感平台、传感器和遥感影像数据。

（3）按资源分布特点、类型差异、赋存状态，确定影像分析、判读的方法。

（4）遥感影像处理技术方案的设计。

（5）地面实况调查和验证方案的设计与实施。

（6）资源遥感信息特征的概括、分析模型的研究与优化。

对于不同的资源应用，资源调查与监测方法有所差异，因此在实际应用过程中，要注重针对不同的应用方向选择合适的遥感影像处理技术方案、遥感信息提取方法和分析优化模型。

## 一、水资源遥感

水资源遥感是遥感技术在水资源调查与分析评价领域的重要应用。水资源遥感的依据并不仅仅是水分的光谱特征，往往还依靠与水分密切相关的其他地物类型和地貌信息。因为水资源遥感可以解决诸如地球陆地表面水资源总量与分布状况、地下水资源储量与不同区域地下水分布情况、全球降水量与分配，以及不同地区水资源现状的分析与评价等问题，所以在全球水资源调查与分析评价中具有举足轻重的地位。

### （一）遥感技术在地表水资源调查中的应用

地表水资源遥感的主要目的是掌握水资源分布状况、获取不同区域陆地表面降水和全球陆地表面的水资源总量等热点问题。

在全球陆地表面的水资源调查与分布方面，利用水体明显区别于其他地物的特殊光谱特性，直接从遥感图像上提取水体信息；利用不同时相的遥感数据，经计算机几何纠正、叠加配准等处理，可以定量地提取江河、湖泊水体的动态变化信息，从而推测江河、湖泊与海岸线的演变规律。

在全球降水方面，目前降水监测资料的获取主要有两种常用方法：全球气象站地面测量资料和气象卫星测雨资料。全球气象站地面测量资料可以测量几小时内的降水量，继而获取降水总量。但是，该方法采用离散气象站点资料，无法反映连续空间内的降水量，尽管陆地表面的降水具有一定的地带性分布规律，可以通过气象站资料的空间插值方法获取，但其准确度有待考证。另外，受气象站分布的限制，获取的数据具有较大的偏差。与全球气象站地面测量资料相比，气象卫星测雨资料具有一定的优势，一方面它能够获取全球范围的降水量，另一方面受其他因素的影响较少，因而能够相对客观地反映降水量，但受空间分辨率限制，估测精度还不够高。目前，全球能够监测降雨的卫星和遥感数据集有很多，如我国的风云三号 G 星，美国、日本联合研制的热带测雨测量任务卫星（TRMM）、日本的亚洲区域陆地降水数据集（APHRODITE）等。

全球陆地表面水资源总量是遥感技术在地表水资源调查中的一个难点，主要原因是地表水的存在形式多样，如土壤水、河流、湖泊等。对于河流、湖泊而言，径流深度或湖泊深度一般通过流域观测站点获取资料，但并非所有流域内均有观测资料；尽管微波遥感可以在某种程度下探测水深，但微波遥感的分辨率往往很低，因而探测精度低。因此，陆地表面水资源总量的遥感调查存在很大难度，目前大多是对地表水资源量的年内变化和年际变化进行研究，如青藏高原湖泊面积的扩张、河流水系断面宽度的变化、冰川退缩导致冰雪融水的增加等。此外，土壤水分也是陆地表面水资源研究的一个热点内容，土壤水分主要与土壤岩性和降水等特征密切相关，不同岩性的土壤，其吸水性、保水性、透水性以及土壤含水量都存在很大差异。此外，土壤含水量与降水关系密切，降水丰富的地区其土壤含水量往往较大，降水较少的地区土壤含水量要相对小些。如我国西北地区的黄土尽管土壤保水、吸水性较强，但降水不够丰富，其土壤含水量也较低。基于遥感方法获取土壤含水量往往与地面实测资料相结合，可以建立含水量和遥感光谱参数的经验模型，获取区域土壤含水量，这种土壤含水量的遥感反演算法与技术研究已经广泛开展。

（二）遥感技术在地下水勘查中的作用

地下水资源储量十分丰富，对其勘查一直是水资源调查中的一个重要课题。遥感技术不仅可以实现对地下水资源的勘查，还可以分析地下水位可能的变化趋势。

地下水埋藏于地表之下，在地表上是不能直接观察到地下水赋存状况的，但地下水可以通过某些地表现象间接地得到反映。遥感图像能够真实反映地表地形、地貌、岩性、第四纪沉积物、地质构造、水系、植被覆盖等水文地质要素的空间分布特性及相互联系，以便于人们了解地下水的运动和赋存状态。在地下水勘查中运用遥感技术对勘查区各类地质要素进行解译和提取，并结合多学科、多信息的综合分析，可以就区域的水文地质条件和地下水的分布特征得出系统、客观的结论。

对第四纪松散层中的孔隙潜水来说，其水文地质条件通常与地貌、第四纪地质、新构造和植被覆盖等要素有着极为密切的联系。利用遥感图像上的色调、形态、纹理、结构等影像特征提取这些要素，对于圈定相对富水地段、判断含水层的层位和各种边界条件具有良好的效果。在此基础上，综合常规勘探资料，可以较准确地评价地下水资源。

（三）遥感技术在水资源分析与评价中的应用

遥感技术不仅在地表水和地下水资源的勘查中具有巨大的优势，而且在水资源分析与评价中发挥了很大的作用。

1. 水文地质编图

国土资源部（2018年调整为自然资源部）在各种比例尺的水文地质调查中都广泛采用了遥感技术。遥感方法作为先导，密切配合常规调查方法，有效地减少了野外调查的工作量，减轻了水文科技工作者的劳动强度，加快了调查速度，提高了成果质量。尤其在一些人迹罕至或根本难以抵达的高山、密林、沼泽、滩涂、盐湖等地区，遥感方法更加体现出了它在技术上的先进性和优越性。

利用遥感技术，采用人工解译或计算机信息提取技术，可以获取区域地质水文要素，进行水文地质图的填补。通常，应根据应用需求确定解译的精细程度或地图要素综合程度，进行不同比例尺的水文地质图的编制。

2. 水资源分析

遥感技术能够实现对水资源的分析。对降水而言，遥感方法不仅可以分析降水量的时空分布规律，而且通过分析降水量的年内变化情况可以确定丰水期、枯水期，对作物灌溉、防洪抗旱具有一定的指导作用；通过分析降水量的年际变化情况可以阐明近年来降水量的变化趋势，并由此指示气候变化情况。对地表水资源而言，遥感方法可以分析河流、湖泊、海岸带的变化情况，以及水利工程对水资源分配的影响等。对地下水资源而言，可以分析地下水的分布位置、水位高度、不同地貌形态地下水分布规律等信息。例如，从山口至其下部边缘长几千米到几十千米的冲洪积扇的地下水分带规律：潜水深埋带位于冲洪积扇上部，地面坡度大，透性强，是冲洪积扇的补给区和补给水源，埋深可达数十米或更深；潜水溢出带，此处坡度变缓，冲洪积物粒度变细，黏性土成分增加，在扇形地面与潜水面相交处形成；潜水下沉带，溢出带向下，地下水由于向河流排泄和蒸发，潜水埋深又略增加，一般为 1～3 m，本带的冲洪积物多为黏性土，多形成沼泽。

此外，遥感技术还可以通过对地貌、岩性与构造等信息全面而系统的分析，建立“遥感找水模式”，为高原地区地下水的寻找提供了一种新的思路。

3. 水资源评价

遥感技术可以实现对水资源的评价，如对区域内水资源和经济作物、人口进行综合分析，可以确定该区域内的水资源的赋存状态能否满足人类生活需求和耕作需求等；对区域内地下水资源储量及目前利用情况进行评价，也可以对地下水资源的未来供给情况进行预测等。

## 二、土地资源遥感

土地资源遥感就是利用遥感技术对土地资源进行勘查与评估。土地资源遥感的研究重点主要有土地利用/土地覆被的分类与变化、土地退化监测与评价方面。

### （一）遥感技术在土地利用/土地覆被的分类与变化中的应用

土地利用/土地覆被的遥感研究是遥感技术应用最早的方向之一，其前提是土地资源分类体系的建立。土地资源按照土地利用类型可分为已利用土地，如耕地、林地、草地以及工矿交通、居民点用地；适合开发利用土地，如宜林荒地、宜牧荒地、宜垦荒地、沼泽滩涂水域；暂时难利用的土地，如沙漠、戈壁、裸岩裸土地以及冰川，这种分类注重的是土地的开发利用，研究的重点在土地利用所带来的经济、社会和生态环境效益。

土地利用/土地覆被的遥感研究多采用多光谱遥感图像或高光谱遥感图像，不同光谱波段组合适合不同类型土地资源的信息提取；土地利用/土地覆被遥感研究的基础是不同类型的土地资源在遥感图像中呈现出的形状、纹理、大小、色调、位置等存在一些差异。例如，在真彩色合成的遥感图像上，林地、草地和耕地呈现绿色，而在假彩色合成的遥感图像上，林地、草地和耕地往往呈现红色。耕地通常具有较规则的边界，因此可以通过纹理特征将耕地信息提取出来；林地和草地的色调深浅、明暗程度不同，也可以加以区分，而且假彩色合成图像上植被的颜色更丰富，更容易识别不同植被类型。人工建筑如居民点用地、工矿交通用地具有很强的纹理特征，在遥感图像上多呈现灰白色，较容易提取。河流、湖泊的形状和色调也是较容易识别的土地资源类型。沼泽地一般表现为具有多处水洼地的植被区，且色调较陆地植被深。不容易区分的土地资源类型就是暂时难利用的土地，如沙漠、戈壁和裸岩裸土地，因此应用遥感技术识别这类土地资源时，需要借助一定的辅助条件，如地形地貌、土壤类型和海拔等，这是因为沙漠、戈壁和裸土裸岩的分布具有一定的地带性，包括水平地带性和垂直地带性。

土地利用/土地覆被分类的遥感研究方法主要包括两类：人工目视解译和计算机分类。两种方法各有利弊，前者需要具备遥感基础的专业人员，而且费时费力，但解译精度较高，在小区域应用广泛；后者受遥感数据源的影响较大，分辨率和云雾遮挡是目前的主要问题，而且在样本选择、后期分类结果修正和验证中需要人工干预。

土地利用/土地覆被的变化分析主要依靠遥感手段。变化分析方法主要有转移矩阵法（即各类土地资源向其他类型土地转移面积）、景观生态学方法（如景观斑块数、景观破碎度等）和动态变化监测方法（如重心转移、代数运算、图像变换、图像分类、特征描述的变化监测等）。通过分析，可以获取一个地区土地利用的变化情况，如退耕还林面积、城市扩张程度、道路交通建设情况等。此外，土地利用/土地覆被变化的遥感研究还涉及驱动力分析，包括由气候、水文、土壤、地质地貌等组成的自然驱动力和由对土地的投入、城市化程度、土地权属、土地利用政策、人口变化、技术发展、经济增长以及价值取向等组成的社会经济驱动力。通过驱动力分析，可以说明土地资源利用现状的成因、模拟和预测未来土地利用变化情况等。

（二）遥感技术在土地退化监测与评价中的应用

土地资源在社会生产发展中具有十分重要的地位，土地退化监测与评价工作是土地资源调查分析和评价中的一项重要工作，遥感技术在其中发挥了巨大作用。近年来，我国土地退化治理实现了从被动应对到主动防控的转变，通过“监测—评估—治理”闭环管理，沙化、石漠化土地面积持续缩减，土壤污染风险得到有效管控。未来需进一步强化智能化监测技术与生态补偿机制，支撑土地资源可持续利用。

土地退化现象一般有土壤侵蚀、土地沙化或荒漠化等。土壤侵蚀监测与评价最初是通过小流域实验建立模型完成的，随着模型的不断发展，将较成熟的实验模型引入到遥感图像中，便实现了基于遥感技术的大区域土壤侵蚀的监测与评价。目前国际上常用的通用水土流失方程（USLE）已得到普遍认可和广泛应用，我国学者也根据不同研究区域对该模型进行了修正，并应用于土壤侵蚀监测与评价研究中。通过研究，一般可以确定我国土壤侵蚀的总面积（包括水力侵蚀、风力侵蚀和冻融侵蚀）、分布区域、强度（如轻度、中度、强烈和剧烈侵蚀分布位置、面积和占所在地区的比例），以及土壤侵蚀分布的一些规律等。土地沙化和荒漠化可以通过遥感解译获取两个或多个时间段的沙地分布、沙地面积等信息来反映，也可以通过能够代表沙化和荒漠化的评价指标的变化来反映。

## 三、林业资源遥感

遥感技术是森林资源调查中应用较早、较广泛、较成熟的重要技术之一。因为林业资源分布具有广阔性、复杂性、地域性特点，所以对林业资源进行的实际调查工作难度大、成本高、效率低。遥感技术在林业资源调查中具有独特的优势。利用不同遥感数据源的彩红外图像与其他波段图像进行叠加和融合，产生增强效果，并根据典型地物在影像上的色调（颜色）变化规律，可以有效地调查森林资源空间分布、森林郁闭度、森林蓄积量和森林资源动态变化。

（一）林业资源遥感调查的特点

卫星遥感在空间分辨率和时间分辨率方面的提高，为林业资源调查提供了丰富的信息源。林业资源遥感调查的特点主要体现在以下几方面。

（1）遥感影像能够真实、客观地反映地表森林的影像特征，这是遥感影像林业资源调查的基础。

(2) 调查和制图速度快、精度高。以目视解译为例，它仅为常规调查工作量的10%～25%，制图精度高。

(3) 调查和制图费用低。与常规林业资源调查相比，采用目视解译进行林业资源遥感调查只是常规工作费用的15%～50%。

(4) 动态监测效果好。现代遥感时间分辨率高，短时间内可获得林业资源信息，为林业资源动态监测和管理决策提供了新手段。

### (二) 林业资源遥感调查的内容与方法

林业资源遥感调查的主要内容与方法根据调查任务、要求以及遥感影像的空间分辨率确定，调查的目的是获得森林的面积、蓄积数据，确定森林的类型与分布。当前，从遥感数据中可获得的地类及林业资源信息主要有以下几方面。

(1) 土地利用的一、二级地类信息，如耕地、林地（有林地、灌木林地、其他林地）、园地等。

(2) 与林地蓄积密切相关的测树因子，如郁闭度、林种、龄组、等树高线、冠幅、单位面积株数等。

(3) 同类型森林资源的分布区域、面积。

(4) 树木的长势与病虫害发生情况。

(5) 与林地类型、分布相关的环境因子，如坡度、坡向、坡位等。

### (三) 林业资源遥感调查的过程

林业资源遥感调查一般采用遥感、统计抽样与实地调查相结合的方法，并结合GIS、GNSS技术来弥补遥感定位精度的不足，以满足成图精度要求。遥感方法对林业资源的解译主要是通过遥感图像的目视解译、外业调查以建立解译标志，然后对一定范围内的林业资源进行全面判读或使用计算机自动分类，在此基础上进行人机对话解译、区划、外业检查、汇总与成图等过程。

#### 1. 准备工作

收集满足工作要求的遥感影像及相关资料，对遥感图像进行处理、制定调查规程、培训相关人员，并进行遥感影像的预判等工作。

#### 2. 建立解译标志

遥感影像林业资源解译是应用遥感技术进行森林调查的关键步骤之一，形状、色调、大小、阴影、纹理以及地物边界等因子是目视解译的直接依据。不同树种或树种的组合都有其适合的生态环境，是解译分类的间接或称林学依据。

根据林业资源的光谱特征，在室内预判、典型样地调查的基础上，初步确定解译标志，并经过核查、初步应用和修改，最终确定解译标志，其基本流程如图6-2所示。

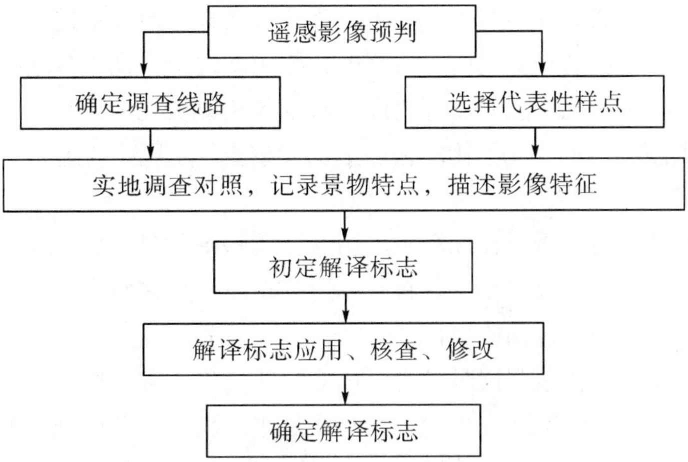


**图 6-2　林业资源遥感解译标志建立工作流程**

3. 黑白航空像片的解译特征

疏林地的影像稀疏，树木的垂直能见度大，林中空间明显可见，由灰色地表影像与黑色的树木颗粒相间组成，树木投落阴影完整，有利于判读冠形与树种。有林地的树冠影像颗粒密而均匀，树木的垂直能见度小，一般看不到树木的投落阴影，个别地方有深灰色斑点状天窗。森林一般表现为轮廓比较明显的颗粒状图形。幼林树冠影像的颗粒小且较均匀紧密，树冠间空隙小，群体纹理细致、平滑，色调比中成林浅，呈灰白色。火烧迹地形状不规则，色调多为浅灰色。采伐迹地有规则的几何图形，色调较浅，呈灰白色。灌木林地影像为密集的灰黑色小点，在高原山区阴坡多与林地交错分布，色调偏深；阳坡多与草地复区分布，色调偏浅。阔叶林呈较浅的色调，颗粒感强，呈不规则的绒球粒状图形，其影像的形状因树种不同而异：桦木呈卵圆形，山杨呈圆形；针叶林色调较深，树冠多为椭圆形或尖塔形；针阔混交林是锥状与球状林冠镶嵌，颗粒大小不均；竹林影像为密集的海绵状，表面较为均匀平整。

4. 彩红外影像的解译特征

林地的郁闭度高，水分条件好，长势好，其红色的饱和度高；反之，其红色的饱和度低。针叶林反射红外光的能力较弱，故多呈紫红色；由常绿阔叶林演化而来的多呈暗红色。阔叶林多呈鲜红色，幼林为鲜艳的红色。针阔混交林呈暗红色（锥状）与鲜红色球状镶嵌。竹林受长势影响，呈浅红至鲜红色。

在真彩色影像上，林地的色调与实地基本一致，易于判读。

5. 解译步骤

林业资源遥感调查解译主要步骤如下。

第一，地理数据采集。为了实现工作区成果图的拼接，做到资源调查不重不漏，必须将各工作区的行政区划界线、主要公路、铁路、水系等主要要素数字化并转换为统一的地图投影及坐标体系。

第二，林地解译。林地判读的对象主要有：

林地的地类判读；树种判读：先进行实地踏勘，了解和分析待判读区有哪些树种或树种组及其生物学特性、生长和分布规律以及影像特征，然后建立判读标志并在室内进行解译；龄组判读：树龄一般划分为幼龄林、中龄林和成熟林，判读龄组的标志有树冠影像的形状、大小、林木影像高度和它们的可辨程度；郁闭度判读：在中、小比例尺像片及卫星影像上，一般用目测法和比较法判读郁闭度，将郁闭度划分为疏（0.1～0.3）、中（0.3～0.6）、密（0.7以上）三级。林冠间的空隙投影、树冠影像颗粒的疏密程度和垂直能见度等都可作为判读因子。

第三，室内人机对话解译。在计算机上用遥感或GIS软件，将工作区的行政界线叠加在相应的遥感影像底图上，根据相关资料、林地分布规律及它们在遥感影像上的表现特征规律，进行判读区划，并添注相应属性。

在室内进行遥感影像林地判读时，为尽可能降低误差，需要按遥感影像解译的一般步骤进行野外补充调查，并到实地进行检查与验证工作。因此，需要确定调查线路，开展林地遥感外业调查，确定森林类型及其分布界线等。完成以上工作后，可根据所有资料信息，利用遥感图像编制林业系列专题地图，统计汇总并最终输出成果。

## 第三节　城市遥感

城市遥感是遥感技术在城市建设各领域的具体应用，涉及遥感影像获取、预处理、数据存储和管理、信息提取、专题图制作、网络传输、与GIS的集成应用等过程，是一个从遥感数据到城市空间信息再到城市管理知识的一体化处理和应用的过程。城市遥感调查的主要技术流程如图6-3所示。目的、内容和要求由城市遥感调查项目的需要决定；遥感图像包括航天遥感图像（主要用于区域性和市域性的宏观调查）和航空遥感图像（主要用于建成区和城市局部地区的较微观调查）两种主要类型；地形图主要用于划分调查的空间层次、地理单元和影像解译时的参考以及作为遥感调查的基础底图。

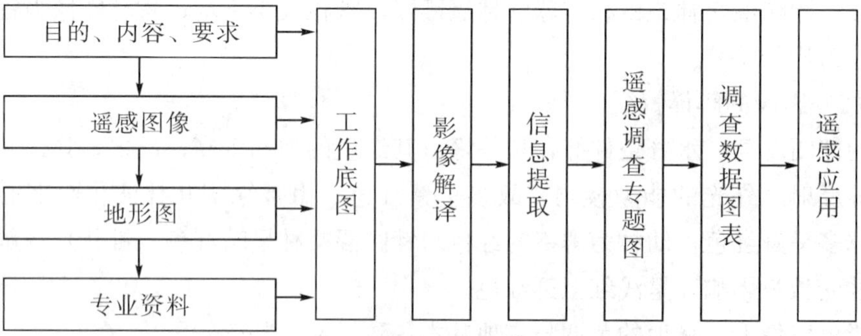


图 6-3　城市遥感调查的主要技术流程

城市遥感中的主要信息处理方法包括：利用遥感影像提取城市综合或专题要素信息；应用遥感影像进行城市土地利用分类；基于遥感信息和统计分析计算预测城市信息；遥感信息与其他多源信息、水利模型结合评价城市生态环境、城市化水平等；应用多时相遥感信息对城市扩展进行检查；面向城市应用的遥感与GIS集成。

### 一、城市主要地物影像特征

城市遥感主要的研究对象为城市地表的区域环境，即研究城市人工地物、地质构造、地形地貌、城市植被、城市水系等几何特征和光谱特征。

（一）城市建筑物影像特征

城市建筑物的遥感影像特征由不同的建材（如沥青、水泥、瓦片、油毡等）构成的顶部波谱特性所决定，总体来看，建筑物顶部的遥感影像特征主要表现在：一是反射率较高（与材料有关）；二是具有一定的热辐射能力；三是在微波遥感图像上由于建筑物高低不齐造成表面粗糙，雷达回波反射较强。

建筑物识别特征主要可分为三类：建筑物的几何特征、建筑物成像的投影关系特征和建筑物的高度特征。

建筑物的几何特征是以建筑物的形状和几何关系为基础的特征，通常包括建筑物屋顶轮廓线段、屋顶轮廓边缘相互间的夹角、侧墙棱线、屋顶面积等。其中，最重要的是线段的提取，因为夹角、角点、棱线等都是基于边缘线段产生的。几何特征是建筑物最显著的特征，而且是最可靠的特征。

由于影像中的建筑物在真实世界中是立体的，利用相机进行拍摄地表图像时，实际上是在进行坐标变换。换句话说，就是将真实三维空间中的场景投影到二维图像平面中。这种坐标变换产生了图像中建筑物的一些投影规律。其中，由于太阳角等引起的建筑物在地面的阴影是建筑物识别的一大重要特征。虽然地表其他地物如树木也会有阴影，但是建筑物的阴影和它们最大的区别点在于，建筑物阴影轮廓边缘齐整，大多数存在对应建筑物屋顶角的棱角。

建筑物的高度特征最为简单，且是最有效的特征。提取高度特征主要有两条途径：一是根据 DEM 数据或者激光扫描数据，直接获得高度信息；二是利用已知的太阳角、相机参数和阴影长度，根据空间投影关系计算高度。后者不太方便获得图像参数，而且计算方法复杂。最常见的就是前一种方法，其实用方便，效果很好。而且，前者获得的信息不仅包括高度，还包括了地表突起物的形状信息。因此，这一特征在数据源保证的条件下，非常有效。

（二）城市道路影像特征

城市道路属于线状地物，在卫星遥感影像上呈亮色调网状线条，道路的色调与铺设材料有关。根据线状地物的特性定义，在高分辨率遥感影像中道路的特征可以总结为以下几个方面。

（1）几何特征：长条状，有一定的长度且有大的长宽比，曲率有一定的限制，宽度变化比较小，道路走向变化比较慢。

（2）辐射特征：城市道路的主要铺面材料为水泥和沥青两大类，在城乡接合部有少量的土路，这三种铺面的反射波谱特性如图 6-4 中曲线所示。一般来说，在 0.4～0.6 μm 波段缓慢上升，后趋于平缓，至 0.9～1.0 μm 波段处逐渐下降。

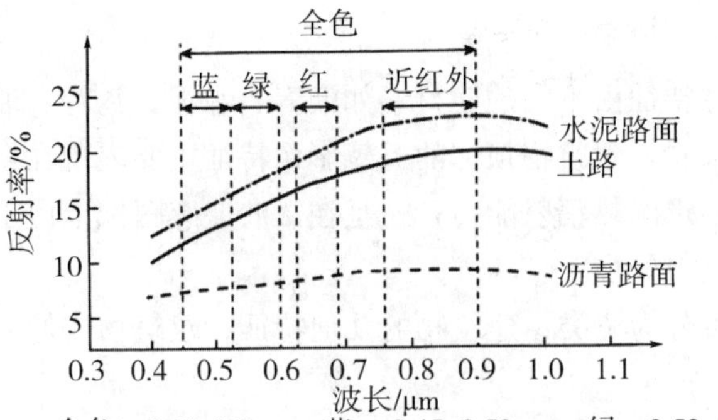


全色：0.45~0.9 μm；蓝：0.45~0.52 μm；绿：0.52~0.60 μm；
红：0.63~0.69 μm；近红外：0.76~0.90 μm

**图 6-4　各种道路材质反射波谱特性及 QuickBird 卫星波谱范围**

在遥感影像中，道路的内部灰度比较均匀，与其相邻区域灰度反差较大，一般有两条明显的边缘线；道路的色调与道路的铺设材料有关，如沙石路、水泥路的色调较浅，沥青路、潮湿的土路色调较深。

（3）拓扑特性：不会突然中断，相互有交叉，连成网络；交叉点是网络的节点。道路的交叉处一般呈现十字形、T 形、Y 形等。

（4）功能特征：一般都有指向，与植被或建筑物相连接。

（5）关联特征：与道路相关的影像特征，如建筑物产生的阴影可能会遮盖道路表面。城市道路周边常常伴随出现道路绿地，道路绿地的形状多为细长形、块状、圆形等，且这些形状区域与道路大致平行，区域间距离间隔大致相等。

### （三）城市绿地影像特征

城市绿地的光谱特征与一般的植被类似，因此在遥感影像上可有效地与其他地物相区别，同时，不同类型植被及其长势的区分还应结合自身的光谱特征。

绿地在彩红外遥感影像上一般呈红色，生长茂盛的植被呈亮红色，生长状态不佳或者遭受病虫害的植被呈深红色或粉红色。通过影像的颜色、色调、形状、分布及位置还可判断植被的种类，如深红色条状、暗红色条状或黑色块状的区域，一般为山间林地：位于城市内部的红色地块，一般为城市绿地或公园；城市外围的规则红色地块，一般为水田，而不规则的红色地块，一般为旱地；位于城市边缘的粉红色规则地块，一般为菜地。

### （四）城市水体影像特征

城市水体的光谱特征与一般水体类似。一般情况下，在近红外的遥感影像上，清澈的水体呈现黑色。为区分水体界限，确定地面上有无水体覆盖，应该选择近红外的影像：当水体受污染且浓度较大时，在可见光波段会显著地变黑、变红或变黄，并与背景水色有较大的差异，易于识别；当水体受到富营养化或其他有机物污染时，可以在近红外波段识别其与正常水体的差异；当水体受到热污染，与周围水体有明显的温差时，可以在热红外波段影像上被识别。

对于水体的研究通常还包括宏观水系生态环境的研究。水体光谱特征的解译内容包括水体界限的确定，水体悬浮物质的确定，水温的探测，水体污染的探测，水深的探测等。

## 二、城市遥感的主要应用

遥感技术可以快速、准确地获取城市发展、建设的有关信息，既有城市宏观的全貌和综合数据，又有城市的一屋一桥等微观图像和数据，可以全面、高效、实时地了解城市的发展变化。正是由于这种有别于以往任何常规方法的优势，遥感技术已经被越来越广泛地运用于城市建设的各个领域。

### （一）遥感在城市规划中的应用

在城市规划中，现势性的基础资料对规划部门和规划人员十分重要。传统的基础数据获取需要大量的人力、物力和时间。特别是近年来我国城市发展十分迅速，不少城市都进行了大量的房屋建设和道路修建，城市规模不断扩大。许多基础资料的更新跟不上城市的发展速度，因此采用传统测量的方法获取基础数据满足不了规划的需要。遥感技术可以快速实现城市范围内的国土资源与生态环境数据的多层次全方位的综合调查，充分发挥了遥感技术多平台、多分辨率、多时相的综合技术优势。

目前，遥感技术已广泛应用于城市布局、城市规划的调整、土地变更、旧城改造、历史文化保护、城市交通规划、城市规划动态监测、违法建设用地查处、城市规划的编制等方面。这些都充分说明了遥感技术在城市规划中的重要作用。

### （二）遥感在城市环境监测中的应用

城市遥感的目的之一就是使人们能够掌握城市的环境状况，为分析、研究及治理城市服务。环境质量是指城市各个环境要素本身及其组合受到污染影响的程度。随着环境遥感的兴起，遥感技术在这方面发挥了很大的作用。

1. 固体废弃物监测

因为固体废弃物自身的物理化学分解作用，其温度一般比周围地面的温度要高，所以在热红外遥感图像上表现出明显的亮色调特征，从而可以利用遥感图像对固体废弃物进行调查。

2. 大气污染监测

城市大气污染监测主要包括城市大气污染源监测和大气污染物扩散规律研究。常规的大气污染监测的做法是在典型区域布点、采样，在室内分析大气中污染物的含量，以此来监测城市大气污染。这种方法有一定的局限性，用少量点的监测数据来评价整个区域，代表性和可靠性均差。遥感技术的发展，为大气污染监测提供了有效的途径：一方面遥感可观测到大气中气溶胶类型及其含量、分布与大气微量气体的垂直分布；另一方面，可以通过城市的植被对大气环境的指示作用来对城市大气环境质量进行判别，利用地物的波谱测试数据、彩色红外遥感图像及少量常规大气监测数据，获取关于城市环境质量的基本数据，并建立城市大气污染的评价模型。

3. 热污染监测

城市热污染主要包括由臭氧层被破坏导致的温室效应和表现为城市市区温度高于郊区的热岛效应。

城市热岛效应是城市气候中最普遍的气候分布特征。快速城市化进程改变了地表下垫面的理化性质。原本是土壤、草地和水体等比热大的自然表面被水泥、沥青等比热小的表面代替，这不仅改变了反射和吸收面的性质，还改变了近地面层的热交换和地面的粗糙度，使大气的物理状况受到影响。多年的气象数据资料仅是设置在某些固定位置、单元的观测记录，难以详尽、全面地反映整个城区热特征的空间分布。现代遥感技术的蓬勃发展，为全面分析、研究热量资源和热场分布变化提供了无比优越的手段。利用热红外遥感，对城市的热辐射进行白天和夜间扫描，通过影像判读分析，可以查明城市热源、热场位置和范围，并对城市热岛的分布规律、形态特征等进行研究，从而可以对城市热环境进行科学合理的规划、整治和管理。

4. 水污染监测

溶解或悬浮于水中的污染物成分、浓度不同，水体的颜色、密度、透明度、温度就会产生差异，导致水体反射率变化，因而在遥感图像上表现出色调、灰阶、纹理特征等方面的差别。在彩色红外航摄像片上，较清洁的水质呈浅蓝色，水体受污染时，其影像色调、表面亮度值都会产生相应的变化，排污口一般分布在工厂边缘或居住区较密集点。城市管理者根据这些遥感信息，可以判别出水体污染的分布、类型及程度，从而调整城市的不合理布局，整治和关闭污染超标的工厂，妥善处置工业和生活垃圾。

（三）遥感在城市公共安全领域中的应用

遥感在城市公共安全方面的应用领域主要包括城市交通系统、应急系统（110、119、120 等）、防洪系统、突发公共安全事件（如突发流行病、突发自然灾害）等。

在交通方面，获取同一瞬间市区总体交通状况，分析不同地段的机动车密度、流量、平均车速及其空间分布规律，特别是获取车流高峰时期的数据，有利于分析城市交通堵塞的主要原因。

在应急系统方面，主要是利用遥感图像结合 GIS、GNSS 为应急指挥决策提供服务。获取遥感图像，建立图像数据库，结合 GIS 数据库，利用 GNSS 进行精确定位，对发生应急事件的地区进行分析，以便做出最快速、最有效的措施。如 120 指挥中心接到求救电话后，立即进入应急系统，查询求救者的位置，将 GIS 矢量数据叠加到相应的遥感图像上，可直观、准确地知道求救者的地点与周边环境的关系（包括与周边医院的位置关系、道路交通状况等），指挥中心可根据系统分析迅速做出营救方案。

在突发公共安全事件方面，遥感也发挥着重要作用。在利用遥感研究流行病学方面，已经取得了许多成果。遥感作为一种流行病学研究的信息源，尤其在获取有关社会、经济状况的基础数据方面十分有益。它已经被世界卫生组织确认为“人人享有健康”的全球战略的关键之一。

## 三、城市遥感的发展前景

在未来一段时期，城市遥感技术将在以下一些方面有较大的发展。

（一）遥感数据获取技术的发展

随着新型传感器研发水平的提高以及城市遥感对各类数据需求的增加，高分辨率卫星遥感数据在城市中得以广泛应用，尤其是一系列商业卫星的成功发射和运行，将逐步取代航空遥感数据成为城市遥感的主要数据源。高分辨率卫星数据在城市规划、城市土地调查、环境监测、城市地图和专题地图更新等方面发挥了重要的作用。对于全球用户而言，无论你身在何处，都能够更方便地采用联机方式直接订购和接收产品，相关遥感数据信息能以数字方式传输，在几小时内就可以获取相关数据。

（二）构建新型城市遥感信息模型

遥感信息模型集地形模型、数学模型和物理模型于一体。它是利用遥感信息和地理信息影像化方法建立起来的一种可视化模型，是一种注重知识表达和影像理解的模型。城市遥感信息模型是遥感技术应用深入发展的关键，构建各类针对具体研究对象的城市遥感信息模型，可计算和反演对实际应用非常有价值的城市环境参数。在过去几十年中，尽管人们发展了许多遥感信息模型，如植被指数和植被覆盖度模型、地表蒸散估算模型、城市地表不透水层模型、地表温度指数及归一化水体指数模型等，但远不能满足当前城市遥感应用的需要，因此发展新的遥感信息模型仍然是当前城市遥感技术研究的前沿。

（三）“3S”信息技术的集成应用

由遥感（RS）、地理信息系统（GIS）和全球导航卫星系统（GNSS）作为主体构成的空间信息集成技术系统，将进一步深化从理论、方法、技术框架到实施步骤的研究和应用，最终形成具有多维城市信息获取与实时处理特点的新的综合技术领域。其中，遥感可为地理信息系统提供海量的空间数据信息，地理信息系统为遥感影像处理分析提供高效的辅助工具，全球导航卫星系统为遥感对地观测信息提供实时的定位信息和地面高程模型。“3S”一体化集成将最终建成新型的城市三维信息获取系统，并形成高效、高精度的信息处理分析流程，这将对遥感技术在城市系统的应用与发展产生深远的影响。

（四）全面推进“智慧城市”的建设

“智慧城市”是城市信息化的战略目标和城市现代化的重要标志。遥感技术发展在“智慧城市”的建设过程中将扮演举足轻重的角色，遥感信息是“智慧城市”多源信息的一个重要分支，与城市发展的其他信息相比，有其显著的特点和应用优势。作为“智慧城市”建设中的关键性支撑技术之一，遥感信息的获取与处理技术随着数字化时代的到来正在高速发展，人们对遥感信息内在规律与实用价值的认识也越加深入。因此，遥感技术在城市领域的应用将越来越广泛，这必将推动“智慧城市”的建设。

随着全球城市化进程的加速和人类航空航天技术的进步，遥感技术已成为快速获取城市空间信息的一种强有力的技术手段。它在城市现代化建设和科学管理中逐渐得到广泛的应用，广度和深度呈现日新月异的态势。高分辨率的遥感数据、新型城市遥感信息模型的发展将会进一步提高其应用精度和实用价值。在时空一体化的基础上，3S信息集成技术、智慧城市的建设将成为必然趋势，城市遥感技术的应用成果将更好地服务于城市建设与规划管理的客观需要，其强大的技术优势与应用潜力也将得到充分体现。

## 第四节 环境遥感

环境遥感是一种以探测地球表层环境的现象及其动态为目的的遥感技术。环境遥感的内容涉及资源、大气、海洋、生态等多个方面，其目的是探测和研究环境破坏及污染的空间分布、时间尺度、性质、发展动态、影响和危害程度，以便采取环境保护措施或制订生态环境规划。环境遥感在数据获取上具有多层次、多时相、多功能、多专题的特点，在应用方面具有多源数据处理、多学科综合分析、多维动态监测和多用途的特点。

1962 年“环境遥感”首次出现在国际科技文献中。1964 年美国国家航空航天局、国家科学院和海军海洋局联合发起举行“空间地理学”的专题讨论会，讨论如何从空间上研究地球环境，提出了一个以地球为目标的空间观测规划。1964 年 10 月，一架装有微波辐射计、摄影测量照相机、多光谱照相机、紫外照相机、红外扫描仪、多普勒雷达等遥感仪器的遥感飞机投入使用。1967 年在美国国家航空航天局主持下制定了地球资源和环境观测计划，并制成“地球资源技术卫星”（后改称陆地卫星）。卫星每 18 天将整个地球拍摄一遍，获得了大量的环境信息。携带遥感仪器的飞机（或气球）的飞行高度一般不超过 20 km，人造卫星（或空间载人飞船和火箭）的飞行高度一般为几百千米。航空和航天飞行证明，地球的大气、陆地和海洋环境中不少现象及其运动变化都能用遥感仪器进行观测，因此就出现了对大气、陆地和海洋环境进行遥感监测的环境卫星系列。

环境卫星的任务是定时提供全球或局部地区的环境图像，从而取得地球的各种环境要素的定量数据。这种数据是每隔一定时段的观测记录，具有动态性。环境卫星能向区域接收中心输送所收集的资料，并由区域接收中心汇总提供给有关部门使用。

环境卫星的飞行轨道一般有两种。一种是近极地太阳同步圆形轨道，陆地卫星用的就是这种轨道。轨道尽可能靠近极地并呈圆形，能保证在同一地方时经过观测点上空，以便具有相同的照明条件和足够的太阳辐射能量，较好地获得全球环境图像。二是地球同步圆形轨道，某些气象卫星使用这种轨道。这种卫星在地球赤道平面内沿圆形轨道运行，运行方向和地球自转方向相同，绕地球一周时间为 24 h，与地球自转同步。这种卫星相对静止在地球赤道上空的一个点上，对大面积地球环境进行连续监测。

## 一、大气环境遥感

大气环境遥感（或“大气遥感”）是遥感传感器在一定距离以外测定某一区域的大气成分、运动状态和气象要素值的探测方法和技术。大气不仅本身能够发射各种频率的流体力学波和电磁波，而且当这些波在大气中传播时，会发生折射、散射、吸收、频散等经典物理或量子物理效应。由于这些作用，当大气成分的浓度、气温、气压、气流、云雾和降水等大气状态改变时，波信号的频谱、相位、振幅和偏振度等物理特征就会发生各种特定的变化，从而储存了丰富的大气信息，向远处传送。研制能够发射、接收、分析并显示各种大气信号物理特征的实验设备，建立从大气信号物理特征中提取大气信息的理论和方法，即反演理论，这也是大气环境遥感研究的基本任务。因此，大气环境遥感需要应用红外、微波、激光、声学和电子计算机等一系列的新技术成果，揭示大气信号在大气中形成和传播的物理机制和规律，区别不同大气状态下的大气信号特征，确定描述大气信号物理特征与大气成分浓度、运动状态和气象要素等空间分布之间的定量关系，从而达到监测大气环境变化的目的。大气环境遥感主要应用于气溶胶、臭氧、城市热岛、沙尘暴和酸沉降等方面的监测研究中。

### （一）主动式大气遥感和被动式大气遥感

主动式大气遥感是由人工采用多种手段向大气发射各种频率的高功率的波信号，然后接收、分析并显示被大气反射回来的回波信号，从中提取大气成分和气象要素信息的方法和技术。主动式大气遥感有声雷达、激光气象雷达、微波气象雷达及甚高频和超高频多普勒雷达等。这些雷达都能发射很窄的脉冲信号。激光气象雷达发射的光脉冲宽度只有10 ns左右，利用它探测大气，空间分辨率可高达1 m左右。此外，雷达脉冲信号发射的重复频率，已经高达$10^4$ Hz以上，应用信号检测理论和技术，可以有效地提高探测精度和距离。在量子无线电物理和技术发展以后，雷达能够发射频率十分单一、稳定且时空相干性非常好的波信号。由此产生的大气信号回波的多普勒频谱结构非常精细，从中可以精确地分析出风、湍流、温度等气象信息。这些都是主动式大气遥感的突出优点，但因为增加了高功率的信号发射设备，探测系统的体积、质量和功耗比被动式大气遥感要增加几十倍以上，所以其较多地应用于地面大气探测和飞机探测。它可提供从几千米到几百千米范围内大气的温度、湿度、气压、风、云和降水、雷电、大气水平和斜视能见度、大气湍流、大气微量气体的成分等分布的探测资料，是研究中小尺度天气系统结构和环境监测的有效手段。随着空间实验室、航天飞机等空间技术的发展，主动式大气遥感应用于空间大气探测的现实性也越来越大。

被动式大气遥感是利用大气本身发射的辐射或其他自然辐射源发射的辐射同大气相互作用的物理效应，进行大气探测的方法和技术。其辐射源有：星光以及太阳的紫外、可见光和红外辐射信号；锋面、台风、冰雹云、龙卷风等天气系统中大气运动和雷电等所激发的重力波、次声波和声波（见大气声学）辐射信号；大气本身发射的热辐射信号，主要是大气中二氧化碳在4.3 μm和1.5 μm吸收带的红外辐射；水汽在6.3 μm和大于18 μm吸收带的红外辐射，以及在0.164 cm和1.35 cm吸收带的微波辐射；臭氧在9.6 μm吸收带的红外辐射和氧在0.5 cm吸收带的微波辐射等；大气中闪电过程以及云中带电水滴运动、碰并、破碎和冰晶化（见云和降水微物理学）过程所激发的无线电波信号。

被动式大气遥感探测系统主要由信号接收、分析和结果显示等三部分组成。由于这种遥感不需要信号发射设备，探测系统的体积、质量和功耗都大为减小。被动式大气遥感技术从20世纪60年代开始便用于气象卫星探测，获得了大气温度、水汽、臭氧、云和降水、雷电、地—气系统辐射收支等全球观测资料。但是，被动式大气遥感系统探测器所接收到的是探测器视野内整层大气的大气信号积分总效应，要从中足够精确地反演出某层大气成分或气象要素铅直分布（廓线）的精细结构还很困难。比较成功的方法有两种：一种是频谱法，即观测分析大气信号的频谱，以反演大气成分和气象要素廓线；另一种是扫角法，即观测大气信号某一物理特征在沿探测器不同方位视野上的分布，以反演大气成分和气象要素的廓线。

### （二）星载大气遥感和地基大气遥感

星载大气遥感是指利用卫星搭载的大气红外超光谱探测器来获得大气数据。气象卫星分为两类：极轨气象卫星和静止气象卫星。

极轨气象卫星大气探测的主要目的是获取全球均匀分布的大气温度、湿度、大气成分（如臭氧、气溶胶、甲烷等）的三维定量遥感产品，为全球数值天气预报和气候预测模式提供初始信息。其优点是分辨率较高，但是对于某一特定地区，其扫描周期较长，这样的卫星每天在固定时间内经过同一地区两次，因而每隔 12 h 就可获得一份全球的气象资料，由于有 6 颗卫星在同时运转，因而对全球大气监测可以每 2 h 更新一次。

静止气象卫星大气探测的主要目的是获取高频次区域大气温度、湿度及大气成分的三维定量遥感产品，为区域中小尺度天气预报模式以及短期和短时天气预报提供热力场和动力场（温度、湿度、辐射值）、空间四维变化信息，进而达到改进区域中小尺度天气预报、台风、暴雨等重大灾害性天气预报准确率的目的。其优点是覆盖区域广，5 颗卫星便可形成覆盖全球中、低纬度地区的观测网，可每 30 min 更新一次。但分辨率较低，低空位置的精度由于云层、气溶胶及其他地表气体温度的影响而降低。

地基大气遥感是将红外超光谱探测器放置于地面，测量大气向下的辐射来获得大气数据的。相对于卫星大气遥感，地基大气遥感能够避免高空大气成分随温度、压力的不同，导致辐射红外光对探测器测量精度的影响，从而获取精度较高的行星边界层数据，并结合卫星及地基光谱仪的测量，提供完整和准确的气候信息。

## 二、水体环境遥感

水体环境遥感的目的是试图从传感器接收的辐射中分离出水体后向散射部分，并据此提取水体分布、组分、深度和水温等信息。水体环境遥感主要应用于海洋、湖泊和河流的监测中，通过获取一个地区水体组分（泥沙、叶绿素、有机质等）的状况和水深、水温等要素信息，对该地区的水环境做出评价。

水体环境遥感的监测机理是水体通过不断向周围辐射电磁波能量，同时，水体表面会反射（或散射）太阳和人造辐射源（如雷达）照射在其表面的电磁波能量，利用遥感传感器将这些能量接收、记录下来，再经过传输、加工和处理，就能够获取水体的图像和数据资料。如水面受到污染后，被油污覆盖的水面，蒸发受到抑制，温度高于四周水面，在遥感图像上，油污处出现浅色。从卫星像片上可发现大工厂排出的废水有时形成一股污染流，产生周期性的水团运动，形成复杂的水混合和扩散现象。水体受污染后，水的物理、化学和生物特性都有变化。富营养化的水体中某些藻类繁殖生长，与普通水体相比叶绿素含量高，其光谱特征有所差异，这在遥感图像上能反映出来。

水体环境遥感监测系统必须具备以下性能：具有同步、大范围、实时获取资料的能力，观测频率高，满足在同一时间获取完整水体信息的要求和对大面积水体的动态观测和预报；测量精度和资料的空间分辨能力应达到定量分析的要求，能够准确获取水体的组成成分；具备全天时（昼夜）、全天候工作能力和穿云透雾的能力；具有一定的透视水体能力，可以获取水体深部的信息。

目前，许多国家都已应用遥感技术开展了水体环境遥感监测研究，对水体特征进行了连续长期的观测，其观测领域甚至超过了传统观测领域，如水体表面水温、水流移动、水体分布、波浪、水体内泥沙混浊流，以及赤潮、水面的污染等。美国 1978 年 6 月发射了第一颗海洋卫星 SeaSat，每 36 h 的观测面覆盖约 95％的全球海洋面积，该海洋卫星装有微波和红外仪器等，获取的海洋遥感图像能够识别出浮游生物富集区位置、赤潮、各种自然和人为原因造成的混浊流、倾倒的垃圾污物、河口地区及沿海地带的环境特征、海上油污等。我国自1980年开始比较系统地应用遥感技术探测天津市和渤海湾海面的污染特征。近年来，对鄱阳湖的研究也是水体环境遥感研究的一个典型案例。

## 三、陆地环境遥感

陆地环境遥感是环境遥感领域中应用最为广泛的技术，目前研究主要集中在植被生态遥感、土壤遥感和土地利用/土地覆被三个方面。

### （一）植被生态遥感

植被生态调查是环境遥感的重要应用领域。植被是环境的重要组成因子，是反映区域生态环境的最好标志之一，同时也是土壤、水文等要素的解译标志。植被生态遥感监测不仅可以确定植被的分布、类型、覆盖度/郁闭度、生物量、植被生物多样性等植被的基本信息及其变化信息，还可以通过植被的初级生产力分析植被固定的碳储量，从而确定植被对全球碳循环，乃至全球气候变化的生态意义。

目前，国内外对植被分布、覆盖度/郁闭度的研究已经趋于成熟，与此相关的遥感产品也层出不穷，比较常见的植被产品是MODIS的NDVI数据集和EVI数据集，另外还有GIMMS/AVHRR NDVI数据集、Pathfinder/AVHRR NDVI数据集等，这些植被产品已经达到逐月甚至逐日监测植被信息的能力，对植被监测的分辨率也不断提高。植被类型的研究也从早期的植被和非植被的划分逐渐转变为以植被类型为基础的精细划分。对植被的初级生产力、固碳能力以及植被的光合、呼吸等生态过程的研究是植被生态遥感的重要研究方向。

### （二）土壤遥感

土壤是覆盖地球表面的具有农业生产力的资源，它与很多环境问题相关，如流域非点源污染、沙尘暴等。土壤遥感的任务是识别和划分土壤类型，分析土壤分布规律，并在此基础上研究土壤的环境问题。

早期的土壤环境研究主要采用遥感解译方法确定土壤类型。然而，随着土壤环境问题的不断增加，土壤遥感也逐渐转向以土壤类型为基础的土壤环境遥感研究，如土壤侵蚀、土壤流失问题，土地沙化、荒漠化问题，以及不同类型土壤的N、P、K、pH、有机质含量、土壤含水量、温度等。

### （三）土地利用/土地覆被

土地利用/土地覆被是人类生存和发展的基础，也是流域（区域）生态环境评价和规划的基础。同时，土地利用/土地覆被变化是目前全球变化研究的重要部分，是全球环境变化的重要研究方向和核心主题。20世纪90年代以来，国际上加强了对土地利用/土地覆被在全球环境变化中的研究工作，使之成为全球变化研究的前沿和热点课题。监测和测量土地利用/土地覆被变化过程是进一步分析土地利用/土地覆被变化机制并模拟和评价其不同生态环境影响不可缺少的基础。

纵观遥感技术在环境领域的应用：一方面环境问题为遥感技术的应用提供了舞台，另一方面环境问题的研究也促进了遥感技术的进一步发展。这两个方面相互促进，使作为环境科学和遥感科学的交叉学科的环境遥感成为研究热点之一。目前，环境遥感已经成为全球性、区域（流域）性乃至城市层次的生态环境问题研究的重要手段，为生态环境规划和环境系统研究提供了强有力的工具。

## 四、海洋遥感监测

海洋遥感技术应用始于第二次世界大战，最早是用于河口海岸制图和近海水深测量，随后在海洋环境监测、近海海洋调查、海岸带制图与资源勘测等方面开展了广泛的应用。1960 年美国发射了世界上第一颗气象卫星泰罗斯-1，在获取气象资料的同时，获得了无云海区的海面温度场资料，人类首次将卫星资料应用于海洋学研究。随后的 60 多年来，海洋遥感大致经历了三个阶段。

第一阶段（1970—1978 年）是探索阶段，该阶段主要利用载人飞船、气象卫星和陆地卫星探测海洋环境。

第二阶段（1978—1985 年）为试验阶段，该阶段美国发射了海洋卫星（SeaSat）和雨云-7（Nimbus-7，星载海岸带水色扫描仪 CZCS），这两颗卫星皆属试验研究性质。

第三阶段（1985 年至今）是应用研究和业务使用阶段，该阶段世界上发射了多颗海洋卫星，如海洋地形卫星、海洋动力环境卫星及海洋水色卫星等。

此外，还在其他一些卫星上搭载海洋探测器，开展了大量卓有成效的海洋应用研究。各海洋卫星类型及主要技术性能见表 6-1 所列。早期卫星上装载的观测仪器主要是光学遥感器，其缺点是常常受到天气的影响，而微波遥感技术的发展实现了全天时、全天候工作，星载辐射计、雷达高度计、雷达散射计、合成孔径雷达四种微波遥感器的相互有机结合构成了强大的全天候综合海洋观测系统，为地球物理学、海洋动力学、气象学等理论研究，海浪、海流、海洋潮汐观测，航运，国防等领域的应用提供了极有价值的试验观测手段。表 6-2 列出了微波遥感器的主要功能。

**表 6-1　各海洋卫星类型及主要技术性能**

| 卫星类别 | 主要用途 | 探测器 | 卫星要求 |
|---|---|---|---|
| 海洋地形卫星 | 探测海面高度、有效波高、海面风速、海洋重力场、冰面拓扑、大地水准面、潮汐洋流、大气水蒸气 | ①雷达高度计<br>②微波辐射计 | ①太阳同步轨道<br>②精密轨道测定<br>③姿态控制精度高<br>④全球覆盖周期为 1～2 天 |
| 海洋动力环境卫星 | 探测海面风速、风向、海面高度、冰面拓扑、波高、波向及波谱、海洋重力场、大地水准面、洋流海表温度、海流潮汐、内波、岸带水下地形、污染 | ① 合成孔径雷达<br>②微波散射计<br>③雷达高度计<br>④微波辐射计<br>⑤红外辐射计 | ①太阳同步轨道<br>②全球覆盖周期为 1～2 天<br>③精密轨道测定<br>④姿态控制精度高 |

续表

| 卫星类别 | 主要用途 | 探测器 | 卫星要求 |
|---|---|---|---|
| 海洋水色卫星 | 探测叶绿素、悬浮泥沙、可溶有机物、海表温度（可选）、污染、海冰、海流 | ①水色仪<br>②CCD 相机<br>③中分辨率成像光谱仪 | ①太阳同步轨道<br>②降交点地方时为中午<br>③全球覆盖周期为 2～3 天<br>④前后倾角可调<br>⑤姿态控制测轨要求较高 |

**表 6-2 微波遥感器的主要功能**

| 遥感器名称 | 功能 | 精度 |
|---|---|---|
| 微波辐射计 | 测海洋温度 10～30 ℃<br>测海面风速 0～20 $m \cdot s^{-1}$<br>测海水盐度<br>测海面、湖面油污染<br>测海冰厚度、面积、冰山、冰龄<br>测雪覆盖面积、贮量，测大气温度、云中水含量、大气剖面、雷暴台风活动，寻找矿藏、植被分类，测海岸带，测土壤湿度，测导弹制导、水下潜艇等产生的特殊微量气体 | 1.0～1.4 ℃<br>±1.5～2.0 $m \cdot s^{-1}$<br>±0.4%<br>15% |
| 微波高度计 | 海面风速 0～10 $m \cdot s^{-1}$<br>海面高度<br>海面浪高<br>海流方向<br>海流速度<br>海波方向 | 2 $m \cdot s^{-1}$<br>10 cm<br>10%<br>10°<br>5 $cm \cdot s^{-1}$<br>10° |
| 微波散射计 | 海面风速 4～26 $m \cdot s^{-1}$<br>海面风向 0°～360°<br>测陆地各种地物，获取区域雷达散射系数，为军事攻击、反攻击服务 | 1.3 $m \cdot s^{-1}$<br>16° |
| 合成孔径侧视雷达 | 海流、海波、海高制图<br>海冰方向制图<br>地形制图（尤其森林地区）<br>寻找沙漠水源、考古、探矿<br>洪水监测、海上油污染监测<br>军事侦察、地质结构制图<br>土地利用、植被分类 | 分辨率：2～30 m |

利用遥感手段对海洋生态的监测与研究主要是利用水体中的物质，特别是能进行光合作用的漂浮有机物质（如浮游植物）、无机颗粒物与入射光相互作用而产生水色变化来工作。由于浮游植物中的叶绿素对蓝光、红光有较强的吸收作用，可用来推算水体中的叶绿素分布情况。此外，有机、无机颗粒物质可吸收入射光，影响水体的透明度。美国、日本

和欧盟等国家和地区较早地开展了海洋遥感工作，为海洋初级生产力的研究、全球变化的监测、水色的监测、渔业资源的管理发挥了巨大作用。1997 年，美国发射了世界上第一个海洋水色卫星 SeaStar，其携带的传感器有 8 个波段，星下点空间分辨率为 1.1 km，两天覆盖一遍地球，是当前进行宏观尺度海洋水色监测与管理的有效工具。根据其传感器的设计特征，结合遥感信息模型，可对近海进行如下的常规监测工作：近海海域水体中叶绿素浓度分布估算，近海海域水体浊度监测，可溶性有机物（CDOM）估算，海水表层温度（SST）分布估算。

此外，还可进行赤潮预警、赤潮分布与变化、石油污染等方面的监测工作。对于中、小尺度的湖泊（海湾）生态监测，可利用多光谱传感器获取资料并结合地面实测数据及生态指标，建立遥感信息模型，从而对其生态状况进行深入研究。如我国利用陆地卫星 TM 数据对太湖进行了叶绿素分布监测研究，同时结合污染指标进行了太湖富营养化机理的探讨工作。

遥感技术具有快速、同步、大范围实时获取海洋资料的能力，因此遥感技术已在海洋学研究的各个方面广为应用，并在内波、中尺度涡旋、大洋潮汐、极地海水观测、海气相互作用等领域获得了新的研究进展，如利用遥感图像直接测量出中尺度涡旋的位置和水平尺度，进行时间序列分析和动力学研究等。

海洋事业是国家国民经济和社会发展的重要组成部分，在加大海洋开发力度的同时，必须加强海洋生物资源的养护，防治海洋污染，保护海洋生态环境。

我国于 2002 年 5 月 15 日和 2007 年 4 月 11 日分别发射了海洋水色卫星 HY-1A 和 HY-1B，2011 年 8 月 16 日又成功发射第一颗海洋动力环境卫星 HY-2A，后续的系列星 HY-1D 和 HY-3A 等也已于 2020 年 6 月和 2023 年 11 月 16 日发射成功。我国的海洋水色卫星旨在运用先进的卫星遥感技术观察监测海洋环境，防灾减灾，促进渔业资源的开发和海洋环境的保护及预报。

## 第五节　灾害遥感

灾害发生前获取孕灾因子并预测灾害发生的时间与范围、灾害过程中实时监测灾害演变趋势与规律以辅助救灾减灾、灾害结束后获取灾区信息以辅助灾区重建与救济等都要求能够获得实时、准确、动态的灾情信息。因为各种灾害一般都发生在地表一定空间范围内，且对区域地面环境、生活设施、人类生活产生明显的影响，所以应用遥感信息特别是卫星遥感影像能够从多视角、动态的角度进行灾害预测、监测、评价，并指导灾区重建。防灾减灾是遥感应用的重要方面。

灾害遥感的主要应用方式包括以下几种。

（1）直接提取遥感信息。通过不同的信息提取模型，对孕灾因子、灾区背景数据、灾情态势等信息进行直接提取。

（2）遥感图像分类。综合遥感数据和其他辅助信息，对灾害区域进行预测分类、灾情严重程度分类或根据地表覆盖变化对受灾程度进行分级划分。

（3）灾害演变遥感动态监测。通过多传感器、多时相、多分辨率遥感影像，按照一定数据处理和数据融合方法，结合灾害相关专业知识，对灾害程度和趋势进行分析评价。

（4）灾害遥感信息模型。将孕灾因子、遥感数据与灾害机理机制等结合，形成灾害遥感信息模型，以对灾害的发生机制和演变规律进行研究。

通过遥感与 GIS 平台的集成，建立完善的防灾减灾一体化信息系统，进行灾害遥感监测、灾情信息管理、灾害分析与预测、灾害防治专家级决策支持。

## 一、地质灾害遥感

常见的地质灾害主要包括地壳变动类（火山爆发、地震）、岩土位移类（滑坡、泥石流）和地表变形类（地面沉降、地裂缝、采矿塌陷等）。

地震是一种由缓慢累积起来的能量突然释放而引起的地壳运动，是一种潜在的自然灾害，常常能导致巨大的生命、财产损失。利用各种先进的技术手段，特别是卫星遥感进行地震预报、监测和灾情评估具有重要意义。2008 年，我国汶川特大地震发生以后，光学遥感影像和雷达遥感影像、机载和星载数据等遥感数据都被用来对汶川地震灾区进行灾害监测、灾后评估。

相对于常规地质调查手段，遥感技术获得地面实况资料的手段机动灵活，可以快速地收集到所需的灾情资料，而且通过对灾区一定周期内多时相数据的对比，既可以分析灾害孕育的机制，又可以定性或定量地恢复和追踪灾害发生前后的全过程。国内外的实践研究表明，遥感技术能够使对地质灾害的防治，由盲目被动转为“耳聪目明”，能够及时发现并超前预报，为主管部门提供决策依据，有效地保护人民生命财产安全，最大限度地减少损失。

对于典型的滑坡来说，滑坡后壁、滑坡体、滑动带和滑坡床是所有滑坡都具备的基本要素。就遥感解译而言，由于不能直接观察滑坡的地下部分，只有滑坡体和滑坡后壁两项基本要素。滑坡周边一般呈簸箕形，也有些呈舌形、梨形、勺形等地貌特征。老滑坡体上冲沟发育，边缘有耕地和居民点，发育在江河岸边的滑坡的斜坡呈弧形外突，河床被淤堵变窄。新滑坡体在彩色红外航摄像片上呈较均匀的灰白色调，或品红色调间杂绿色斑点，这种特征反映了地表裸露程度较高。

泥石流多发育在汇水面积数平方千米的沟谷中，物源丰富，纵向坡降大，植被稀疏等特征。常见的泥石流有沟谷泥石流和坡面泥石流两种类型。沟谷泥石流发生在沟谷中，形成区地形较陡，堆积区位于沟谷出口处，堆积物形成的冲出锥在图像上的标志十分明显，呈明显的扇形形态，色调较浅，呈灰白色。坡面泥石流一般有选择地发育在破裂面，有利于水的渗入，在遥感图像上呈灰白色调，与周边深色调背景形成鲜明对比，呈蝌蚪状、条带状，结构光滑。

## 二、洪灾遥感

洪水灾害是世界上最严重的灾害之一。快速评估洪水灾害对于减轻洪水造成的损失是非常重要的。遥感为快速评估洪水灾害提供了先进的技术。

水体光谱曲线是洪灾光学遥感的基础。水体最明显的光谱特征是在 1.00～1.06 μm 处有一个强烈的吸收峰，在 0.80 μm 和 0.90 μm 处有两个较弱的吸收峰，在 0.54～0.7 μm 处反射率最高并随着波长的增加，光谱反射率呈下降趋势。利用水体在整个红外波段相对于植被或土壤来说具有很明显的低反射特征，可以把水体识别出来，包括水体边线的圈定和面积的计算。洪灾遥感中常用的光学遥感数据有 NOAA/AVHRR、Landsat TM/ETM+、SPOT 等。但是，洪水发生时往往伴随着多云多雨的天气，光学传感器难以成像，而 SAR 影像则可以全天候、全天时成像，两者结合进行洪灾监测是较好的选择。

### 三、火灾遥感

利用遥感技术监测火灾在国外始于 20 世纪 60 年代的航空热红外探测，但目前大都利用对地观测卫星对火灾进行监测，主要集中在对森林火灾的监测方面。通常用于森林火灾监测的主要有热红外数据、TM、MODIS（中分辨率成像光谱仪）、NOAA 和雷达数据等。

火灾监测可以通过对遥感影像中的高温目标识别来实现，但是并非所有的热点都是火点，为排除这些干扰信息，除综合利用多种遥感影像外，往往还需要加入一些其他辅助信息（如 GIS 数据），以提高火灾监测评估的正确性和可靠性。3.0～5.0 μm 是监测森林火灾的最佳波段，这是因为该波段的遥感影像能非常清楚地显示火点的形状、大小和位置，对于较小的隐火、残火有较强的识别能力。当林火温度达到 1 300 K 左右时，其辐射峰值正处于 TM 7 的光谱响应范围，所以 TM 影像能监测温度很高的森林火灾，TM 6 在夜间能进行热红外成像，对暗火、残火有一定的探测作用。

火灾区域的识别也可以通过 NDVI 的变化进行检测，因为火灾前后，地表植被覆盖会发生较大的变化，所以通过检测植被区域位置、大小等变化可以进行灾后评估。

另外，火灾发生时往往伴随着浓烟或者阴雨天气，严重影响光学传感器的成像。近年来，随着 SAR 传感器越来越多，雷达影像也越来越多地用于火灾监测。通过检测雷达像素亮度值的变化和火灾前后雷达图像相干性的大小可以对火灾区域进行定位和范围的计算。

## 第六节　农业遥感

遥感技术可以客观、准确、及时地提供作物生态环境和作物生长的各种信息，它是获得田间数据的重要来源。根据遥感监测波段的不同，遥感监测可以分为多光谱遥感监测和高光谱遥感监测。多光谱遥感对农作物的监测主要是确定农作物的种植区域和种植面积；而高光谱遥感具有光谱分辨率高、波段多、信息量大等优点，是农业遥感应用的主要遥感数据源，包括地面高光谱遥感数据源和卫星高光谱遥感数据源。其中，地面高光谱遥感数据源是目前农业遥感中应用较广的数据源。

农业遥感的基础是植被的光谱特征。植被的光谱特征是植被自身固有的特性，是植被对太阳辐射的反射、散射能力随波长而变的规律。

### 一、农业资源调查

农业资源调查主要包括农业资源清查与数量统计、资源质量评价与利用规划、资源变更调查与监测及其科学管理等。

不同作物在遥感影像上呈现不同的颜色、纹理、形状等特征信息。例如，在假彩色合成的遥感影像上，耕地通常呈现比较规整的形状，并具有一定的纹理信息；其颜色为红色，红色的深浅程度与作物种植密度、产量相关，红色越深表示作物种植密度越大、产量越高。

获取作物种植区域和种植面积是农作物长势监测、产量估算、病虫害、灾害应急、动态变化等监测的前提。利用信息提取的方法，可以提取出作物种植区域，从而得到不同农作物的种植面积和种植区域。

我国在农业资源调查中尤其注重耕地资源的调查，利用遥感方法可以确定耕地分布区域、耕地数量，以及耕地的年内和年际变化情况，保证耕地的最低面积和产量需求，实现对农业资源的科学规划和利用，达到科学管理的目的。

## 二、农作物长势监测

农作物长势监测是指对作物的苗情、生长状况及其变化的宏观监测，即对作物生长状况及趋势的监测。作物长势评估包括个体和群体两方面的特征。LAI 是与作物个体特征和群体特征有关的综合指标，可以作为表征作物长势的参数。NDVI 与 LAI 有很好的关系，可以用遥感图像获取作物的 NDVI 曲线来反演计算作物的 LAI，进行作物长势监测。在高光谱农业遥感研究中，能够利用光谱特征参数进行农作物长势监测。

农作物长势监测的基础是作物识别。在农业遥感中，一般根据农作物的光谱特征加以区分。作物识别中，主要利用可见光红色波段和近红外波段的光谱特征，尤其是“三边”特征和近红外波段的特征，这是因为这个波段范围内主要是植被的叶片结构、组分（如叶绿素、类胡萝卜素、叶黄素等）等起决定作用。

农业长势监测的一个重要方向是作物生理化学参数研究。因为作物生理化学参数是植物的内部特征，所以农业遥感中一般以高光谱遥感进行反演，尤其是地面高光谱遥感应用居多。卫星高光谱遥感精度低，因此应用相对较少。对农作物生理化学参数进行高光谱监测，不仅可以提取不同类型农作物（如水稻、小麦、玉米、油菜等）的叶绿素含量、类胡萝卜素、有机质（N、P、K 等）含量，还可以通过一定时期的连续监测获取该时期内作物生理化学参数的变化规律。

作物生长时期（如出苗期、返青期、生长期、抽穗期等）的研究是当前农业长势监测的另一个热点课题。与作物生理化学参数研究相同，作物生长时期的研究也多采用地面高光谱遥感，根据农作物不同生长时期在遥感影像或波谱信息上的反映，可以鉴别作物的不同生长阶段，并针对不同生长阶段对农作物采取必要措施，能够达到对农作物科学灌溉、施肥等管理的目的。

## 三、农作物产量估算

遥感估产是基于作物特有的波谱反射特征，利用遥感手段对作物产量进行监测预报的一种技术。利用影像的光谱信息可以反演作物的生长信息（生长时期、生物量等），通过建立生长信息与产量间的关联模型（可结合一些农学模型和气象模型），便可获得作物产量信息。在实际工作中，常用植被指数（由多光谱数据经线性或非线性组合而成的能反映作物生长信息的数学指数）作为评价作物生长状况的标准。在高光谱遥感研究应用中，用于反演作物生物量的光谱参数更多，如原始光谱反射率，光谱导数，“红边”“黄边”“蓝边”参数，窄波段光谱指数，波段深度等。

农业遥感对农作物产量进行估算时，小区域精细估算以地面高光谱遥感为主，大面积农业估产则以卫星遥感为主。在小区域精细估算中，首先根据作物之间的光谱特征差异识别不同作物类型；再根据单位面积的不同类型作物光谱特征与产量之间的关系建立各种作物的产量估算模型；最后获取每种作物的产量，并计算总产量。对于大面积农业估产而言，一般选择一个或多个与产量相关性较高的光谱指数，建立光谱指数与产量之间的经验模型，通过遥感图像得到区域农业产量分布图和总产量。

## 四、农作物生态环境监测

农作物的生态环境主要是土壤，涉及土壤水分（也称“土壤含水量”）监测、土壤肥力监测、土壤结构信息提取等方面。

土壤在不同含水量下的光谱特征不同。土壤水分的遥感监测主要在可见光、近红外、热红外及微波波段进行。微波遥感精度高，具有一定的地表穿透性，不受天气影响，但是成本高，成图的分辨率低，其应用受到限制。因此，土壤水分的遥感监测常用方法还是可见光和热红外遥感，通过与反映土壤含水量相关的参数建立关系模型，反演土壤水分。

用于土壤水分监测的方法比较多，主要包括：基于植被指数类的遥感干旱监测方法，如简单植被指数、比值植被指数、归一化植被指数、增强植被指数、归一化水分指数、距平植被指数等；基于红外的遥感干旱监测方法，如垂直干旱指数法、修正的垂直干旱指数法等；基于地表温度（LST）的遥感干旱监测方法，如热惯量法、条件温度指数、归一化差值温度指数、表观热惯量植被干旱指数等；基于植被指数和温度的遥感干旱监测方法，如条件植被温度指数、植被温度梯形指数、温度植被干旱指数模型等；基于植被与土壤的遥感监测方法，如地表含水量指数、作物缺水指数等。总的来说，就是利用光学-热红外数据，选择参数建立模型进行含水量的反演。此外，也可以进行土壤肥力监测、土壤结构信息的提取等。

## 五、农业灾害监测

植被对诸如病虫害、肥料缺乏等胁迫的反应随胁迫的类型和程度的不同而变化，包括生物化学变化（纤维素、叶片等）和生物物理变化（冠层结构、覆盖、LAI 等），植物特征吸收曲线特别是红光波段和红外波段的光谱特性就会发生相应变化，所以在病害早期可通过遥感探测获得相关信息。在病虫害监测中，可以选择病害叶片中对叶绿素敏感的波段，结合实测叶绿素含量，建立叶片叶绿素含量的估算模型，提取病虫害信息，并可周期性提取病虫害作物面积、空间分布等。在水分、肥料缺乏等胁迫反应研究中，通常在作物生长过程中进行胁迫实验，掌握不同作物在不同胁迫作用下的光谱特征并作为对照，根据正常与胁迫因素作用下作物的光谱特征差异确定作物生长中的一种或多种胁迫因素。这种胁迫反应对农业生产意义重大，在农作物生长的不同阶段对其进行预判，确定生长状态，可以及时采取合理的措施（浇水、施肥等），以促进农业高效生产。

除与作物生长相关的农业灾害外，还有诸如干旱、洪涝、雪灾、土壤侵蚀等自然灾害和火灾等其他因素对农业作物造成的灾害，这些灾害也属于农业灾害范畴，可以通过遥感方法对其监测。

# 第七节 基础性地理国情监测与国土资源调查

## 一、基础性地理国情监测

基础性地理国情监测在我国国民经济建设、社会发展、国家安全和国防等领域发挥着十分重要的作用。地理国情监测工作分为普查阶段、监测阶段和成果发布阶段三个阶段。基础性地理国情监测是监测阶段的重要基础性工作，它充分利用第一次全国地理国情普查成果，开展相应的基础性地理国情监测，形成相应监测成果，为我国的经济建设、社会发展、国防建设等提供重要的基础性地理国情监测成果数据。

因此，开展基础性地理国情监测具有重要的战略意义和现势意义，并为常态化、业务化地理国情监测提供技术依据和基础。

### （一）监测目标与任务

基础性地理国情监测基于第一次全国地理国情普查标准时点核准成果或上一期（以下简称“基期”）地理国情监测成果，利用收集的监测年份（以下简称“监测期”）最新的航空、航天遥感影像、基础地理信息成果等资料，并结合相关行业专题资料，按照第一次全国地理国情普查的内容与指标和相关技术规定与要求，开展监测工作，形成监测成果。

其主要监测内容包括地表覆盖、地理国情要素、正射影像等监测数据生产，以及监测区地表覆盖、地理国情要素变化监测，形成相应监测成果数据。

### （二）监测数据与资料

基础性地理国情监测涉及的主要数据与资料包括地理国情普查数据、基础地理信息数据、遥感影像资料和专题资料。

1. 地理国情普查数据

覆盖监测区的第一次全国地理国情普查标准时点核准后成果，主要包括正射影像成果、地表覆盖分类数据和地理国情要素数据等。

第一次全国地理国情普查的正射影像成果以 WorldView-1、WorldView-2、QuickBird 等为主要影像数据源，坐标系为 2000 国家大地坐标系，现势性为 2013—2015 年，主要作为监测期影像纠正的控制影像，同时结合第一次全国地理国情普查标准时点核准影像成果，作为第一次基础性地理国情监测的基期对比影像。

地表覆盖分类数据主要包括耕地、园地、林地、草地、房屋建筑（区）、道路、构筑物、人工堆掘地、荒漠与裸露地表、水域，作为第一次基础性地理国情监测基期的矢量数据使用。

地理国情要素数据主要包括道路、水工设施、交通设施、尾矿堆放物、水域和地理单元等，作为第一次基础性地理国情监测基期的矢量数据使用。

2. 基础地理信息数据

监测期的 1∶50 000 DLG（数字线划地图）数据按 ArcGIS（一款专业的地理信息制图软件）File Geodatabase（文件地理数据库）格式存储，1∶50 000 DEM 数据格式为 GRID，坐标系为 2000 国家大地坐标系，高程基准为 1985 国家高程基准，现势性接近监测期，且满足监测内容需要。DLG 数据作为监测期地表覆盖分类和地理国情要素数据采集属性填写的参考数据源，DEM 数据作为监测期正射影像生产的控制资料。

3. 遥感影像资料

基础性地理国情监测主要利用的卫星影像数据见表 6-3 所列。监测期影像优先选用分辨率优于 1.5 m、时相更接近生长季节的影像，主要影像时相为监测期上一年 7 月至当年 6 月，同时应选择各地物纹理、结构等特征表现明显、现势性更新的影像，且满足监测内容需要。

表 6-3　基础性地理国情监测主要利用的卫星遥感影像

| 影像源 | 影像类别 | 影像地面分辨率/m | 影像类别 | 影像地面分辨率/m |
|---|---|---|---|---|
| WorldView-1、2、3 | 全色 | 0.5 | 全色 | 0.5 |
| 资源三号（ZY-3） | 全色 | 2.1 | 多光谱 | 6.0 |
| 天绘一号（TH-1） | 全色 | 2.0 | 多光谱 | 10.0 |
| SPOT-5 | 全色 | 2.5 | 多光谱 | 10.0 |
| SPOT-6、7 | 全色 | 1.5 | 多光谱 | 6.0 |

4. 专题资料

根据监测内容的需要，需收集现势性满足监测内容要求的相关专题资料，主要包括交通资料，水利普查资料，土地利用规划数据，林业、农业数据和统计资料等。

（三）成果主要技术指标和规格

1. 数学基础

平面坐标采用 2000 国家大地坐标系；地图投影按分幅存储的基础性地理国情监测成果数据，采用高斯-克吕格投影，按 6°分带，投影带的中央经线与赤道的交点向西平移 500 km后的点为投影带坐标原点，坐标单位为 m，至少保留 4 位小数。按各省（自治区、直辖市）监测区存储的基础性地理国情监测成果数据集采用地理坐标，坐标单位为°，至少保留 6 位小数。高程基准采用 1985 国家高程基准，高程系统为正常高，坐标单位为 m，至少保留 2 位小数。

2. 产品模式及规格

产品模式及规格主要涉及数字正射影像数据、地表覆盖和地理国情要素监测成果数据及变化监测成果数据。

数字正射影像数据的生产依据《数字正射影像生产技术规定》(GDPJ 05—2013）相关规定执行，其纠正精度相对于最近野外控制点的平面位置中误差不得大于表 6-4 中的规定。

表 6-4　DOM（数字正射影像）平面精度

| 地形类别 | 1∶25 000 成图精度影像平面中误差/m | 1∶50 000 成图精度影像平面中误差/m |
|---|---|---|
| 平地、丘陵地 | 12.5 | 25 |
| 山地、高山地 | 18.75 | 37.5 |

不同监测时相的 DOM 套合精度不大于 5 个像元，特殊区域（如遮挡、阴影区域等）

不大于 10 个像元，不同源卫星遥感数字正射影像套合时，以低精度的套合限差为准。

利用相同影像源的遥感数字正射影像接边时，接边误差满足第一次全国地理国情普查相应技术规定，且相邻景或分幅的影像重叠区域内的纹理、色调基本一致。不同源卫星遥感数字正射影像接边时，要求地物几何位置接边，接边精度按照第一次全国地理国情普查相应技术规定，且以低精度的接边限差为准，重叠区域内影像色调可不接边。

地表覆盖和地理国情要素成果数据以各监测区为空间单元。监测区基期和监测期的地表覆盖监测数据和地理国情要素监测数据（其中监测区基期的地表覆盖数据和地理国情要素监测数据为 2015 年标准时点核准后的成果数据），通过增量更新技术手段获得。监测分类指标按照《地理国情普查内容与指标》(GDPJ 01—2013) 的相关要求采集至二级类或三级类。数据的采集精度、分类精度、属性精度、属性定义等要求按照《地理国情普查数据规定与采集要求》(GDPJ 03—2013) 相关规定执行。元数据按照《地理国情普查数据生产元数据规定》(GDPJ 04—2013) 中的相关规定执行。

变化监测成果数据平面精度仅限于发生变化达到提取指标的地物，也是基于监测期正射影像的采集精度。影像上分界明显的地表覆盖分类界线和地理国情要素的边界以及定位点，采集精度应控制在 5 个像素以内。特殊情况，如高层建筑物遮挡、阴影等，采集精度原则上应控制在 10 个像素以内。对于地表覆盖分类数据，没有明显分界线的过渡地带内地表覆盖分类应至少保证上一级类型的准确性。分类精度需要达到《地理国情普查检查验收与质量评定规定》(GDPJ 09—2013) 的要求。获取的定量属性值保留的小数位及计量单位、各属性项赋值均应符合《地理国情普查数据规定与采集要求》(GDPJ 03—2013) 中各具体属性项的要求，并且取值与地物实际属性相符。

变化监测成果数据内容包含地表覆盖变化监测成果数据和地理国情要素变化监测成果数据，均为监测区基期至监测期的变化监测成果，详细度至二级类或者三级类。按照《地理国情普查内容与指标》(GDPJ 01—2013) 的相关要求，最小图斑对应的地面实地面积要求见表 6-5 所列，线状要素最小提取单元对应的地面实地宽度要求见表 6-6 所列，点状要素提取要求参考《地理国情普查内容与指标》(GDPJ 01—2013) 相关规定。

**表 6-5　地表覆盖最小图斑对应的地面实地面积表**

| 普查最小图斑面积/$m^2$ | 监测最小图斑面积/$m^2$（2 m 分辨率影像） | 监测最小图斑面积/$m^2$（5 m 分辨率影像） | 监测最小图斑面积/$m^2$（10 m 分辨率影像） |
|---|---|---|---|
| 200 | 200 | 800 | 3 200 |
| 400 | 400 | 1 600 | 6 400 |
| 1 000 | 1 000 | 4 000 | 16 000 |
| 1 600 | 1 600 | 6 400 | 25 600 |
| 2 000 | 2 000 | 8 000 | 32 000 |
| 5 000 | 5 000 | 20 000 | 80 000 |
| 10 000 | 10 000 | 40 000 | 160 000 |

表 6-6　地理国情要素最小提取单元对应的地面实地宽度表

| 普查最小宽度/m | 监测最小宽度/m（2 m 分辨率影像） | 监测最小宽度/m（5 m 分辨率影像） | 监测最小宽度/m（10 m 分辨率影像） |
|---|---|---|---|
| 3 | 3 | 6 | 12 |
| 5 | 5 | 10 | 20 |
| 20 | 20 | 40 | 80 |

（四）技术路线与工艺流程

1. 技术路线

以 2015 年第一次全国地理国情普查标准时点核准的普查成果作为基期监测数据，利用基期的正射影像成果及监测期的高分辨率多源航空航天遥感影像为主要数据源，收集、整理、分析基础地理信息成果及多行业专题资料数据，采用增量更新、遥感影像解译、变化信息提取、数据编辑与整理等技术手段和方法，实现监测期地表覆盖和地理国情要素的解译获取及变化监测，得到初步监测成果数据，对初步监测成果数据中存在疑问的要素开展外业核查与调绘，通过内业编辑与整理，得到监测期的地表覆盖、地理国情要素及变化监测成果数据，并进行“两级检查，一级验收”，得到经质检合格的监测成果数据，同时，对其开展统计分析，得到统计分析成果，制作监测图件，编制监测报告。总体技术路线如图 6-5 所示。

2. 工艺流程

基础性地理国情监测主要实施的工艺流程大致包括以下几方面。

收集监测区基期普查成果、正射影像、外业核查数据、调绘数据、专题数据、基础地理信息数据等，进行整合分析、数据提取与整理，形成监测区基期地表覆盖、地理国情要素、正射影像监测成果数据。

利用监测区基期监测成果数据，结合监测期正射影像成果，采用增量更新的技术方法，得到监测区基期至监测期监测时段的变化监测过程数据集，通过变化分析、发现与提取得到基期至监测期的变化监测初步成果；同时，通过数据编辑与整理得到监测期地表覆盖和地理国情要素监测初步成果。

对得到的地表覆盖、地理国情要素及变化监测初步成果中内业判读无法确定、存在疑问或信息不完整的地表覆盖、地理国情要素及变化监测初步成果进行外业核查与调绘，并对经外业核查与调绘的地表覆盖、地理国情要素及变化监测初步成果进行内业编辑与整理，形成相应监测成果。

收集行业专题资料，并对其进行整合和预处理，采用“两级检查、一级验收”的模式对成果进行质量控制。若存在成果不合格，应对照质检报告和监测指标分析不合格的原因并认真修改，直到成果通过质检为止，以确保监测成果的质量，得到基期、监测期地表覆盖、地理国情要素和变化信息最终成果。

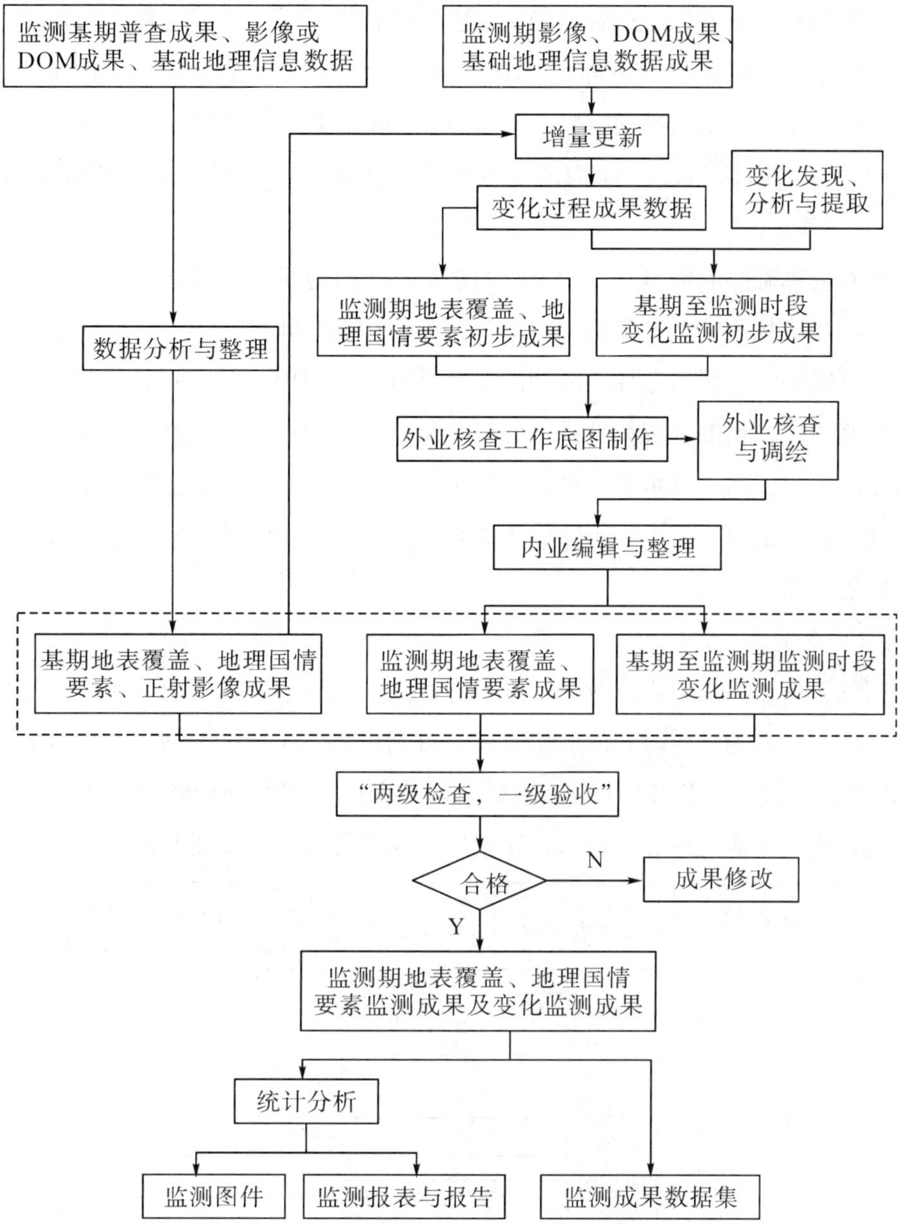


**图 6-5 基础性地理国情监测总体技术路线**

利用监测区基期和监测期相应的地表覆盖和地理国情要素及变化监测成果数据，结合相应时相的其他资料，采用空间分析、统计分析、地理相关分析等方法，开展相应的统计分析工作，得到相应的统计分析成果，并制作相应专题图件，编辑相应报告报表。

（五）监测方法

1. 数据资料分析与整合

在收集获取各类资料的基础上，开展资料整合分析与预处理。对收集到的基础测绘资料、专题资料的权威性、准确性、数据内容、数据精度、数据时相进行分析，符合要求的直接采用，其他作为参考资料使用。

同时，对收集到的基础测绘资料和专题资料进行坐标系统转换，使之与地理国情普查成果数据空间坐标信息一致，并满足基础性地理国情监测的需要。多期数据间的相对精度也应满足基础性地理国情监测的需要，矢量数据相对精度不大于 5 m，影像数据相对精度不大于 5 个像素，以低精度影像为准，尽量避免多期数据间的相对位置偏差引起的伪变化。

对收集到的基础测绘资料和专业资料的现势性进行分析，优先选用和监测年份接近的资料及成果，当收集到的多期资料和监测年份前后相差时间段较小，且同一个地方的地物有变化时，则需要结合影像选择更准确的专题资料加以利用。对于收集到的权威部门的专业资料，对其内容、精度、现势性进行分析，符合要求的可直接或经过预处理后采用，其他可作为参考资料使用。对水利、林业、国土、铁路、各级公路、道路等专题数据进行甄选分析、数字化、空间化等预处理，作为地表覆盖和地理国情要素解译获取以及属性信息填写的主要参考数据源。

2. 正射影像生产

监测期的影像若为正射影像成果，且现势性满足监测内容的要求，可直接使用或经过坐标转换后使用。若为相应时相的原始影像，可利用第一次全国地理国情普查的正射影像成果及相应的 1∶50 000 DEM 作为控制资料，结合遥感图像处理软件对原始影像进行正射纠正处理，得到相应正射影像成果。正射影像纠正技术流程如图 6-6 所示。

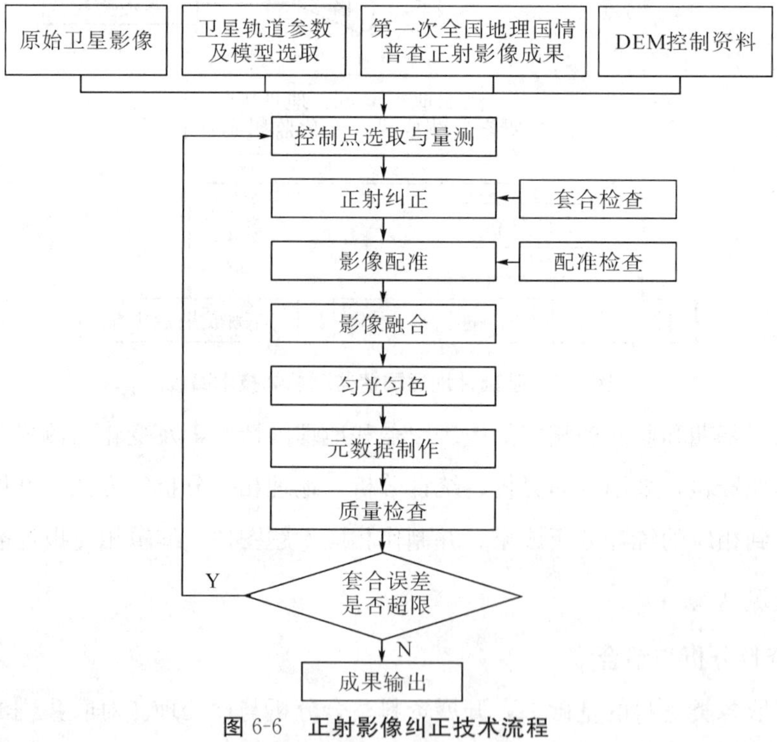


图 6-6　正射影像纠正技术流程

3. 变化信息提取

变化信息提取方式主要有两种：第一种是通过基期数据叠加基期和监测期影像，配合相关专业资料进行提取，主要用于地理国情要素变化信息的提取；第二种是通过对基期和监测期数据叠加对比分析，开发相关程序提取变化信息，从而在一定程度上提高自动化生产水平，主要用于地表覆盖变化信息的提取。具体提取流程如图 6-7 所示。

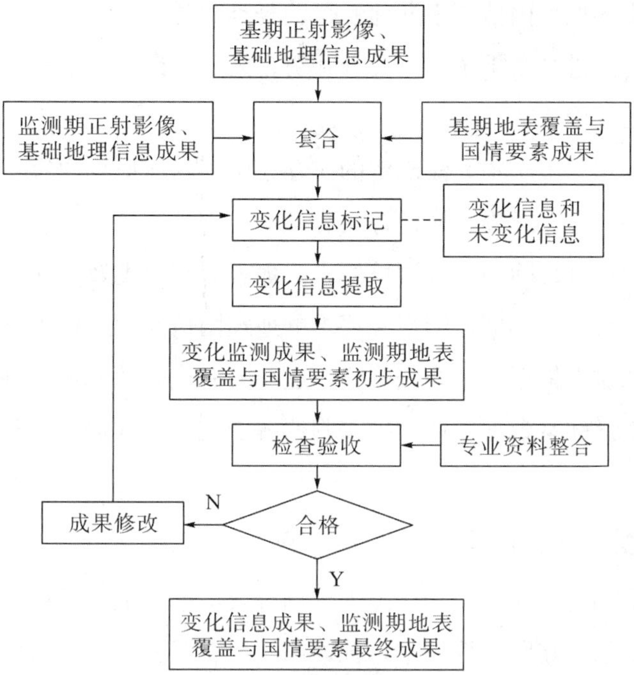


**图 6-7 变化信息提取流程**

地表覆盖分类数据、地理国情要素数据解译提取应按《地理国情普查内容与指标》（GDPJ 01—2013）、《地理国情普查数据规定与采集要求》（GDPJ 03—2013）和《地理国情普查内业编辑与整理技术规定》（GDPJ 12—2013）执行。

在解译提取过程中，结合基期地表覆盖和地理国情要素监测数据，参照基期和监测期正射影像成果，采用增量更新技术方法提取基期至监测期的变化信息，即变化监测过程数据集，通过数据分析与整合，得到监测期的地表覆盖和地理国情要素监测成果。同时，对得到的变化监测过程数据集，通过变化发现、分析与提取，得到基期至监测期监测时段的变化监测成果数据集。

不能确定当期地表覆盖、地理国情要素信息时，应结合辅助资料，对内业采集的地表覆盖分类图斑和地理国情要素的变化、类型、边界、属性等信息内容进行综合分析，必要时开展相应的外业核查与调绘。

4. 外业核查与调绘

内业地理国情要素和地表覆盖监测数据采集后，需要进行外业核查与调绘，主要工作内容包括以下几方面。

通过对内业已采集的地理国情要素和地表覆盖监测数据进行甄选、分析等，结合《地理国情普查外业调查技术规定》（GDPJ 11—2013）相关规定，同时参照《地理国情普查底图制作技术规定》（GDPJ 10—2013）相关要求，制作相应外业普查工作底图，用于后续外业核查与调绘。

在已有的外业普查工作底图基础上，制定可行的外业调查路线，利用已有的外业数字调绘系统对内业采集的地理国情要素和地表覆盖分类的类型、边界、属性等信息内容进行外业实地抽样核查，并进行结果统计，发现和更正内业判读采集过程中存在的错误，同时检验内业判读解译的正确率。

补充和完善内业判读工作中无法确定的、存在疑问的或信息内容不完整的地理国情要素和地表覆盖分类的类型、边界、属性等内容。

重点核查内业标记有疑问的地理国情要素、地表覆盖分类及变化监测数据，同时补绘内业采集中存在遗漏且达到相应监测指标要求的地理国情要素或地表覆盖分类等图斑。

在外业调绘的同时，依据外业调查路线，选择具有代表性或典型性的地物类型，实地采集相应遥感影像解译样本数据，作为内业判读解译的参考数据源，从而有效提高内业判读解译的正确率。

## 二、第三次全国国土调查

第三次全国国土调查是在第二次全国国土调查成果基础上，按照国家统一标准，利用遥感、测绘、地理信息、互联网等技术，统筹利用现有资料，以正射影像图为基础，实地调查土地的地类、面积和权属，全面掌握不同地类分布及利用状况，建立互联共享的集影像、地类、范围、面积和权属为一体的土地调查数据库，完善互联共享的网络化管理系统，健全土地资源变化信息的调查、统计和全天候、全覆盖遥感监测与快速更新机制。

### （一）主要技术指标

平面坐标系统采用2000国家大地坐标系，高程系统采用1985国家高程基准，投影方式采用高斯-克吕格3度分带投影，中央子午线为108°。

土地利用现状分类采用《第三次全国国土调查工作分类》（以下简称《工作分类》），包含13个一级类、73个二级类。

### （二）技术路线

第三次全国国土调查采用高分辨率的航天航空遥感影像，充分利用现有基础资料及调查成果，按照国家整体控制和地方细化调查相结合的原则，利用影像内业比对提取和3S一体化外业调查等技术，准确查清城乡每一块土地的利用类型、面积、权属和分布情况，采用“互联网+”技术核实调查数据的真实性，充分运用大数据、云计算和互联网等新技术，建立土地调查数据库，经逐级完成质量检查合格后，建立土地调查数据库及各类专项数据库。第三次全国国土调查总体技术路线如图6-8所示。

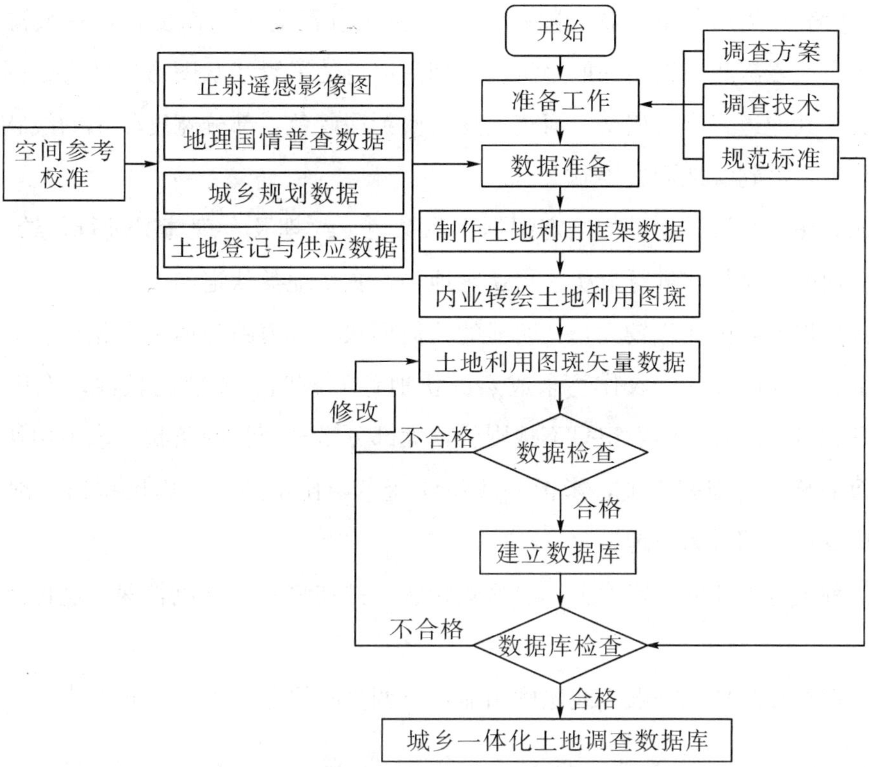


**图 6-8 第三次全国国土调查总体技术路线**

（三）技术方法

1. 影像分析与处理

第三次全国国土调查采用高分辨率遥感影像，农村部分采用 2017 年 0.5 m 影像，辅助开展农村土地利用现状调查；城市部分采用 2015 年年初的 0.2 m 航空正射影像，提取城镇村庄内部调查信息，制作城镇村庄内部土地利用现状调查底图。

2. 解译样本的建立

遥感解译样本采集对地理环境的正确认知是保证解译结果正确的基本前提。利用具有对照关系的地面照片和遥感影像为主的解译样本数据，可以为遥感影像解译者对相关地域的正确认识提供支持，也可在解译结果的质量控制方面发挥重要作用。

遥感解译样本数据指在外业调绘核查阶段或通过其他途径实地采集获得的有助于遥感解译识别的样本数据，包括：高质量、具有位置参数并能反映地面一定范围自然景观的实地照片、对应地面点的高分辨率遥感影像实例以及相对应的文字说明。具体要求遵照《遥感影像解译样本数据技术规定》执行。

3. 内业编辑与修改

依据影像的几何形状、大小、色彩、色调、阴影、反差、位置和相互关系等直接判别或经过分析，补绘图斑、地类和线状地物等信息。

（1）线状地物判读。线状地物主要包括道路、河流、林带、沟渠、管道等。在影像上，道路一般表现为白色条带状，随路的湿度和光滑程度不同而变化，一般湿度小、光滑，色调浅，反之深暗。铁路一般呈浅灰色到黑褐色的平滑线状图形，转弯处圆滑或为弧形，且一般与其他道路直角相交；河流表现为蓝到深蓝色，部分宽度较小的线状地物在影像上难以辨清，需到实地调查绘制。

（2）地类图斑判读。地类的判定根据影像颜色、纹理及合理情况进行勾绘，判定前，先对影像呈现的普遍规律进行分析，再认定地类。主要地类认定如下。

耕地：平坦的农田面积较大，有明显的几何形状、有道路与居民点相连。一般湿度大的色调较暗、干燥的较浅；农作物未成熟的耕地色调较暗、成熟的较浅；农田灌溉时较暗、不灌溉时浅。沟谷中的农田呈不规则状，大部分呈窄而长的条状。水田田块分割小而整齐，地面平整，周围有田埂，影像一般呈淡蓝色，比旱地深。山区水田一般形状不规则，水浇地少，大部分为旱地。

园地：种植有果树的在影像上一般呈颗粒状，排列整齐、颜色较深，这也是与林地的重要区别。

林地：森林在影像上一般界线轮廓明显，色调呈暗绿色，主要分布在山区，呈颗粒状图案。

草地：草地在影像上一般呈均匀的绿色或淡绿色，纹理光滑细腻，形状不规则。在牧区草地较易判别，但人工牧草地与天然牧草地不易判别。

居民地：在影像上呈由若干小的矩形（屋顶形状）紧密相连在一起的成片图形，边缘轮廓较规则。由于阴影的存在，居民地更易呈白色或亮白色。城市居民地一般面积大、街道比较规则，常有林荫大道、公园、广场等；城镇居民地一般分布在公路、铁路沿线，房屋多而密集；农村居民地一般与农田联系在一起，有道路相连，部分农村居民点被树林遮盖。注意区分部分采矿用地，如采石场也呈现亮白色，但其边缘不规则，中间全片都为亮白，无长方形纹理。

4. 调查工作底图的制作

预判完成后，制作并打印输出第三次国土调查外业工作底图。图面要求包含图名、图号、卫星影像、地类界线、线状地物、地类编码、行政区注记等；图名、图号、图廓、行政区注记为黑色；图斑线为白色（不确认的为红色）；道路为红色，公路为实线，耕作路为虚线；水系为蓝色；分乡镇打印出图。

5. 外业调查

外业调查对内业判读分类成果以及内业无法定性的类型、边界和属性进行实地调查，利用外业调查工作底图（电子版），采用数字调查系统，依据《第三次全国国土调查技术规程》，对内业分类与判译工作中无法确定边界和属性的地理要素实体，以及无法准确确定类型的地表覆盖分类图斑，采用图上标绘和填写调查表格相结合的形式，开展实地核实确认和补调。

外业调查工作采用全野外调绘方式，按照《第三次全国国土调查技术规程》要求进行补调、复核，抓重点兼顾其他。

（1）设计调查路线：根据调查区域交通及地形等具体情况，绘制调查路线，做到既少走路又不会漏调需重点复核的内容，沿居民点外围和主要道路调绘；丘陵山区可沿连接居民点的道路调绘，或沿山沟形成之字形路线。当山坡调绘内容较多时，一般沿半山腰等高线调绘，城市、建制镇、村庄、采矿用地、风景名胜及特殊用地只需沿其外围调绘其外围界线。河流、铁路、道路等线状地物可沿着线状地物边走边调绘。坚持“四到”原则：必须走到、看到、问到、画到。

（2）核实、调查：采取“远看近判”的方法，即远看可以看清物体的总情况及相互位置关系，近判可以确定具体物体的准确位置，将地类的界线、范围、属性等调查内容调绘准确。通过“远看近判”相结合，将视野范围内的内业解译内容依据实地现状进行核实。

（3）确立站立点：到达调查区域后，首先在地势高、视野广、看得全的地方确定站立点在图上的位置，一般可选路的交叉点、河流转变处、小的山顶、居民点、明显地块处等，然后找出一两个实地、影像能对应的明显地物点进行定向，使调查底图方向与实地方向一致。

（4）边走点调：根据调查底图比例尺，建立实地地物与影像之间的大小距离的比例关系，在到达下一站立点途中，可边走、边看、边想、边判、边记、边画，在到达下一站立点后，再进行核实。这里要注意的是，两个站立点之间所调绘的各种界线、线状地物、地类名称、权属性质等调绘内容须衔接，不能产生丢漏。

6. 内业编辑与修改

外业核查结束后，以内业形成的空间数据为基础，对照外调底图、外调属性表对空间数据的图形及属性进行修正与补充。基于外业调查与核查成果，对内业解译判读成果进行编辑、修改，以及属性完善等，形成满足技术规定的地类图斑和其他数据成果。

7. 数据库建设

第三次国土调查数据库建设采用国家规范标准、分级建设、成果统一汇交的模式开展。省市县按照统一的数据库标准，重新建立土地调查数据库。

县级土地调查数据库主要内容包括：基础地理信息、土地利用数据、土地权属数据、永久基本农田数据、专项调查数据等矢量数据，数字高程模型数据、DOM 数据、扫描影像图数据等栅格数据和元数据。

# 参考文献

**【图书类】**

[1]方刚．遥感原理与应用实验教程[M]．2 版．合肥：合肥工业大学出版社，2020.

[2]方圣辉，龚龑，孙家抦，等．遥感原理与应用[M]．4 版．武汉：武汉大学出版社，2023.

[3]付志涛．异源遥感图像局部特征描述方法[M]．天津：天津大学出版社，2022.

[4]官云兰，吴华玲，陈斐，等．遥感测量[M]．2 版．郑州：黄河水利出版社，2021.

[5]贾永红．数字图像处理[M]．4 版．武汉：武汉大学出版社，2023.

[6]李志忠．遥感地学概论[M]．武汉：中国地质大学出版社，2023.

[7]李小文，刘素红．遥感原理与应用[M]．北京：科学出版社，2021.

[8]廖世芳，李光，陈俊任．测绘工程与遥感技术[M]．长春：吉林科学技术出版社，2023.

[9]刘修国，陈启浩．微波遥感实习教程[M]．武汉：中国地质大学出版社，2022.

[10]刘建辉，江刚武，王鑫．高分辨率遥感影像几何定位理论与方法[M]．武汉：华中科技大学出版社，2021.

[11]鲁志强，王蕴慧，孟祥妹．遥感原理与图像处理实验教程[M]．哈尔滨：哈尔滨工业大学出版社，2020.

[12]彭望琭，白振平，刘湘南，等．遥感概论[M]．2 版．北京：高等教育出版社，2021.

[13]邵振峰．遥感图像解译[M]．武汉：武汉大学出版社，2022.

[14]宋梅萍，张建祎，童庆禧，等．高光谱遥感混合光谱分解[M]．武汉：湖北科学技术出版社，2021.

[15]王建宇，李春来．高光谱遥感信息获取[M]．武汉：湖北科学技术出版社，2021.

[16]王先伟．遥感概论：遥感与地理信息基础系列教程[M]．广州：中山大学出版社，2024.

[17]张熠．遥感传感器原理[M]．武汉：武汉大学出版社，2021.

[18]张海林．遥感概论实验教程[M]．武汉：华中师范大学出版社，2022.

[19]张弘，李嘉锋．数字图像处理与分析[M]．北京：机械工业出版社，2020.

[20]赵学军．高光谱遥感数据处理：压缩与融合[M]．北京：北京邮电大学出版社，2021.

[21]赵泉华,李玉．区域化遥感影像分割原理与方法[M]．沈阳:辽宁科学技术出版社,2023.

[22]周廷刚．遥感原理与应用[M].2 版.北京:科学出版社,2022.

[23]周越．数字图像处理[M]．上海:上海交通大学出版社,2023.

**【期刊杂志类】**

[1]白志杰,吴传庆．遥感技术助力生态环境监测监管[J]．世界环境,2024(5):72－73.

[2]常蓉,马海艺．遥感技术在尾矿库环境监测中的应用探析 [J]．中国环境监测,2024, 40(5): 224－233.

[3]杜少波,鄂崇毅,祁姝瑾,等．遥感技术在沙漠化防治中的应用[J]．安徽农学通报,2024,30(21):104－107.

[4]鄂高阳,韩芳,秦秉希,等．遥感技术在农业资源与土壤环境综合监测上的应用 [J]．山东农业科学, 2024, 56(3): 163－170.

[5]何彬彬,陈瑞,全兴文,等．森林草原火灾遥感监测预警技术及示范应用 [J]．电子科技大学学报, 2024, 53(5): 698－705.

[6]吉时育,王保林,乌兰吐雅,等．合成孔径雷达遥感土壤盐碱化监测应用综述[J]．农业与技术,2024,44(19):80－83.

[7]李伟,宋睿,刘明江,等．光学遥感在区域灌溉监测中应用的研究进展[J/OL]．排灌机械工程学报,2024(11):1157－1165[2024－11－12]. http://kns. cnki. net/kcms/detail/32. 1814. TH. 20241108. 0948. 012. html.

[8]李伟,宋睿,刘明江,等．光学遥感在区域灌溉监测中应用的研究进展 [J]．排灌机械工程学报, 2024, 42(11): 1157－1165.

[9]刘阳,田浩,李春霖,等．卫星遥感在海洋渔业的应用与展望 [J]．中国海洋大学学报(自然科学版), 2024, 54(10): 90－103.

[10]陆庆龙．测绘地理信息技术在土地调查监测中的应用研究[J]．林业科技情报,2024,56(4):201－203.

[11]莫奔．遥感技术在年度国土变更调查中的运用[J]．价值工程,2024,43(30): 98－100.

[12]彭海峰,傅迎华．基于 BIT 网络的遥感图像变化检测算法[J/OL]．软件导刊,2025, 24 (1): 150 － 157 [2024 － 11 － 12]. http://kns. cnki. net/kcms/detail/42. 1671. TP. 20241108. 1341. 002. html.

[13]任珩,贾信,李金潞,等．荒漠化监测与评估中遥感技术应用的国际研究态势分析 [J]．遥感技术与应用, 2024, 39(5): 1171－1182.

[14]王明常,于海滨,曾昭发,等．基于多源遥感数据的城市道路坍塌易发性预测[J/OL]．吉林大学学报(地球科学版),2024[2024－11－12]. https://doi. org/10. 13278/j. cnki. jjuese. 20240107.

[15]万凤鸣,万华伟,高吉喜,等．高光谱遥感在植物物种多样性监测中的应用与展望[J/OL]．环境科学研究,2025,38(1):166－180[2024－11－26]. https://doi. org/10. 13198/

j. issn. 1001－6929. 2024. 10. 16.

[16]徐一帆，安福元，张清纯，等．多源遥感融合技术在古湖岸识别中的应用：以察尔汗盐湖为例［J］. 盐湖研究，2024，32(3)：69－77.

[17]杨铭．空地一体遥感技术在轨道交通安全保护区巡查中的应用［J］. 测绘通报，2024(S2)：178－181＋186.

[18]余甜薇，郑恩让，沈钧戈，等．基于多级别跨层双线性融合的光学遥感图像场景分类[J]. 光子学报，2022，51(2)：250－263.

[19]周天舒，周绍光．分组无监督域适应的遥感影像道路提取[J/OL]. 测绘科学，2024(9)：115－224[2024－11－12]. http://kns. cnki. net/kcms/detail/11. 4415. P. 20241106. 1709. 002. html.

[20]周纪，王子卫，丁利荣，等．青藏高原冰冻圈温度遥感观测、反演与应用［J］. 测绘学报，2024，53(5)：835－847.